JN114044

スバラシク強くなると評判の

元気が出る数学I・A

新課程

改訂1 revision

馬場敬之（けいし）
高杉 豊

マセマ出版社

はじめに

みなさん，こんにちは。数学の**馬場敬之（ばばけいし）**，**高杉豊**です。これから，本格的に**数学 I・A** を勉強していくにあたって，「大丈夫だろうか？」と不安に思っている人も多いだろうね。さらに，**新課程に変わって，数学 I・A の内容が質・量共にアップした**ので，これもまた不安要因かも知れないね。でも，数学って，理解し，マスターしてしまいさえすれば，本当はこれほど面白い科目はないんだよ。

その楽しさをキミ達と分かち合うために，この
「元気が出る数学 I・A 改訂1」（新課程版）を書き上げたんだね。

今はまだ数学に自信が持てない状態かもしれないね。だけど，まず**「流し読み」**から入ってみるといいよ。よく分からないところがあってもかまわないから，全体を通し読みしてごらん。数学 **I・A** の全貌がス～っと頭の中に入っていくのが分かるはずだよ。これで，**数学 I・A の全体のイメージ**をとらえることが大切なんだね。でも，**数学にアバウトな発想は通用しない**んだね。だから，その後は，各章毎に公式や考え方や細かい計算テクニックなど…分かりやすく解説しているので，解説文を**精読**してシッカリ理解しよう。 また，この本で取り扱っている例題や絶対暗記問題，頻出問題にトライは，キミ達の実力を大きく伸ばす**選りすぐられた良問**ばかりだ。これらの問題も**自力で解く**ように心がけよう。これで，**数学 I・A を本当に理解した**と言えるんだね。でも，人間は忘れやすい生き物だから，せっかく理解しても，**3** ヶ月後の定期試験や，**2** 年後の受験の時にせっかく身に付けた知識が使いこなせるとは限らないだろう。そのために，**繰り返し精読して解く**練習が必要になるんだね。この反復練習は回数を重ねる毎に早く確実になっていくはずだ。大切なことだからまとめておくよ。

（Ⅰ）まず，流し読みする。
（Ⅱ）解説文を精読する。
（Ⅲ）問題を自力で解く。
（Ⅳ）繰り返し精読して解く。

この **4** つのステップにしたがえば，**数学 I・A の基礎から簡単な応用まで完璧にマスターできる**はずだ。

この**「元気が出る数学 I・A 改訂 1」**をマスターするだけでも，高校の**中間・期末対策**だけでなく，**易しい大学なら合格できる**だけの実力を養うことが出来る。さらに，共通テストと同レベルの問題を取り扱っているので，併せて**共通テスト対策**にもなるんだね。どう？やる気がモリモリ湧いてきたでしょう。

さらに，マセマでは，数学アレルギーレベルから東大・京大レベルまで，キミ達の実力を無理なくステップアップさせる**完璧なシステム（マセマのサクセスロード）**が整っているので，やる気さえあればマセマの本だけで自分の実力をどこまでも伸ばしていけるんだね。どう？さらにもっと元気が出てきたでしょう。

中間・期末対策，共通テスト対策，そして 2 次試験対策など，目的は様々だと思うけれど，この**「元気が出る数学 I・A 改訂 1」**で，**キミの実力を飛躍的にアップ**させることが出来るんだね。

「数学嫌いだった人が，数学大好き人間に変わっていく」現象を巷では**「マセマ・マジック」**と呼んでいるみたいだけれど，キミにも必ずこの「マセマ・マジック」が訪れるはずだよ。

マセマの参考書は非常に読みやすく分かりやすく書かれているけれど，その本質は，大学数学の分野で**「東大生が一番読んでいる参考書」**として知られている程，**その内容は本格的**なものなんだ。

（「キャンパス・ゼミ」シリーズ販売実績　大学生協東京事業連合会調べによる。）

だから，安心して，この**「元気が出る数学 I・A 改訂 1」**で勉強していってくれたらいいんだね。この分かりやすくてパワー溢れる参考書で，是非**キミ自身の夢**を実現させてほしい。キミ達の成長を楽しみにしている。

マセマ代表　馬場　敬之（けいし）
高杉　豊

この改訂 1 では，補充問題として典型的な数と式の計算問題を加えました。

◆ 目次 ◆

合格の粉を
ふりかけてあげよう！
馬場天使

講義
Lecture

1 数と式

▶ 整式の展開と因数分解

▶ さまざまな計算

▶ 1 次方程式・1 次不等式

数と式

1. 乗法公式と因数分解公式は，コインの表と裏だ！

さァ，これから数学I・Aの講義を始めるよ！少し緊張してるって？大丈夫。これから，この数学I・Aをスバラシク親切に解説していくから，これまで数学嫌いだった人も必ず数学が好きになると思うよ！

まず，**整式の展開**と**因数分解**について解説するね。エッ？ それならもう中学でやったって？ウン，そうだね。でも中学で習ったものより，もっと高度な因数分解について教えるから，シッカリついてらっしゃい。

● まず，指数法則をマスターしよう！

$3a$ と a^3 の違いはわかる？$3a$ は a を3回たしたものだし，a^3 は a を3回かけたものだから，$3a=a+a+a$ だし，$a^3=a\times a\times a$ のことなんだ。したがって，一般に，a^n（n は自然数）は，a を n 回かけあわせたものだから，

（この n のことを"**指数**"という。）

$$a^{n}=a\times a\times a\times\cdots\cdots\times a \qquad (n\text{ 個の }a\text{ の積})$$

となるんだね。これから，指数の計算について次のような法則が導ける。

指数法則（m，n：自然数）（$m\geqq n$）

(1) $a^0=1$　　(2) $a^1=a$

(3) $a^m\times a^n=a^{m+n}$　　(4) $(a^m)^n=a^{m\times n}$

(5) $\dfrac{a^m}{a^n}=a^{m-n}$　　(6) $\left(\dfrac{b}{a}\right)^m=\dfrac{b^m}{a^m}$

(7) $(a\times b)^m=a^m\times b^m$

(1) $a^0=1$ だから，$3^0=1$，$100^0=1$，$\left(\dfrac{1}{2}\right)^0=1$ とみんな1になる！

$m=3$，$n=2$ のとき

(5) $\dfrac{a^3}{a^2}=\dfrac{a\times a\times a}{a\times a}=a^{3-2}=a^1=a$

(6) $\left(\dfrac{b}{a}\right)^3=\dfrac{b}{a}\times\dfrac{b}{a}\times\dfrac{b}{a}=\dfrac{b\times b\times b}{a\times a\times a}=\dfrac{b^3}{a^3}$

(7) $(ab)^3=ab\times ab\times ab=(a\times a\times a)\times(b\times b\times b)=a^3b^3$

(2)はアタリマエだね。ここで，$m=3$，$n=2$ のとき，(3)，(4)の公式は，

(3) $a^3\times a^2=a\times a\times a\times a\times a=a^{3+2}=a^5$

(4) $(a^3)^2=(a\times a\times a)\times(a\times a\times a)=a^{3\times 2}=a^6$

となるだろう。(5)，(6)，(7)は右上を見てくれ。

● 整式の計算に慣れよう！

これから，本格的な整式の計算に入るよ。まず，$3x^2$ や $-2a^3$ などを“**単項式**”という。この場合，この 3 や -2 を“**係数**”と呼び，$3x^2$ は x の 2 次式，$-2a^3$ は a の 3 次式と呼ぶ。そして，複数の単項式の和(差)を“**多項式**”や“**整式**”と呼ぶんだよ。

たとえば，$-3x^2+5+2x^3+x$ が，整式の 1 例で，これは x の最高次数が 3 なので，x の 3 次式と呼ぶ。この“**次数**”とは，x の○乗という“**指数**”のことで，一般には与えられた整式の各項を次数が大きい順に並べる。

（最高次数）（単項式）（単項式）（単項式）（単項式）（これを“**降べきの順**”という）

この例を降べきの順に並べると，$2x^3-3x^2+x+5$ となるね。

次に，2 つの文字 a，b からなる整式 $a^3b^2-2a^2b+ab^2$ の場合，a，b 2 つの文字でみると，a^3b^2 があるので，a と b の $3+2=5$ 次式といえる。でも，これを b は係数とみて，a の整式とみると a の 3 次式だし，逆に b の整式とみると，b の 2 次式になる。

それでは，2 つの整式 x^3+x^2-2x+1 と x^2+4x-2 の和や差などの計算練習をしておこう。

(1) $x^3+x^2-2x+1+2(x^2+4x-2)$ （分配法則）

$=x^3+x^2-2x+1+2x^2+8x-4$

$=x^3+(1+2)x^2+(-2+8)x+(1-4)$ （同じ次数の項の係数について計算する。）

$=x^3+3x^2+6x-3$ となる。

(2) $3(x^3+x^2-2x+1)-(x^2+4x-2)$

$=3x^3+3x^2-6x+3-x^2-4x+2$

（$-(x^2+4x-2)$ $=-1\cdot(x^2+4x-2)$ と考える。）

$=3x^3+(3-1)x^2+(-6-4)x+3+2$

$=3x^3+2x^2-10x+5$ となる。大丈夫？

まず，こういう計算が確実に出来るように練習するんだよ。

● 整式の展開と因数分解はコインの表と裏！

ここで，$(3x^2+y)(x-2y^2)$ という**整式**が与えられたとするよ。これは次のように**展開**できるね。

$$\begin{aligned}(3x^2+y)(x-2y^2) &= 3x^2\times x-3x^2\times 2y^2+y\times x-y\times 2y^2\\ &= 3x^3-6x^2y^2+xy-2y^3\end{aligned}$$

これを逆に見ると，

$$3x^3-6x^2y^2+xy-2y^3=(3x^2+y)(x-2y^2)$$

となって，$3x^3-6x^2y^2+xy-2y^3$ という x と y の整式が $(3x^2+y)(x-2y^2)$ に因数分解されたといえるんだ。ちなみに**因数分解**というのは，展開された形の整式を複数の整式の積の形にまとめることなんだ。

このように，**展開**と**因数分解**は表裏一体の関係となっているので，これから書く因数分解の公式は，左辺と右辺を入れ替えてみると乗法公式（展開の公式）にもなるんだよ。

因数分解の公式（乗法公式）（Ⅰ）

(1) $ma+mb=m(a+b)$　（m：共通因数）

(2) $a^2+2ab+b^2=(a+b)^2$

　 $a^2-2ab+b^2=(a-b)^2$

(3) $a^2-b^2=(a+b)(a-b)$

(4) $x^2+(a+b)x+ab=(x+a)(x+b)$

　 $acx^2+(ad+bc)x+bd=(ax+b)(cx+d)$ ←“たすきがけ”による因数分解！

(5) $a^2+b^2+c^2+2ab+2bc+2ca=(a+b+c)^2$

(1), (2), (3) について，それぞれ例題を入れておくよ。

(1) $4x^3+2xy^2=2x\cdot 2x^2+2x\cdot y^2=2x(2x^2+y^2)$ ←これ，因数分解（$2x$：これ，共通因数）

(2) $(2x^2+1)^2=(2x^2)^2+2\cdot 2x^2\cdot 1+1^2=4x^4+4x^2+1$ ←コレ，展開

(3) $9x^2-4y^2=(3x)^2-(2y)^2=(3x+2y)(3x-2y)$ ←因数分解

(4) の上の公式は，簡単な x の 2 次式の因数分解だね。たとえば，

$$\begin{aligned}x^2-x-2 &= x^2+(-2+1)x+(-2)\times 1\\ &= (x-2)(x+1)\end{aligned}$$　となる。

これに対して，(4) の下の公式は，x^2 の係数が 1 でない 2 次式の因数分解で，一般に“たすきがけ”と呼ばれるやり方を使う。次の 2 つの例題で慣れてくれ。

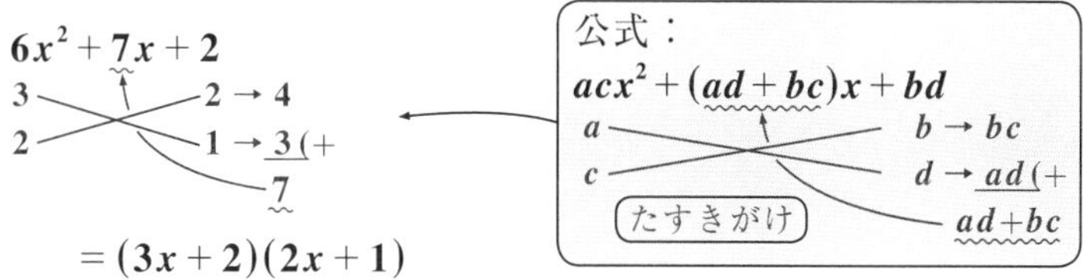

x^2 の係数 6 を 3×2 と分解し，定数項の 2 も 2×1 と分解して，上の式のようにたすきにかけたものの和 $4+3=7$ が，x の係数 7 と一致するようにすると，因数分解ができるんだ。もう 1 つやっておくよ。

$$3x^2-2x-1=(3x+1)(x-1)$$

3　1 → 1
1　−1 → −3
−2

どう？要領はつかめた？(5) については，$(a+b+c)^2$ を実際に展開して，確かめられるよね。それでは，次は 3 次の公式だ。

因数分解の公式（乗法公式）(Ⅱ)

(6) $a^3+3a^2b+3ab^2+b^3=(a+b)^3$

　$a^3-3a^2b+3ab^2-b^3=(a-b)^3$

(7) $a^3+b^3=(a+b)(a^2-ab+b^2)$

　$a^3-b^3=(a-b)(a^2+ab+b^2)$

(8) $a^3+b^3+c^3-3abc=(a+b+c)(a^2+b^2+c^2-ab-bc-ca)$

これらの公式についても，例題を入れておくよ。

(6) $8x^3+12x^2+6x+1=(2x)^3+3\cdot(2x)^2\cdot1+3\cdot(2x)\cdot1^2+1^3$

$$=(2x+1)^3$$ ← コレ，因数分解

(7) $27x^3-8y^3=(3x)^3-(2y)^3$

$$=(3x-2y)\{(3x)^2+3x\cdot2y+(2y)^2\}$$

$$=(3x-2y)(9x^2+6xy+4y^2)$$ ← コレ，因数分解

(8) の長～い公式も，試験で使うことがあるので，覚えておくんだよ。

複雑な整式の展開

難易度　★：易　★★：やや易　★★★：標準

（＊は改題を表す）

絶対暗記問題 1　難易度 ★　CHECK 1　CHECK 2　CHECK 3

次の各式を展開せよ。

(1) $(x^2+3x+2)(x^2-3x+2)$　（京都産大）

(2) $\{(-x)^3-y+z\}^2$　（名古屋学院大）

(3) $(a^6-a^3b^3+b^6)(a^2-ab+b^2)(a+b)$　（北里大＊）

ヒント！ (1) は，$A=x^2+2$，$B=3x$ とおくと，$(A+B)(A-B)$ の形になる。(2) では，$(a+b+c)^2=a^2+b^2+c^2+2ab+2bc+2ca$ を使うんだね。(3) は，まず $(a^2-ab+b^2)(a+b)=a^3+b^3$ を公式を使って展開するといいよ。

解答＆解説

(1) $(x^2+3x+2)(x^2-3x+2)$

$=\{(\underset{A}{x^2+2})+\underset{B}{3x}\}\{(\underset{A}{x^2+2})-\underset{B}{3x}\}$

$=(x^2+2)^2-(3x)^2$

公式：$(A+B)(A-B)=A^2-B^2$ を使った！

$=x^4+4x^2+4-9x^2$

$=x^4-5x^2+4$ ……………………（答）

(2) $\{(-x)^3-y+z\}^2$

公式：$(a+b+c)^2=a^2+b^2+c^2+2ab+2bc+2ca$ を使った。

$=\{(-x)^3\}^2+(-y)^2+z^2+2(-x)^3(-y)+2(-y)z+2z(-x)^3$

$=x^6+y^2+z^2+2x^3y-2yz-2zx^3$

$=x^6+2x^3y-2x^3z+y^2+z^2-2yz$ ……………………（答）

(3) $(a^6-a^3b^3+b^6)(a^2-ab+b^2)(a+b)$

$(a+b)(a^2-ab+b^2)=a^3+b^3$

$=(a^3+b^3)(a^6-a^3b^3+b^6)=(\underset{A}{a^3}+\underset{B}{b^3})\{(\underset{A}{a^3})^2-\underset{A}{a^3}\underset{B}{b^3}+(\underset{B}{b^3})^2\}$

ここで，$a^3=A$，$b^3=B$ とおくと，

与式 $=(A+B)(A^2-AB+B^2)$

公式：$(a+b)(a^2-ab+b^2)=a^3+b^3$ を使った！

$=A^3+B^3$

A と B をそれぞれ a^3，b^3 に戻す！

$=(a^3)^3+(b^3)^3$

$=a^9+b^9$ ……………………（答）

講義 1 数と式

因数分解と置き換え

絶対暗記問題 2	難易度 ★	CHECK 1	CHECK 2	CHECK 3

次の各式を因数分解せよ。

(1) $24a^5b+3a^2b^4$

(2) $x^4-2x^2y^2-8y^4$ （帝塚山学院大）

(3) $(x+1)(x+2)(x+3)(x+4)-24$ （函館大）

ヒント！ (1)では，まず共通因数$3a^2b$をくくり出す。(2)では，$x^2=X$とおいて，Xの2次式にするといい。(3)では，$(x+1)(x+4)$と$(x+2)(x+3)$に分けて計算するとウマクいく。

解答＆解説

(1) $24a^5b+3a^2b^4=3a^2b\cdot8a^3+3a^2b\cdot b^3$

$=3a^2b(8a^3+b^3)$ ← 共通因数をくくり出した！

$=3a^2b\{(2a)^3+b^3\}$

$=3a^2b(2a+b)\{(2a)^2-2a\cdot b+b^2\}$

$A^3+B^3=(A+B)(A^2-AB+B^2)$ を使った！

$=3a^2b(2a+b)(4a^2-2ab+b^2)$ ……（答）

(2) $(x^2)^2-2y^2\cdot x^2-8y^4$ について $x^2=X$ とおくと，

$x^4-2x^2y^2-8y^4=X^2-2y^2\cdot X-4y^2\cdot 2y^2$

$x^2+(a+b)x+ab=(x+a)(x+b)$ を使った！

$=(X-4y^2)(X+2y^2)$

$=\{x^2-(2y)^2\}(x^2+2y^2)$

$A^2-B^2=(A+B)(A-B)$ を使った！

$=(x-2y)(x+2y)(x^2+2y^2)$ ……（答）

(3) $(x+1)(x+4)(x+2)(x+3)-24$

$=(x^2+5x+4)(x^2+5x+6)-24$

$(x+1)(x+4)=x^2+5x+4$
$(x+2)(x+3)=x^2+5x+6$
を先に計算すると，同じx^2+5xが出てくるので，これをAとおくんだね。

ここで，$x^2+5x=A$ とおくと

与式 $=(A+4)(A+6)-24$

$=A^2+10A+24-24$

$=A(A+10)$

$=(x^2+5x)(x^2+5x+10)$

Aを元のx^2+5xに戻した！

$=x(x+5)(x^2+5x+10)$ ……（答）

たすきがけによる因数分解

絶対暗記問題 3　難易度 ★★　CHECK 1　CHECK 2　CHECK 3

次の各式を因数分解せよ。

(1) $6a^2+7ab-3b^2$

(2) $a^2b+ab^2+a+b-ab-1$　(北海道薬大)

(3) $3x^2-2y^2+5xy+11x+y+6$　(法政大)

ヒント！ すべて，“たすきがけ”の応用問題だ。(1), (2) は a の 2 次式，(3) は x の 2 次式としてまとめるとウマクいくよ。

解答＆解説

(1) $6a^2+7b\cdot a-3b^2$

$$\begin{array}{ccc} 3 & -b & \to -2b \\ 2 & 3b & \to 9b \\ & & 7b \end{array}$$

a の 2 次式と考える！ $7b$ や $-3b^2$ は数字と同様に考えて，“たすきがけ”にもち込んで解く！

$=(3a-b)(2a+3b)$ ……………………(答)

(2) $a^2b+ab^2+a+b-ab-1$

$=b\cdot a^2+(b^2-b+1)a+(b-1)$

$$\begin{array}{ccc} b & 1 & \to 1 \\ 1 & b-1 & \to b^2-b \\ & & b^2-b+1 \end{array}$$

a の 2 次式と考える！ b, b^2-b+1, $b-1$ は数字と同様に考えて，“たすきがけ”にもち込んで解く！

$=(ba+1)(a+b-1)$

$=(ab+1)(a+b-1)$ ……………………(答)

(3) $3x^2-2y^2+5xy+11x+y+6$

$=3\cdot x^2+(5y+11)x-(2y^2-y-6)$

$$\begin{array}{cc} 2 & 3 \\ 1 & -2 \end{array}$$

$=3\cdot x^2+(5y+11)x-(2y+3)(y-2)$

$$\begin{array}{ccc} 3 & -(y-2) & \to -y+2 \\ 1 & 2y+3 & \to 6y+9 \\ & & 5y+11 \end{array}$$

x の 2 次式と考える！ $5y+11$, $-(2y+3)(y-2)$ は数字と同様に考えて，“たすきがけ”にもち込んで解く！

$=\{3x-(y-2)\}(x+2y+3)$

$=(3x-y+2)(x+2y+3)$ ……………………(答)

3つの文字の式の因数分解

絶対暗記問題 4	難易度 ★★	CHECK 1	CHECK 2	CHECK 3

次の各式を因数分解せよ。

(1) $x^3 - x^2y - xz^2 + yz^2$　（広島文京女子大）

(2) $(a-x)^3 + (b-x)^3 - (a+b-2x)^3$　（愛知学院大）

ヒント！ (1) x の 3 次式，z の 2 次式，y の 1 次式より，当然 y でまとめる。
(2) $a-x=A$，$b-x=B$ と置き換える。

解答＆解説

(1) 与式を y でまとめると

共通因数

$$x^3 - x^2y - xz^2 + yz^2 = (z^2 - x^2)y - x(z^2 - x^2)$$

$$= (z^2 - x^2)(y - x) = (z+x)(z-x)(y-x) \quad \cdots\cdots(答)$$

$(z^2 - x^2) = (z+x)(z-x)$

(2) 与式を $(\underset{A}{a-x})^3 + (\underset{B}{b-x})^3 - (\underset{A}{a-x} + \underset{B}{b-x})^3$ と変形して，さらに

$a-x=A$，$b-x=B$ とおくと

$$与式 = A^3 + B^3 - (A+B)^3 \quad \longrightarrow 公式通り！$$

$$= A^3 + B^3 - (A^3 + 3A^2B + 3AB^2 + B^3)$$

$$= -3A^2B - 3AB^2 = -3AB(A+B)$$

これに $A = a-x$，$B = b-x$ を代入して，

$$与式 = -3(a-x)(b-x)(a-x+b-x)$$

$$= -3(a-x)(b-x)(a+b-2x) \quad \cdots\cdots(答)$$

頻出問題にトライ・1	難易度 ★★	CHECK 1	CHECK 2	CHECK 3

$a^3b - ab^3 + b^3c - bc^3 + c^3a - ca^3$ を因数分解せよ。　（横浜市立大）

解答は P241

2. さまざまな計算テクをマスターしよう！

前回勉強した整式の展開や因数分解に続いて，今回は，**分数式**，**無理式**，そして**絶対値**の計算などについて，詳しく解説するよ。しばらくは，計算練習ばっかりで退屈に感じるかも知れないね。でも，みんな大切なことだから，今のうちにシッカリ基礎固めをしておくといい。

● 実数の分類から始めよう！

一般に，これから扱う**実数**は次のように分類されるんだ。

実数
- 有理数
  - 整数（特に，正の整数を自然数という）
  - 分数（有限小数，循環小数）
- 無理数（循環しない無限小数）

まず，…, $-3, -2, -1, 0, 1, 2, 3$, … のような数が**整数**だね。このうち特に正の整数を**自然数**と呼ぶ。次に，**0.4** などの**有限小数**や，**0.33333**…のように同じ数が繰り返し出てくる**循環小数**は，すべて $\frac{2}{5}$ や $\frac{1}{3}$ のような**分数**で表されるんだ。これら**整数**と**分数**をまとめて**有理数**というよ。

分数（有限小数，循環小数）については，P236 で詳しく解説する。

これに対して，$\sqrt{2} = 1.414\cdots$ や $\sqrt{3} = 1.732\cdots$ など，循環しない**無限小数**で表される数を**無理数**という。そして，この**有理数**と**無理数**を合わせて**実数**というんだ。

● まず，有理化と繁分数の計算に慣れよう！

まず，無理数の計算公式を下に示す。

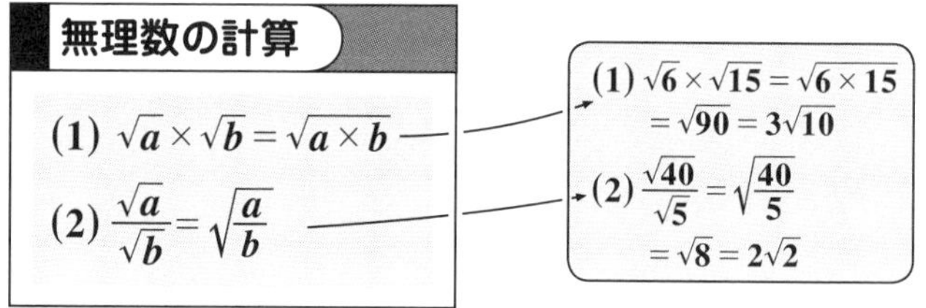

無理数の計算

(1) $\sqrt{a} \times \sqrt{b} = \sqrt{a \times b}$

(2) $\frac{\sqrt{a}}{\sqrt{b}} = \sqrt{\frac{a}{b}}$

(1) $\sqrt{6} \times \sqrt{15} = \sqrt{6 \times 15} = \sqrt{90} = 3\sqrt{10}$

(2) $\frac{\sqrt{40}}{\sqrt{5}} = \sqrt{\frac{40}{5}} = \sqrt{8} = 2\sqrt{2}$

ここで，無理数が分母にあるときの計算例を示すよ。

たとえば，$\dfrac{1}{3-\sqrt{3}}$ という数は，次のように変形して分母を有理数にできるんだ。この操作を**有理化**と呼ぶんだよ。

$$\frac{1}{3-\sqrt{3}}=\frac{3+\sqrt{3}}{(3-\sqrt{3})(3+\sqrt{3})}=\frac{3+\sqrt{3}}{3^2-(\sqrt{3})^2}=\frac{3+\sqrt{3}}{9-3}=\frac{3+\sqrt{3}}{6}$$

（無理数）　（有理数になった！）

次は，**繁分数**の計算だ。**繁分数**というのは，分母と分子がさらに分数となっている数のことで，これは次のように変形できる。

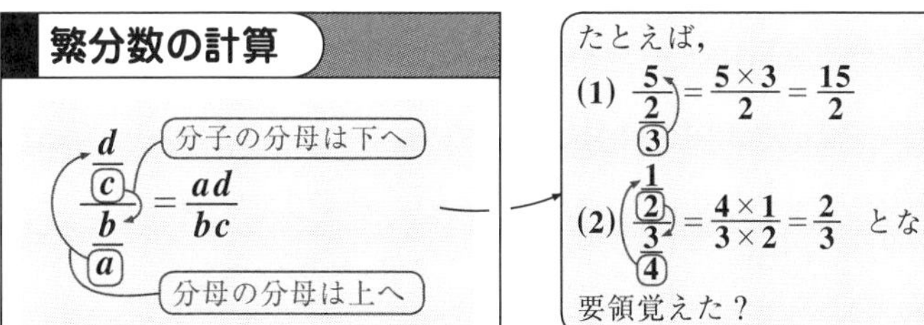

繁分数の計算
分子の分母は下へ
分母の分母は上へ
たとえば，
(1) 5/2/3 = 5×3/2 = 15/2
(2) 1/2/3/4 = 4×1/3×2 = 2/3 となる！
要領覚えた？

2重根号のはずし方にチャレンジだ！

たとえば，$\sqrt{5+2\sqrt{6}}$ と根号が 2 重についたものが出てきたとするよ。この場合，たして 5，かけて 6 となる数を捜すんだ。すると，$3+2=5$，$3\times2=6$ より，3 と 2 が出てくるね。これから

$$\sqrt{5+2\sqrt{6}}=\sqrt{3}+\sqrt{2}$$ と計算できる。

（たして）（かけて）

一般に，**2 重根号のはずし方**は，次の通りだ。

2 重根号のはずし方

(1) $\sqrt{(a+b)+2\sqrt{ab}}=\sqrt{a}+\sqrt{b}$　（たして）（かけて）

(2) $\sqrt{(a+b)-2\sqrt{ab}}=\sqrt{a}-\sqrt{b}$　（たして）（かけて）（大）（小）

（ただし，$a>b>0$）　（大）（小）　―コレ，(2) の変形で重要

実際に，(1) の両辺を 2 乗すると，$(\text{左辺})^2=(a+b)+2\sqrt{ab}$ は，$(\text{右辺})^2=a+2\sqrt{ab}+b$ と同じになるからね。(2) も同様だ。

● 対称式は必ず基本対称式で表せる！

一般に，x^3+y^3 や xy^2+x^2y のように，x と y を入れ替えても変化しない式を**対称式**という。そして，このような**対称式**の中でも最も単純な $x+y$ と xy を特に，**基本対称式**というんだよ。そして

どのような対称式も必ず，
この基本対称式で表せる

ということを覚えておいてくれ。

たとえば，
(1) $x^2+y^2=(x+y)^2-2xy$
(2) a^3+b^3
$=(a+b)^3-3ab(a+b)$
(3) $\alpha^2\beta+\alpha\beta^2$
$=\alpha\beta(\alpha+\beta)$
これもよく使う変形だから，ヨ～ク練習しよう！

● 絶対値の計算法もマスターしよう！

ある数 a の**絶対値**は $|a|$ と表し，それは次の式で定義できるよ。

絶対値の定義

$$|a|=\begin{cases} a & (a\geqq 0 \text{ のとき}) \\ -a & (a<0 \text{ のとき}) \end{cases}$$

$a<0$ のとき，$-a$ が正の数となるから，$|a|=-a$ となるんだね。つまり，絶対値表示とは，0 以上の数はそのままで，負の数は正にして表すことなんだね。

たとえば，$|3|=3$，$|-4|=4$，$|-\sqrt{5}|=\sqrt{5}$ となるんだ。逆に，$|x|=2$ といわれたら，$x=\pm 2$ が答えだ。$x=-2$ のときでも，$|x|=|-2|=2$ となるからね。

ここで，絶対値と**無理式**の重要公式：

$\sqrt{a^2}=|a|$ も覚えておくといいよ。

$\sqrt{\ }$ のついた式を**無理式**という。

たとえば，$a=3$ のとき $\sqrt{a^2}=\sqrt{3^2}=\sqrt{9}=3$ だけれど，$a=-3$ のときでも，$\sqrt{a^2}=\sqrt{(-3)^2}=\sqrt{9}=3$ となるから，この $\sqrt{a^2}$ は $|a|$ と同じ働きをするんだね。

よって，$\sqrt{a^2}=|a|$ と変形できる。

また，$a=\pm 3$ のとき，$|a|^2=|\pm 3|^2=3^2=9$，$a^2=(\pm 3)^2=9$ となるから，公式 $|a|^2=a^2$ も成り立つんだね。

それでは，絶対値についての基本公式をまとめて示そう。

絶対値の基本公式

(1) $|a| \geqq 0$　　(2) $|-a| = |a|$

(3) $\sqrt{a^2} = |a|$　　(4) $|a|^2 = a^2$

(5) $|ab| = |a||b|$　(6) $\left|\dfrac{b}{a}\right| = \dfrac{|b|}{|a|}$

(ただし，a，b：実数)

(1) は，アタリマエだね。もし $|a| \leqq 0$ をみたす a は何？と聞かれたら，$a = 0$ が答えだ。それ以外の a では常に $|a| > 0$ となるからね。(2) も，アタリマエだね。たとえば，$|-7| = |7| = 7$ だからね。

(3)，(4) については，既に教えたから大丈夫だね。

(5) は，たとえば $|(-2) \times 3| = |-6| = 6$ と $|-2| \cdot |3| = 2 \cdot 3 = 6$ は一致するから，

$|ab| = |a||b|$ も成り立つ。

(6) も同様に，$\left|\dfrac{3}{-2}\right| = \left|-\dfrac{3}{2}\right| = \dfrac{3}{2}$ と $\dfrac{|3|}{|-2|} = \dfrac{3}{2}$ は一致するね。よって，

$\left|\dfrac{b}{a}\right| = \dfrac{|b|}{|a|}$ の公式も成り立つんだね。

● 相加・相乗平均の式も重要公式だ！

範囲を少し越えるけれど，重要な不等式についても紹介しておこう。

一般に実数の式 A に対して，$A^2 \geqq 0$ となるのは大丈夫だね。A が正でも負でも 2 乗すると $A^2 > 0$ となり，また，$A = 0$ のとき $A^2 = 0$。　よって，$A^2 \geqq 0$ だ。ここで，この A を $A = \sqrt{a} - \sqrt{b}$ $(a \geqq 0,\ b \geqq 0)$ とおくと，

$(\sqrt{a} - \sqrt{b})^2 \geqq 0$ ……①　この左辺を変形して，

$(\sqrt{a})^2 - 2\sqrt{a} \cdot \sqrt{b} + (\sqrt{b})^2 \geqq 0$　　$a + b - 2\sqrt{ab} \geqq 0$

よって，次の**相加平均・相乗平均**の公式が導かれる。

相加・相乗平均の公式

$a \geqq 0$，$b \geqq 0$ のとき，

$a + b \geqq 2\sqrt{ab}$

(等号成立条件: $a = b$)

元々の公式は $\dfrac{a+b}{2} \geqq \sqrt{ab}$ だが，
相加平均　相乗平均
実際には，左の式を公式として使う！

$b = a$ のとき①は $(\sqrt{a} - \sqrt{a})^2 = 0$ となるので，等号が成り立つのもわかるね。

式の有理化

絶対暗記問題 5 難易度★ CHECK 1 CHECK 2 CHECK 3

$\dfrac{1}{\sqrt{2}-\sqrt{3}-\sqrt{5}}+\dfrac{1}{\sqrt{2}-\sqrt{3}+\sqrt{5}}+\dfrac{1}{\sqrt{2}+\sqrt{3}-\sqrt{5}}+\dfrac{1}{\sqrt{2}+\sqrt{3}+\sqrt{5}}$ を簡単にせよ。

（東京電機大＊）

ヒント！ まず，はじめの2項と終わりの2項をそれぞれ通分してまとめる。その際に，公式 $(a-b)(a+b)=a^2-b^2$ を利用する。有理化の問題だね。

解答＆解説

$$与式=\left(\frac{1}{\sqrt{2}-\sqrt{3}-\sqrt{5}}+\frac{1}{\sqrt{2}-\sqrt{3}+\sqrt{5}}\right)+\left(\frac{1}{\sqrt{2}+\sqrt{3}-\sqrt{5}}+\frac{1}{\sqrt{2}+\sqrt{3}+\sqrt{5}}\right)$$

$$=\left\{\frac{1}{(\sqrt{2}-\sqrt{3})-\sqrt{5}}+\frac{1}{(\sqrt{2}-\sqrt{3})+\sqrt{5}}\right\}+\left\{\frac{1}{(\sqrt{2}+\sqrt{3})-\sqrt{5}}+\frac{1}{(\sqrt{2}+\sqrt{3})+\sqrt{5}}\right\}$$

$$=\frac{(\sqrt{2}-\sqrt{3})+\cancel{\sqrt{5}}+(\sqrt{2}-\sqrt{3})-\cancel{\sqrt{5}}}{\{(\sqrt{2}-\sqrt{3})-\sqrt{5}\}\{(\sqrt{2}-\sqrt{3})+\sqrt{5}\}}+\frac{(\sqrt{2}+\sqrt{3})+\cancel{\sqrt{5}}+(\sqrt{2}+\sqrt{3})-\cancel{\sqrt{5}}}{\{(\sqrt{2}+\sqrt{3})-\sqrt{5}\}\{(\sqrt{2}+\sqrt{3})+\sqrt{5}\}}$$

通分 $\dfrac{1}{a}+\dfrac{1}{b}=\dfrac{b+a}{ab}$ の計算を行った！

$$=\frac{2(\sqrt{2}-\sqrt{3})}{\underbrace{(\sqrt{2}-\sqrt{3})^2}_{(2-2\sqrt{6}+3)}-\underbrace{(\sqrt{5})^2}_{5}}+\frac{2(\sqrt{2}+\sqrt{3})}{\underbrace{(\sqrt{2}+\sqrt{3})^2}_{(2+2\sqrt{6}+3)}-\underbrace{(\sqrt{5})^2}_{5}}$$

公式 $(a-b)(a+b)=a^2-b^2$ を使った！

$$=\frac{2(\sqrt{2}-\sqrt{3})}{(\cancel{5}-2\sqrt{6})-\cancel{5}}+\frac{2(\sqrt{2}+\sqrt{3})}{(\cancel{5}+2\sqrt{6})-\cancel{5}}$$

$$=-\frac{\cancel{2}(\sqrt{2}-\sqrt{3})}{\cancel{2}\sqrt{6}}+\frac{\cancel{2}(\sqrt{2}+\sqrt{3})}{\cancel{2}\sqrt{6}}=\frac{\sqrt{3}-\cancel{\sqrt{2}}}{\sqrt{6}}+\frac{\cancel{\sqrt{2}}+\sqrt{3}}{\sqrt{6}}$$

$$=\frac{2\sqrt{3}}{\sqrt{6}}$$

$\dfrac{b}{a}+\dfrac{c}{a}=\dfrac{b+c}{a}$

$$=\frac{2}{\sqrt{2}}=\sqrt{2}$$ ……………………（答）

有理化，$\sqrt{A^2}=|A|$ と式の値

絶対暗記問題 6　難易度 ★★　CHECK 1　CHECK 2　CHECK 3

(1) $\dfrac{1}{2\sqrt{3}-3}$ の整数部分を a，小数部分を b とする。このとき b^2+ab の値を求めよ。　(立教大)

(2) $0<a<3$ のとき，$\sqrt{a^2+4a+4}+\sqrt{a^2-6a+9}$ の値を求めよ。　(北海道薬大＊)

ヒント！ (1) は，有理化の問題だね。$\sqrt{3}\fallingdotseq 1.7$ から，$a=2$ がわかるハズだ。(2) では，公式 $\sqrt{A^2}=|A|$ を使えば解けるよ。

解答＆解説

(1) $\dfrac{1}{2\sqrt{3}-3}=\dfrac{2\sqrt{3}+3}{(2\sqrt{3}-3)(2\sqrt{3}+3)}=\dfrac{2\sqrt{3}+3}{(2\sqrt{3})^2-3^2}$

$=\dfrac{2\sqrt{3}+3}{12-9}=\dfrac{2\sqrt{3}}{3}+1$　（$\sqrt{3}$ は 1.7，$\dfrac{2\sqrt{3}}{3}$ は 1.1）

$\sqrt{2}\fallingdotseq 1.4$　$\sqrt{7}\fallingdotseq 2.6$
$\sqrt{3}\fallingdotseq 1.7$　$\sqrt{8}\fallingdotseq 2.8$
$\sqrt{5}\fallingdotseq 2.2$　$\sqrt{10}\fallingdotseq 3.2$
$\sqrt{6}\fallingdotseq 2.4$

実数 x が，
$n\leqq x<n+1$ (n：整数)
のとき，x の
・整数部は n であり，
・小数部は $x-n$ である。

よって，整数部分 $a=2$，小数部分 $b=\dfrac{2\sqrt{3}}{3}+1-2=\dfrac{2\sqrt{3}}{3}-1$ となる。

$\therefore\ b^2+ab=b(b+a)=\left(\dfrac{2\sqrt{3}}{3}-1\right)\left(\dfrac{2\sqrt{3}}{3}-1+2\right)$

$=\left(\dfrac{2\sqrt{3}}{3}-1\right)\left(\dfrac{2\sqrt{3}}{3}+1\right)=\left(\dfrac{2\sqrt{3}}{3}\right)^2-1^2=\dfrac{12}{9}-1=\dfrac{1}{3}$ ……(答)

(2) $0<a<3$ より，

$\sqrt{a^2+4a+4}+\sqrt{a^2-6a+9}$

$=\sqrt{(a+2)^2}+\sqrt{(a-3)^2}$

$=|a+2|+|a-3|$

$=a+2-(a-3)=2+3=5$ ……(答)

公式：
$\sqrt{A^2}=|A|$
を使った！

(ⅰ) $a>0$ より，$a+2>0$　$\therefore\ |a+2|=a+2$
(ⅱ) $a<3$ より，$a-3<0$　$\therefore\ |a-3|=-(a-3)$ となるんだね。

2 重根号と対称式

絶対暗記問題 7	難易度 ★★	CHECK 1	CHECK 2	CHECK 3

$x=\dfrac{1}{\sqrt{2-\sqrt{3}}}$，$y=\dfrac{1}{\sqrt{2+\sqrt{3}}}$ のとき，次の各式の値を求めよ。

(1) $x+y$　　(2) xy　　(3) $\dfrac{y^2}{x}+\dfrac{x^2}{y}$

ヒント！ x, y 共に 2 重根号の式なので，これをまずはずし，さらに分母を有理化するんだよ。次に，(1)，(2) で，基本対称式 $x+y$，xy の値を求め，これを使って，(3) の対称式の値を求める。

解答＆解説

$$x=\frac{1}{\sqrt{2-\sqrt{3}}}=\frac{1}{\sqrt{\dfrac{2\cdot2-2\sqrt{3}}{2}}}=\frac{1}{\dfrac{\sqrt{4-2\sqrt{3}}}{\sqrt{2}}}=\frac{\sqrt{2}}{\sqrt{4-2\sqrt{3}}}$$

（繁分数の計算）（2 重根号の計算：4 はたして，3 はかけて，3 と 1 だ！）

$$=\frac{\sqrt{2}}{\sqrt{3}-\sqrt{1}}=\frac{\sqrt{2}(\sqrt{3}+1)}{(\sqrt{3}-1)(\sqrt{3}+1)}=\frac{\sqrt{6}+\sqrt{2}}{2}$$

（有理化）

y も同様に，

$$y=\frac{1}{\sqrt{2+\sqrt{3}}}=\frac{\sqrt{2}}{\sqrt{4+2\sqrt{3}}}=\frac{\sqrt{2}}{\sqrt{3}+1}=\frac{\sqrt{2}(\sqrt{3}-1)}{(\sqrt{3}+1)(\sqrt{3}-1)}=\frac{\sqrt{6}-\sqrt{2}}{2}$$

(1) $x+y=\dfrac{\sqrt{6}+\sqrt{2}}{2}+\dfrac{\sqrt{6}-\sqrt{2}}{2}=\dfrac{2\sqrt{6}}{2}=\sqrt{6}$ ……………①　……………(答)

(2) $xy=\dfrac{\sqrt{6}+\sqrt{2}}{2}\cdot\dfrac{\sqrt{6}-\sqrt{2}}{2}=\dfrac{(\sqrt{6})^2-(\sqrt{2})^2}{4}=1$ ………②　……………(答)

(3) $\dfrac{y^2}{x}+\dfrac{x^2}{y}=\dfrac{x^3+y^3}{xy}$

$$=\frac{(x+y)^3-3xy(x+y)}{xy}$$

> $(x+y)^3=x^3+3x^2y+3xy^2+y^3$ だから，
> $x^3+y^3=(x+y)^3-(3x^2y+3xy^2)$
> $=(x+y)^3-3xy(x+y)$
> と，分子が変形できるんだね。

$$=\frac{(\sqrt{6})^3-3\cdot1\cdot\sqrt{6}}{1}$$ （∵①，②）（∵は“なぜなら”記号）

$=6\sqrt{6}-3\sqrt{6}=3\sqrt{6}$ ……………………………………………(答)

相加・相乗平均の式と最大・最小

絶対暗記問題 8 難易度 ★★ CHECK 1 CHECK 2 CHECK 3

$x>0$ のとき，(i) $x+\dfrac{4}{x}$ の最小値，および (ii) $\dfrac{x}{x^2+4}$ の最大値を求めよ。

ヒント！ 相加・相乗平均の式を利用する。特に (ii) は，分子・分母を x で割って分母に着目すればよい。

解答＆解説

(i) $x>0$, $\dfrac{4}{x}>0$ より，相加・相乗平均の式を用いると，

$$x+\frac{4}{x}\geqq 2\sqrt{x\cdot\frac{4}{x}}=2\sqrt{4}=4$$

← 公式：$a>0$, $b>0$ のとき $a+b\geqq 2\sqrt{ab}$ を使った。

等号成立条件：$x=\dfrac{4}{x}$ ← 等号成立条件：$a=b$

$x^2=4$　ここで，$x>0$ より，$x=\sqrt{4}=2$

$\therefore$ $x=2$ のとき，$x+\dfrac{4}{x}$ は最小値 4 をとる。 ……………(答)

(ii) 与式の分子・分母を $x(>0)$ で割って，

$$\frac{x}{x^2+4}=\frac{1}{\dfrac{x^2+4}{x}}=\frac{1}{x+\dfrac{4}{x}}$$

（この分母が最小のとき）（全体としてのこの式は，最大になる！）

この分母の $x+\dfrac{4}{x}$ は，(i) の結果より，$x=2$ のとき最小値 4 をとる。

$\therefore$ $\dfrac{x}{x^2+4}$ は，$x=2$ のとき，最大値 $\dfrac{1}{4}$ をとる。 ……………(答)

頻出問題にトライ・2 難易度 ★★ CHECK 1 CHECK 2 CHECK 3

$0<a<1$ のとき，$\sqrt{16a^2+\dfrac{1}{a^2}+8}+\sqrt{a^2+\dfrac{1}{a^2}-2}$ の最小値と，そのときの a の値を求めよ。

解答は P241

3. 1次不等式も，グラフで考えるとよくわかる！

これから，**1次不等式**の解説に入るよ。1次不等式は，もちろん1次方程式と関連している。1次方程式については，中学でも既に学習していると思うけれど，xy 座標平面上の直線のグラフを使って，まずこれを解説しよう。さらに，本題の1次不等式についても，グラフをイメージして学習すると，さらに理解が深まるはずだ。

● 等式には，恒等式と方程式の2つがある！

まず，$A=B$ の形で表される式を**等式**，$A>B$ や $A \leqq B$ などの形で表される式を**不等式**という。

ここで，等式には次の2種類があることに注意してくれ。

（i）恒等式　（ii）方程式

（i）の**恒等式**は，左右両辺がまったく同じ式のことで，たとえば乗法公式 $(a+b)^2=a^2+2ab+b^2$ などが恒等式の1例になる。

また，$2x-1=2x-1$ ……① も左右両辺がまったく同じ式なので恒等式だ。①式は，文字 x にどんな数字を代入しても当然成り立つ。

たとえば，$x=1$ のとき　$2\cdot1-1=2\cdot1-1$ より $1=1$ だし，
$x=-2$ のとき　$2\cdot(-2)-1=2\cdot(-2)-1$ より $-5=-5$ となる。

これに対して，$2x-1=-\frac{1}{2}x+5$ ……② は**方程式**なんだね。これは，

x の1次の方程式なので，**1次方程式**という。

すべての x に対して成り立つのではなく，ある x の値のときだけ成り立つ。その値を，方程式②の**解**という。そして，その解を求めることを②を**解く**という。実際に②の方程式を解くよ。

②の両辺を2倍して，

$$2(2x-1)=2\cdot\left(-\frac{1}{2}x+5\right)\qquad 4x-2=-x+10$$

$4x + x = 10 + 2 \quad 5x = 12 \quad \therefore x = \dfrac{12}{5}$ の解を得る。

方程式の変形に使った公式を，右にまとめて示しておく。

$A = B$ のとき，
(ⅰ) $A \pm C = B \pm C$
(ⅱ) $CA = CB$
(ⅲ) $\dfrac{A}{C} = \dfrac{B}{C} \quad (C \neq 0)$
と変形できる。

ここで，方程式：

$2x - 1 = -\dfrac{1}{2}x + 5$ ……②

を，次の 2 つの直線の式に分解してみるよ。

$\begin{cases} y = 2x - 1 \\ y = -\dfrac{1}{2}x + 5 \end{cases}$

← 傾き 2，y 切片 -1 の直線
← 傾き $-\dfrac{1}{2}$，y 切片 5 の直線

図 1

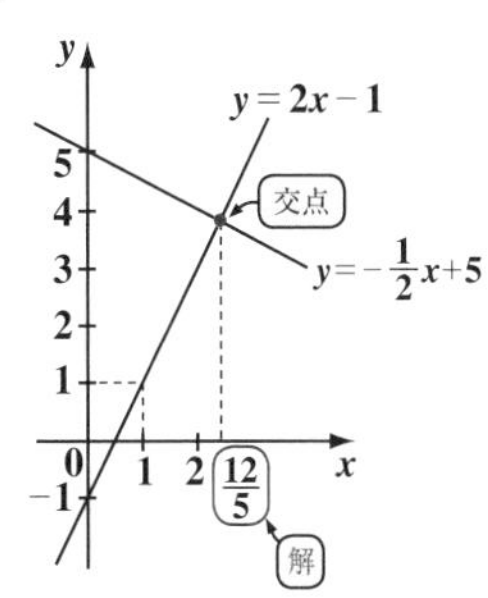

図 1 に，この 2 直線を xy 座標平面上に示すと，この 2 直線の交点の x 座標が，②の方程式の解になるんだね。

②を変形して，$5x - 12 = 0$ ……②′ とし，これを分解して，

$\begin{cases} y = 5x - 12 \\ y = 0 \quad [x \text{ 軸}] \end{cases}$

の 2 直線とみても，図 2 に示すように，この 2 直線の交点の x 座標が，やはり解になる。

図 2

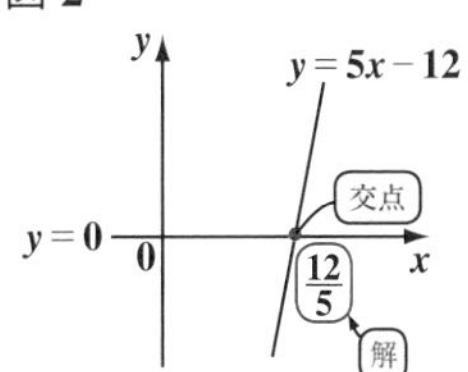

このように，x の 1 次方程式の場合，2 つの直線に分解すると，その交点の x 座標が，方程式の解となる。

これに対して，$2x - 1 = 2x - 1$ ……① の恒等式の場合，これを分解して，直線の式にすると，

図 3

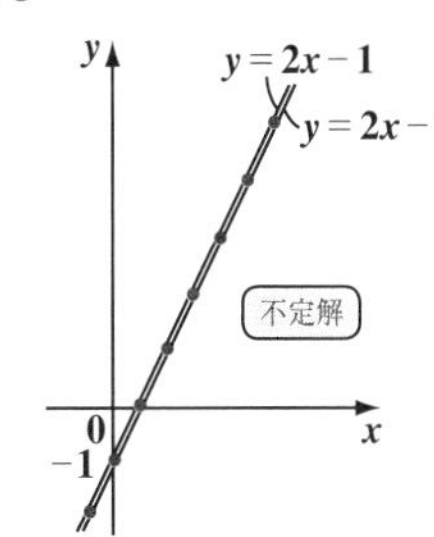

$\begin{cases} y = 2x - 1 \\ y = 2x - 1 \end{cases}$ となって，同一の 2 つの直線となるので，この直線上の点がすべて交点とみなせる。このため，解はすべての実数ということになる。これを「**不定解**(ふていかい)」というよ。(図 3)

さらに，特殊な場合として，方程式 $2x-1=2x+1$ …③ を考えてみよう。これは変形すると $0=2$ となって，明らかに矛盾だ。③を，2 つの直線に分解すると，

図 4

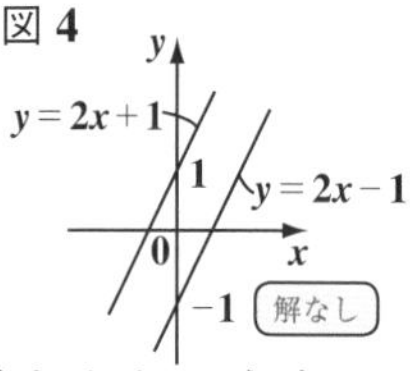

$$\begin{cases} y=2x-1 \\ y=2x+1 \end{cases}$$

となって，図 4 に示す通り，2 本の平行線となり，交点が存在しないんだね。この場合「**解なし**」という。

● 1 次不等式もグラフと関連させよう！

それでは，本題の **1 次不等式**を解説するよ。前回の 1 次方程式が，「不定解」や「解なし」の特別な場合を除いて，「1 つの実数解」をもつのに対して，1 次不等式の解は，x の値の範囲として，求められるんだよ。

例として，$2x-1<-\frac{1}{2}x+5$ ……④ を解いてみよう。②の方程式の

（x の 1 次の不等式なので，これを **1 次不等式**という。）

等号（＝）の代わりに，不等号（＜，＞，≦，≧）が入ったものが不等式だ。

④を変形して，

$$2(2x-1)<2\left(-\frac{1}{2}x+5\right)$$ ←（両辺を 2 倍した）

$$4x-2<-x+10$$

$$4x+x<10+2$$ ←（$-x$ と -2 を移項）

$$5x<12 \quad \cdots\cdots ④'$$

$$\therefore\ x<\frac{12}{5}$$ ←（両辺を 5 で割った！）

④′ を $5x-12<0$ とみて

$$\begin{cases} y=5x-12 \\ y=0 \quad [x \text{ 軸}] \end{cases}$$

に分解すると，図 5 のように，直線 $y=5x-12$ が，x 軸 $[y=0]$ より下側にくるような x の値の範囲が，④の不等式の解になる。

図 5

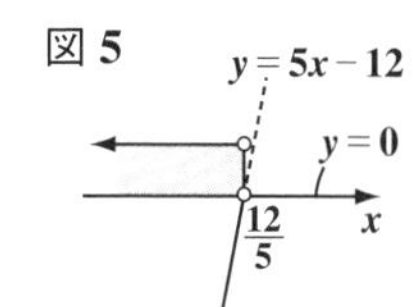

不等式の式変形の公式を下にまとめて示す。

$A<B$ のとき，(Ⅰ) $A \pm C < B \pm C$

(Ⅱ) (ⅰ) $C>0$ のとき

$CA<CB$, $\frac{A}{C}<\frac{B}{C}$

(ⅱ) $C<0$ のとき

$CA>CB$, $\frac{A}{C}>\frac{B}{C}$

負の数 C をかけたり割ったりすると，不等号の向きが逆転する。

不等式を解く際に気を付けなければならないことは，両辺に負の数をかけたり，両辺を負の数で割ったりする際に，不等号の向きが逆転することだ。たとえば，不等式 $-2x \leqq 4$ の場合，両辺を負の数 -2 で割ると，

$x \geqq \frac{4}{-2}=-2$ $\therefore x \geqq -2$ となるんだね。

したがって，不等式 $ax \leqq 4$ $(a \neq 0)$ の場合は，a の正・負により次のように場合分けしなければいけないね。

(ⅰ) $a>0$ のとき $x \leqq \frac{4}{a}$ ← 両辺を正の数 a で割った！

(ⅱ) $a<0$ のとき $x \geqq \frac{4}{a}$ ← 両辺を負の数 a で割った！

不等号の向きが逆転！

それでは，もう1つ例題をやっておこう。

$\frac{-x+2}{3} \leqq \frac{4x+1}{2}$ を解くよ。この両辺に6をかけて，

$2(-x+2) \leqq 3(4x+1)$ $-2x+4 \leqq 12x+3$

$-14x \leqq -1$ $\therefore x \geqq \frac{1}{14}$ $\left(\frac{-1}{-14}\right)$ …………(答) となる。

両辺を負の数 -14 で割った！

1次方程式の解の分類

絶対暗記問題 9	難易度 ★	CHECK 1	CHECK 2	CHECK 3

x の 1 次方程式 $ax+b=0$ ……① (a, b : 定数) が,
(i) 1 実数解をもつ, (ii) 不定解をもつ, (iii) 解なしになる
のそれぞれの場合について, 定数 a と b の条件を求めよ。

ヒント! ①の方程式を, 2 つの直線の式 $y=ax+b$ と $y=0$ に分解して, グラフで考えるといい。

解答&解説

方程式 $ax+b=0$ ……① について, これを $y=ax+b$ ……②
（a：傾き，b：y切片）
と $y=0$ [x 軸] に分解して考えると,

(i) $a\neq 0$ のとき,

①は, 1 つの実数解 $x=-\dfrac{b}{a}$ をもつ。

$\therefore a\neq 0$ ……………………………(答)

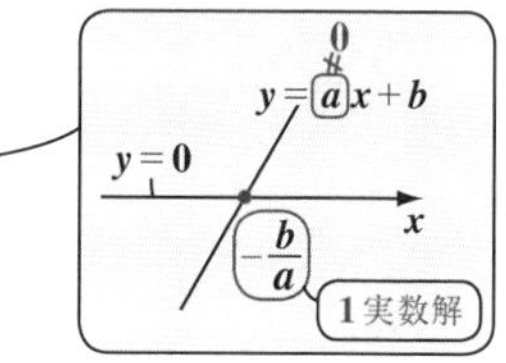

(ii) $a=0$ かつ $b=0$ のとき,

②は, $y=0\cdot x+0=0$ となって x 軸 [$y=0$] と一致する。

よって, ①が不定解をもつ条件は,

$a=0$ かつ $b=0$ ………………(答)

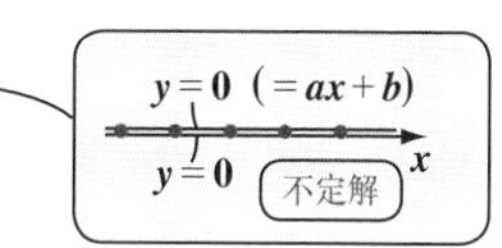

(iii) $a=0$ かつ $b\neq 0$ のとき,

②は, $y=0\cdot x+b=b$ $(\neq 0)$ となって, x 軸 [$y=0$] と平行になり, 共有点が存在しない。

よって, ①が解なしとなる条件は,

$a=0$ かつ $b\neq 0$ ………………(答)

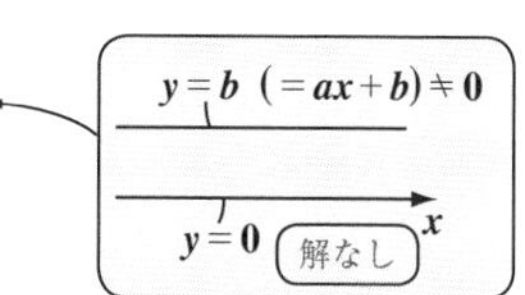

絶対値の入った1次不等式

絶対暗記問題 10	難易度 ★★	CHECK 1	CHECK 2	CHECK 3

不等式　$2|x-2| \leqq x+1$ を解け。　(八戸工大)

ヒント！ $|x-2|$ は，(ⅰ) $x-2 \geqq 0$ のときと，(ⅱ) $x-2<0$ のときの2通りに場合分けして，絶対値記号をはずしてから解く。

解答＆解説

$2|x-2| \leqq x+1$ ……① とおく。
（$x-2$：0以上 or ⊖）

$|a| = \begin{cases} a & (a \geqq 0) \\ -a & (a<0) \end{cases}$ より

$|x-2| = \begin{cases} x-2 & (x \geqq 2) \\ -(x-2) & (x<2) \end{cases}$

となる。

(ⅰ) $x \geqq 2$ のとき

$x-2 \geqq 0$ より，$|x-2| = x-2$

よって①は，$2(x-2) \leqq x+1$　　$2x-4 \leqq x+1$

$\therefore x \leqq 5$

以上より　$2 \leqq x \leqq 5$

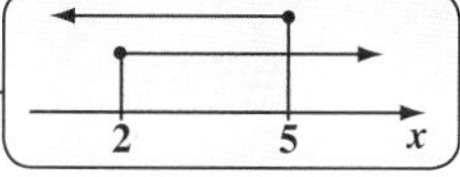

(ⅱ) $x<2$ のとき，

$x-2<0$ より，$|x-2| = -(x-2)$

よって①は，$-2(x-2) \leqq x+1$　　$-2x+4 \leqq x+1$

$3x \geqq 3$　　$\therefore x \geqq 1$

以上より　$1 \leqq x < 2$

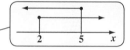

以上(ⅰ)(ⅱ)を合わせて，求める①の解は，

$1 \leqq x \leqq 5$ ……………………………(答)

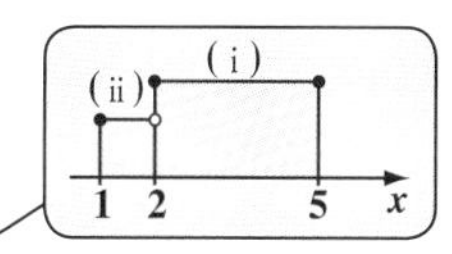

参考

①を $\begin{cases} y = 2|x-2| = \begin{cases} 2(x-2) & (x \geqq 2) \\ -2(x-2) & (x<2) \end{cases} \\ y = x+1 \end{cases}$ に分解して，グラフで考えると，$y=x+1$ が，$y=2|x-2|$ 以上となる x の範囲が，$1 \leqq x \leqq 5$ とわかる。

（V字型のグラフ）

連立 1 次不等式

絶対暗記問題 11 難易度 ★★ CHECK 1 CHECK 2 CHECK 3

次の連立 **1** 次不等式について，各問いに答えよ。

$\frac{1-3x}{4}<\frac{1}{2}$ ……①　　$\frac{2x-2+a}{2}\leqq a-1$ ……②

(1) $a=3$ のとき，上の連立不等式を解け。

(2) ①，②が共通解をもたないとき，a の値の範囲を求めよ。

(3) ①，②を同時にみたす整数が，**2** つだけ存在するとき，a の値の範囲を求めよ。

ヒント！ 連立 **1** 次不等式①，②の解とは，①と②の不等式を同時にみたす x の値の範囲のことである。**(2)** 数直線で考えるとよい。**(3)** 共通解に整数が **2** つ (**0** と **1**) だけ含まれるような a の値の範囲を求める。

解答＆解説

(ⅰ) ①を変形して

$1-3x<2$ ← 両辺を 4 倍した　　$-3x<1$

$\therefore x>-\frac{1}{3}$ ……①′ ← 両辺を -3 で割ったので，不等号の向きが逆転した！

(ⅱ) ②を変形して，

$2x-2+a\leqq 2(a-1)$

$2x-2+a\leqq 2a-2$

$2x\leqq a$

$\therefore x\leqq\frac{a}{2}$ ……②′

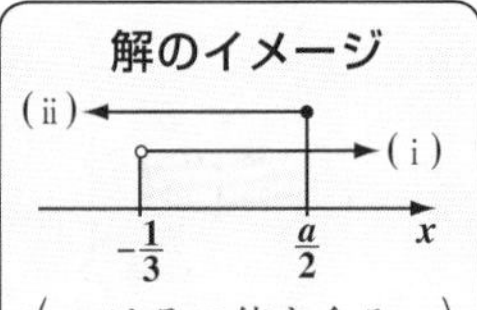

(1) $a=3$ のとき，

$-\frac{1}{3}<x$ ……①′ かつ $x\leqq\frac{3}{2}$ ……②′ より

求める (共通) 解は，$-\frac{1}{3}<x\leqq\frac{3}{2}$ ……(答)

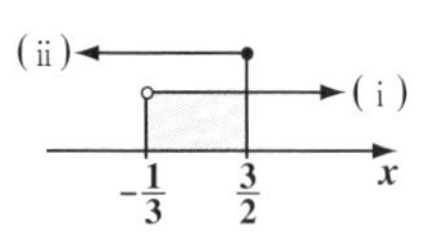

(2) ①, ②が共通解をもたない，すなわち，①′と②′を同時にみたす x が存在しないための a の条件は，

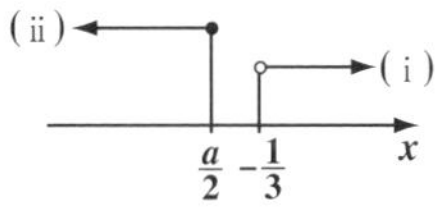

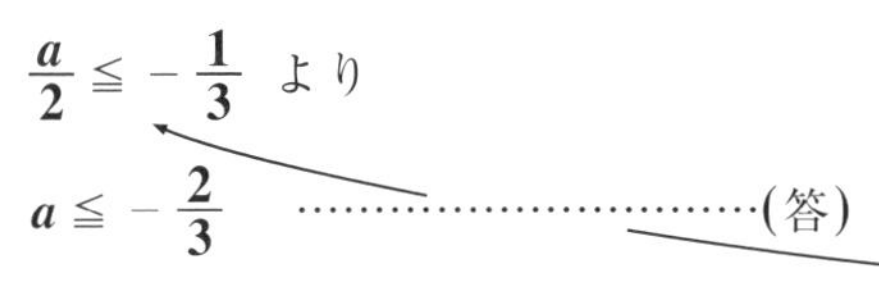

$\frac{a}{2} \leqq -\frac{1}{3}$ より

$a \leqq -\frac{2}{3}$ ……………………………(答)

$\frac{a}{2} = -\frac{1}{3}$ のときも，下図より，共通解は存在しないので，等号をつける。

(ii) (i) x $-\frac{1}{3}$ $\frac{a}{2}$

(3) ①, ②の共通解

$-\frac{1}{3} < x \leqq \frac{a}{2}$

の範囲に整数が **0** と **1** の **2** つのみ含まれるための a の条件は，

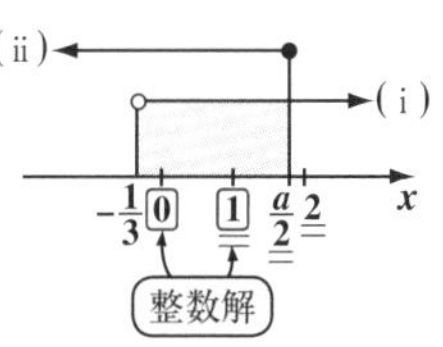

$1 \leqq \frac{a}{2} < 2$ より，$2 \leqq a < 4$ ……………………………………(答)

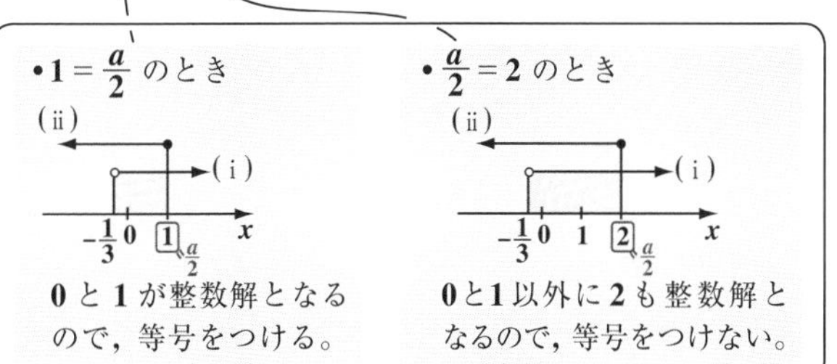

頻出問題にトライ・3	難易度 ★★	CHECK 1	CHECK 2	CHECK 3

$|x+2|+|x-1| \leqq 7$ をみたす x の値の範囲を求めよ。　(中部大)

解答は **P241**

講義1 ● 数と式　公式エッセンス

1.　指数法則　(m, n：自然数，$m \geqq n$)

(1) $a^0 = 1$　(2) $a^1 = a$　(3) $a^m \times a^n = a^{m+n}$

(4) $(a^m)^n = a^{m \times n}$　(5) $\dfrac{a^m}{a^n} = a^{m-n}$　(6) $\left(\dfrac{b}{a}\right)^m = \dfrac{b^m}{a^m}$

(7) $(a \times b)^m = a^m \times b^m$

2.　乗法公式（因数分解公式）

(1) $acx^2 + (ad + bc)x + bd = (ax + b)(cx + d)$ ← たすきがけ

(2) $a^2 + b^2 + c^2 + 2ab + 2bc + 2ca = (a + b + c)^2$

(3) $a^3 + 3a^2b + 3ab^2 + b^3 = (a + b)^3$

$a^3 - 3a^2b + 3ab^2 - b^3 = (a - b)^3$

(4) $a^3 + b^3 = (a + b)(a^2 - ab + b^2)$

$a^3 - b^3 = (a - b)(a^2 + ab + b^2)$　　など

3.　2重根号のはずし方

(1) $\sqrt{(a + b) + 2\sqrt{ab}} = \sqrt{a} + \sqrt{b}$　（$a+b$：たして，ab：かけて）

(2) $\sqrt{(a + b) - 2\sqrt{ab}} = \sqrt{a} - \sqrt{b}$　（$a+b$：たして，ab：かけて，a：大，b：小）

（ただし，(2) では，$a > b > 0$）

4.　絶対値のはずし方

$$|a| = \begin{cases} a & (a \geqq 0 \text{ のとき}) \\ -a & (a < 0 \text{ のとき}) \end{cases}$$

← $|3| = 3$, $|-3| = 3$ など

5.　不等式の変形公式

$A < B$ のとき，

(Ⅰ) $A \pm C < B \pm C$　（複号同順）

(Ⅱ)(ⅰ) $C > 0$ のとき，$CA < CB$，$\dfrac{A}{C} < \dfrac{B}{C}$

(ⅱ) $C < 0$ のとき，$CA > CB$，$\dfrac{A}{C} > \dfrac{B}{C}$

講義 Lecture

2 集合と論理

▶ 集合の要素の個数

▶ 命題の証明

▶ 必要条件・十分条件

講義2 集合と論理

1. 集合の要素の個数は，張り紙のテクで攻略だ！

さァ，これから“**集合と論理**”の講義に入るよ。今回扱う内容は，**集合**と**要素**の個数だ。あまりなじみのない言葉が出てきて，最初は大変と思うかもしれないけれど，**1**つ**1**つていねいに解説していくからね！

● 集合とはハッキリしたものの集まりだ！

これから解説する**集合**とは，“**12**の正の約数”とか，“**1**以上**10**以下の奇数”とか，“$-1 \leqq x \leqq 0$ をみたす実数 x”とか，「条件のハッキリしているものの集まり」のことなんだ。

で，一般に集合は，A，B，C などの大文字のアルファベットで表すことが多いよ。上の最初の集合を

$A = \{x \mid x$ は 12 の正の約数$\}$ ……①，または

$A = \{1, 2, 3, 4, 6, 12\}$ …………② のように表す。

集合 A は，①のように $\{x \mid (x$ のみたすべき条件$)\}$ のように書いてもいいし，②のように集合の**要素**そのものを全部書き並べてもいいんだ。で，この場合，2 は集合 A に属する要素で，このことを $2 \in A$ と書くし，5 は A の要素ではないので，$5 \notin A$ と表すんだ。

それでは，残り**2**つの集合もキチンと書いておくよ。

$B = \{x \mid x$ は 1 以上 10 以下の奇数$\} = \{1, 3, 5, 7, 9\}$

$C = \{x \mid x$ は $-1 \leqq x \leqq 0$ をみたす実数$\}$ ← $C = \{x \mid -1 \leqq x \leqq 0\}$ とも表すよ。

どう？書き方はわかった？最後の集合 C だけは，要素を並べて書けないよね。$-1 \leqq x \leqq 0$ をみたす実数 x は無限にあるからだ。A や B のように要素の個数が有限の集合を**有限集合**といい，C のように要素が無限にある集合を**無限集合**というんだ。

で，一般に有限集合 X の要素の個数は $n(X)$ と表すよ。たとえば，集合 A の要素の個数は $\{1, 2, 3, 4, 6, 12\}$ の 6 個だから，$n(A) = 6$ と表す。また，要素が**1**個もないものも特に**空集合**と呼び，ϕ で表すよ。当然 $n(\phi) = 0$ だね。

次に，集合 $D=\{1, 2, 3\}$ が与えられたとするよ。図 **1** のように，集合 D の要素はすべて集合 A に含まれてるだろ。この場合，“集合 D は集合 A に含まれる”，あるいは“集合 D は集合 A の**部分集合**”といい，$D \subseteqq A$ と表す。

図 1 $D \subseteqq A$
(D は A の部分集合)

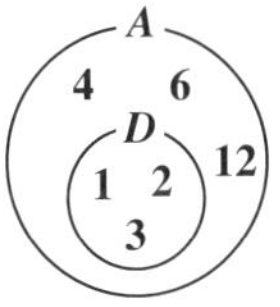

● 和集合の要素の個数は，張り紙のテクを使おう！

2 つの集合 $A=\{1, 2, 3, 4, 6, 12\}$ と $B=\{1, 3, 5, 7, 9\}$ を，図 **2** のような模式図で表すよ。このとき，A と B に共通な要素全体の集合を A と B の**共通部分**と呼び，$A \cap B$ と表す。この場合，$A \cap B=\{1, 3\}$ で，図 **2** の柿の種の部分になる。この要素の個数は，$n(A \cap B)=2$ だ。

次に，A または B のいずれかに属する要素全体の集合を，A と B の**和集合**と呼び，$A \cup B$ と表す。この例では，$A \cup B=\{1, 2, 3, 4, 5, 6, 7, 9, 12\}$ で，図では，横に寝かせたダルマさんのカッコウをしている。この要素の個数は $n(A \cup B)=9$ だね。

図 2 共通部分と和集合

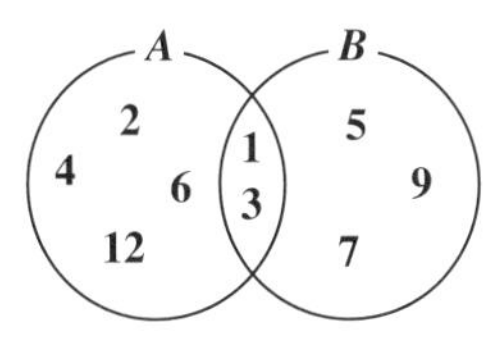

(1) 共通部分 A B
：柿の種
(2) 和集合 A B
：ダルマさん 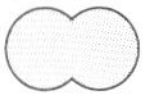

和集合の要素の個数について，次式が成り立つ。

$$n(A \cup B)=n(A)+n(B)-n(A \cap B)$$

この公式は，張り紙のテクニックで簡単に理解できるよ。まず，(i) 集合 A と B の要素の個数を表す丸い張り紙を用意して，それらを台紙に一部重なるようにペタン，ペタンと貼る。すると，柿の種の部分 $n(A \cap B)$ が **2** 重になっているので，(ii) この部分を **1** 枚はがせば，キレイな (?) $n(A \cup B)$ が出来上がるんだね。図 **3** を見てくれ。

図 3 張り紙のテク

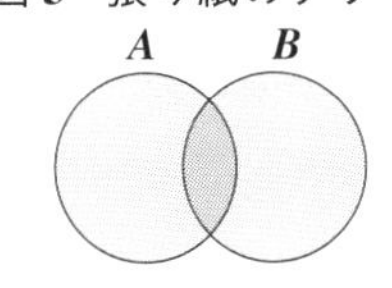

2 重になった共通部分：$A \cap B$  に属する要素は，A にも B にも属する。

ここで，和集合の要素の個数についての公式を，まとめておくよ。

和集合の要素の個数

(i) $A \cap B \neq \phi$ のとき，← $n(A \cap B) \neq 0$ だね

$n(A \cup B) = n(A) + n(B) - n(A \cap B)$

(ii) $A \cap B = \phi$ のとき，← $n(A \cap B) = 0$ だ

$n(A \cup B) = n(A) + n(B)$

図 4　和集合の要素の個数

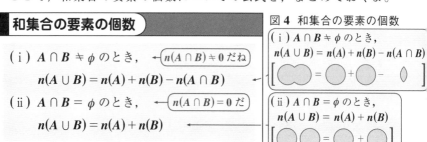

(i) $A \cap B \neq \phi$ のとき，
$n(A \cup B) = n(A) + n(B) - n(A \cap B)$

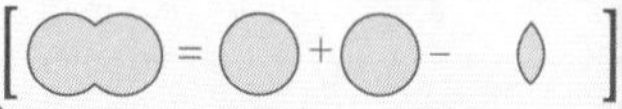

(ii) $A \cap B = \phi$ のとき，
$n(A \cup B) = n(A) + n(B)$

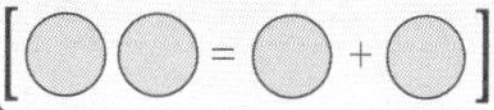

(i) の公式：$A \cap B \neq \phi$ のとき，$n(A \cup B) = n(A) + n(B) - n(A \cap B)$ を例題で確認しておくよ。

$A = \overbrace{\{1,\ 2,\ 3,\ 4,\ 6,\ 12\}}^{6\text{個}}$

$B = \overbrace{\{1,\ 3,\ 5,\ 7,\ 9\}}^{5\text{個}}$　について，

$A \cap B = \overbrace{\{1,\ 3\}}^{2\text{個}}$

$A \cup B = \overbrace{\{1,\ 2,\ 3,\ 4,\ 5,\ 6,\ 7,\ 9,\ 12\}}^{9\text{個}}$

だから，$n(A \cup B) = 9$，$n(A) = 6$，$n(B) = 5$，$n(A \cap B) = 2$ より，これらを (i) の公式に代入すると，

$9 = 6 + 5 - 2$　となって，成り立っているね。

$[n(A \cup B) = n(A) + n(B) - n(A \cap B)]$

(ii)：$A \cap B = \phi$ (空集合) のとき，A と B の重なり合う部分 (柿の種) がないので，$n(A \cup B)$ は $n(A)$ と $n(B)$ をたせばオシマイだね。図 4 の (ii) を見てくれ。

● 全体集合と補集合もウマク利用しよう！

集合や要素について考えるとき，ある 1 つの集合の中で考えることが多いよ。この考えている全要素から成る集合を**全体集合**といい，U で表す。

この全体集合 U の部分集合 A が与えられたとき，U に属するが A に属さない要素全体の集合を，A の**補集合**といって，これを $\overline{A}$ で表す。すると，図 **5** からわかるように，$n(A)+n(\overline{A})=n(U)$ より，次の公式が成り立つね。

図 **5**　補集合：$\overline{A}$

$$n(A)=n(U)-n(\overline{A})$$

これより，$n(A)$ を直接求めるのがテゴワイとき，まず，$n(\overline{A})$ を求めて，$n(U)-n(\overline{A})$ を計算すればいいんだ。ナットクいった？

● ド・モルガンの法則もマスターしよう！

次に，**ド・モルガンの法則**を書いておくよ。

ド・モルガンの法則

(i) $\overline{A\cup B}=\overline{A}\cap\overline{B}$

(ii) $\overline{A\cap B}=\overline{A}\cup\overline{B}$

ここで，∪を“または”，∩を“かつ”と読むこともできるんだ。また，上につけたバーは補集合を表すが，これを否定と考えると，ド・モルガンの (i) $\overline{A\cup B}=\overline{A}\cap\overline{B}$ は次のように読める。

“**A または B の否定は，A でなくかつ B でない**”

（これについては，次の“**必要条件・十分条件**”のところで詳しく教えるよ。(**P40** 参照)）

これを模式図で考えると，図 **6** のようになるね。(i) の右辺は $\overline{A}$ と $\overline{B}$ の共通部分だから，この **2** つを重ねて，**2** 重になる部分が $\overline{A}\cap\overline{B}$ なんだね。これは，左辺の $\overline{A\cup B}$ のことだよね。

(ii) については，自分で考えてみるといい。良い思考訓練になるはずだ。

図 **6**　(i) $\overline{A\cup B}=\overline{A}\cap\overline{B}$

(i) の左辺 $\overline{A\cup B}$

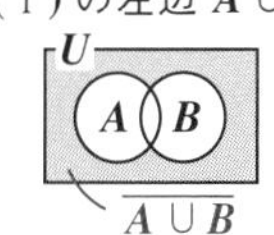

(i) の右辺 $\overline{A}\cap\overline{B}$

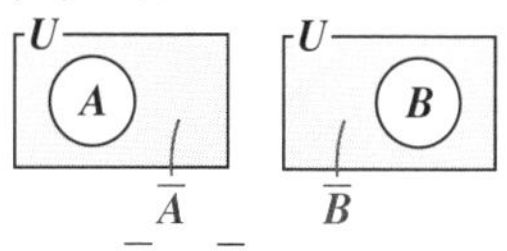

∴ $\overline{A}$ と $\overline{B}$ の共通部分は

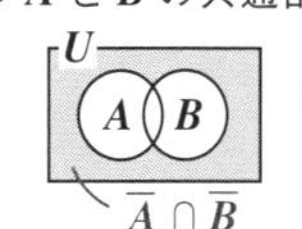

だね。

集合とド・モルガンの法則

絶対暗記問題 12	難易度 ★	CHECK 1	CHECK 2	CHECK 3

2 つの集合 $A=\{x \mid x<-1, 2<x\}$，$B=\{x \mid |x+1| \leqq 1\}$ について，次の各集合を求めよ。

(1) $A \cap B$　　(2) $A \cup B$　　(3) $\overline{A} \cap B$　　(4) $\overline{A} \cup \overline{B}$

ヒント！ まず，集合 B を表す実数 x のとり得る値の範囲を出すことからスタートだ。ここで，絶対値の不等式 $|a| \leqq r$ (r：正の定数) は，$-r \leqq a \leqq r$ と変形できることも覚えておくといい。(4) は，ド・モルガンの法則を利用しよう！

解答＆解説

集合 B の不等式を解いて，$|x+1| \leqq 1$ より，

$-1 \leqq x+1 \leqq 1$　　$-2 \leqq x \leqq 0$

（各辺から 1 を引いて）

> 絶対値の入った不等式
> (Ⅰ) $|a| \leqq r$ のとき $-r \leqq a \leqq r$
> (Ⅱ) $|a| \geqq r$ のとき $a \leqq -r,\ r \leqq a$

以上より，
$$\begin{cases} A=\{x \mid x<-1,\ 2<x\} \\ B=\{x \mid -2 \leqq x \leqq 0\} \end{cases}$$

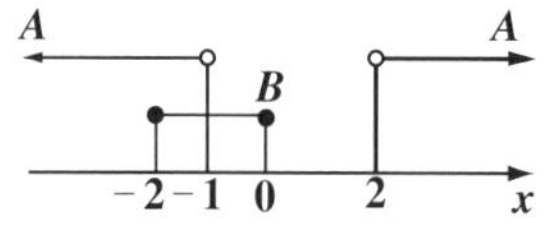

> 図では，集合に境界の値が属するときは • で，属さないときは ∘ で表す。

(1) $A \cap B=\{x \mid -2 \leqq x<-1\}$ ……(答)

(2) $A \cup B=\{x \mid x \leqq 0,\ 2<x\}$ ……(答)

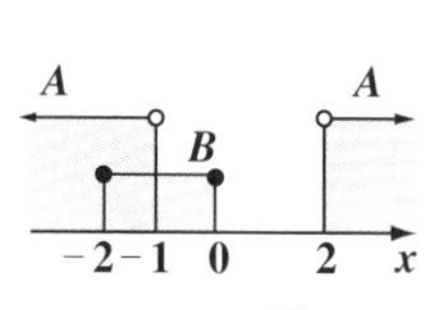

(3) $\overline{A} \cap B=\{x \mid -1 \leqq x \leqq 0\}$ ……(答)

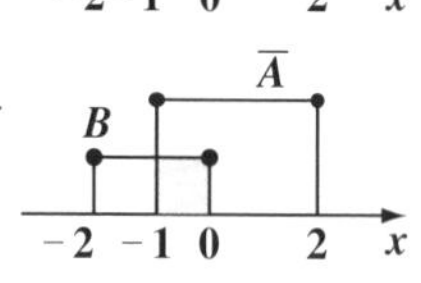

(4) ド・モルガンの法則より，$\overline{A} \cup \overline{B}=\overline{A \cap B}$

よって，これは (1) の補集合となるので，

$\overline{A} \cup \overline{B}=\overline{A \cap B}=\{x \mid x<-2,\ -1 \leqq x\}$ ……(答)

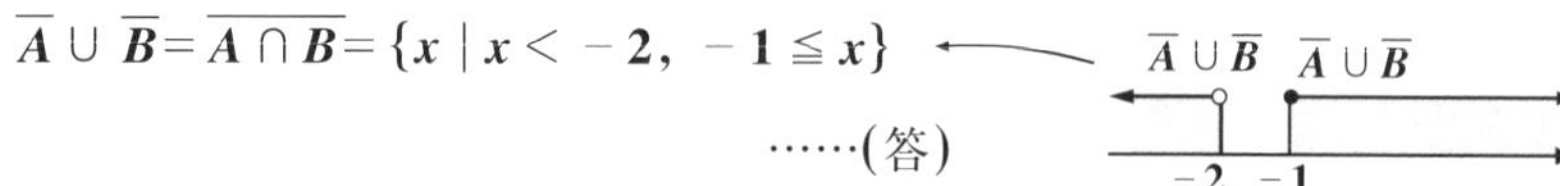

張り紙のテクの応用

絶対暗記問題 13 　難易度 ★★　CHECK 1　CHECK 2　CHECK 3

75 人の生徒に，集団検診で **A**，**B**，**C** の **3** 種の検査を行った。**A** の検査に **35** 人，**B** の検査に **30** 人，**C** の検査に **35** 人が合格した。このうち，**A**，**B** 両検査に **10** 人，**B**，**C** 両検査に **15** 人，そして **C**，**A** 両検査に **10** 人の生徒が合格した。**3** 種のいずれかの検査に合格した人は **70** 人だった。**3** 種の検査すべてに合格した人は何人か。

ヒント！ $\mathbf{A, B, C}$ をそのまま集合とおくと，$n(\mathbf{A}\cup\mathbf{B}\cup\mathbf{C})$ は，模式図で重なった部分 $n(\mathbf{A}\cap\mathbf{B})$，$n(\mathbf{B}\cap\mathbf{C})$，$n(\mathbf{C}\cap\mathbf{A})$ をまず引く。すると真中の $n(\mathbf{A}\cap\mathbf{B}\cap\mathbf{C})$ の部分を引きすぎているので，この部分をたす。

解答＆解説

$\mathbf{A, B, C}$ の **3** 種の検査に合格した生徒の集合を，それぞれ A, B, C とおくと，題意より

$n(A)=35$，$n(B)=30$，$n(C)=35$

$n(A\cap B)=10$，$n(B\cap C)=15$，$n(C\cap A)=10$，

$n(A\cup B\cup C)=70$

模式図

A (35 人)　A ∩ B (10 人)　C ∩ A (10 人)　C (35 人)　B (30 人)　A ∩ B ∩ C　B ∩ C (15 人)

以上より，$\mathbf{A, B, C}$ の **3** 種の検査すべてに合格した生徒の数 $n(A\cap B\cap C)$ を次式で求める。

$$n(A\cup B\cup C)=n(A)+n(B)+n(C)-n(A\cap B)-n(B\cap C)-n(C\cap A)+n(A\cap B\cap C)$$

$$70=35+30+35-10-15-10+n(A\cap B\cap C)$$

よって，求める人数は，$n(A\cap B\cap C)=5$ ……………………………(答)

頻出問題にトライ・4 　難易度 ★★　CHECK 1　CHECK 2　CHECK 3

100 以下の正の整数で **4**，**5**，**6** の倍数の集合を，それぞれ X，Y，Z とする。このとき，集合 $(X\cap Y)\cup Z$，$X\cup Y\cup Z$ の要素の個数をそれぞれ求めよ。　(摂南大)

解答は **P242**

2. 必要・十分条件は，地図のN(北)の矢印で覚えよう！

これから扱うテーマは**命題と論理**で，式だけでなく，文章も対象に考えることにするよ。今回も分かりやすく，親切に解説するから，シッカリついてらっしゃい。

● 命題とは真・偽をハッキリできる式や文章のコトだ！

これから話す**命題**とは，「真・偽をハッキリできる式または文章」のことだと，まず覚えてくれ。だから，“あの人は美しい”という文章は命題ではないんだね。“あの人が美しい”かどうかは，人によって主観が入るから，正しい(**真**)か，間違っている(**偽**)かわからないからだ。

これに対して，“人間ならば動物である”というのは命題だね。これは，誰の目から見ても明らかに正しい，すなわち真だからだ。また，“すべての実数xについて$x^2-1>0$”……① も命題だよ。これも真・偽をハッキリつけられるからね。この場合，$x^2-1>0$が真となるには，すべての実数xについてこれが成り立たないといけない。でも，$x=0$のとき，$0^2-1<0$となって，明らかに成り立たないね。よって，①の命題は偽となるんだ。

このように，ある命題が偽であることをいうためには，**反例**をたった1つでもいいから挙げればいいんだよ。

● 必要条件と十分条件は矢印で考えよう！

一般に命題は，“pであるならば，qである”の形のものが非常に多いよ。これを“$p \Rightarrow q$”と簡単に書くこともできる。

それで，この命題“$p \Rightarrow q$”が真のとき，pはqであるための**十分条件**，qはpであるための**必要条件**という。よく覚えてくれ。エッ，覚えづらいって？ いいよ。ウマイ覚え方を教えてあげる。必要条件は英語で***Necessary Condition***というんだ。これ以外にも，必要に関係する英語は***Need***など***N***に関係したものが多いね。すると，矢印

図1 必要条件・十分条件

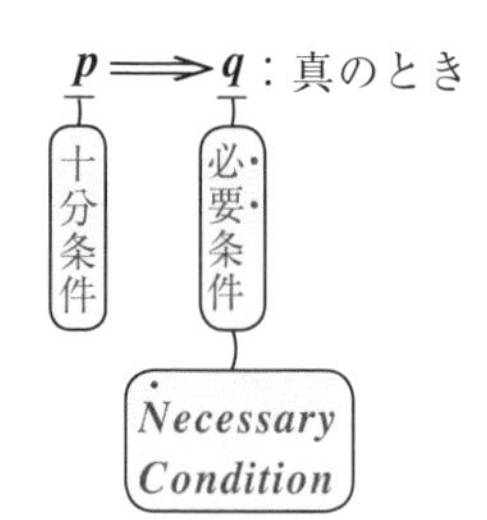

の先が $\dot{N}$ というのは，図 **2** のように地図の方位の $\dot{N}$（北）と同じだね。これから，$p \Rightarrow q$ で，q は矢印の先が来てるから，N（北）つまり ***Necessary***（必要）と連想すれば忘れないね。また，矢印を出している方の p は当然，十分条件だ。

図 **2**　必要条件は，地図の N(北) と関連付けよう！

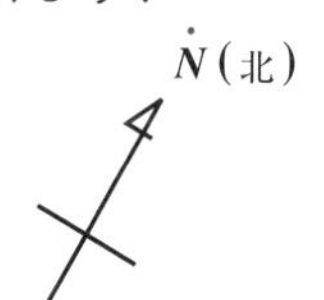

そして，$p \Rightarrow q$，$p \Leftarrow q$ が共に真のとき，つまり，$p \Leftrightarrow q$ が真のとき，p と q は互いに他であるための**必要十分条件**である，または，p と q は**同値**であるという。

● 命題は真理集合でも理解できる！

さっき，正しい（真の）命題の例として，“人間ならば動物である”を挙げたね。これがなぜ正しいかわかる？これは，集合で考えると，人間の集合が動物の集合に含まれているから真といえるんだ。

逆に，“動物ならば人間である”とは言えない。つまり偽だ。なぜなら，反例として，犬や，猫や，魚や，虫や，…… などを挙げることができるからね。（もちろん，反例は **1** つで十分だよ！）

図 **3**

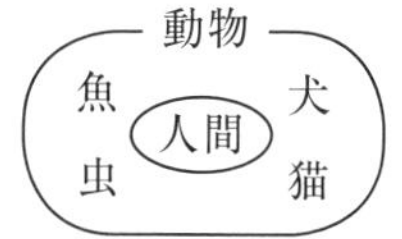

一般に，“$p \Rightarrow q$”が真といいたければ，図 **4** のように，p の表す集合 P が，q の表す集合 Q に含まれていることを示せばいいんだ。これを**真理集合**の考え方というんだよ。（P, Q をそれぞれ p, q の真理集合という。）

図 **4**　$p \Rightarrow q$ が真のとき

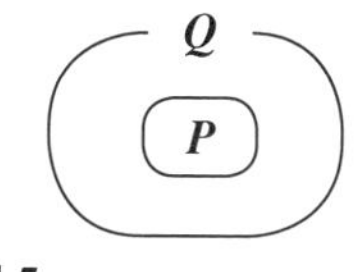

それじゃ，例題を **2** つやってみるよ。

(*ex***1**)　“$0 < x < 1$ ならば，$-1 < x < 2$ である”は，図 **5** のように，$-1 < x < 2$ が $0 < x < 1$ を含むので真だね。

図 **5**

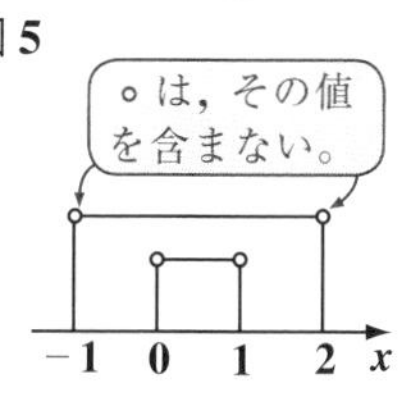

(*ex***2**)　“$0 \leqq x \leqq 2$ ならば，$1 \leqq x \leqq 3$ である”は，偽だね。図 **6** のように，$0 \leqq x \leqq 2$ が，$1 \leqq x \leqq 3$ の範囲にきれいに含まれていないからだ。

図 **6**

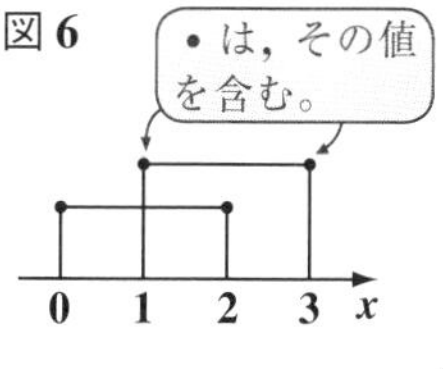

●は，その値を含む。

0　1　2　3　x

● 元の命題と対偶は運命共同体だ！

命題“$p \Rightarrow q$”を元の命題とみると，その**逆**，**裏**，**対偶**は次のようになる。

・逆：$q \Rightarrow p$　　　「q ならば，p である。」

・裏：$\overline{p} \Rightarrow \overline{q}$　　　「p でないならば，q でない。」

・対偶：$\overline{q} \Rightarrow \overline{p}$　　「q でないならば，p でない。」

ここで，$\overline{p}$ や $\overline{q}$ は，それぞれ p や q の**否定**を表す。たとえば，元の命題を“人間 ⇒ 動物（人間ならば動物である）”とすると，その逆，裏，対偶は次のようになる。

・元の命題：「人間であるならば，動物である。」……①：真

・逆：「動物であるならば，人間である。」……②：偽

・裏：「人間でないならば，動物でない。」……③：偽

・対偶：「動物でないならば，人間でない。」……④：真

そして，元の命題①とその対偶④が真なのは明らかだね。

ここで，逆，裏，対偶は相対的なものなので，②の“動物→人間”を元の命題と考えると，①が逆，④が裏，そして③が対偶になる。すると，元の命題②とその対偶③はともに偽なのがわかるね。これって，スゴク大事なことだ。つまり，

命題：「動物 ⇒ 人間」……②
逆　：「人間 ⇒ 動物」……①
裏　：「動物でない ⇒ 人間でない」……④
対偶：「人間でない ⇒ 動物でない」……③

元の命題が変われば，逆，裏，対偶も相対的に変わる！

（ｉ）「元の命題が真ならば，その対偶も真」だし，
逆に，「対偶が真ならば，元の命題も真」だ。

（ⅱ）「元の命題が偽ならば，その対偶も偽」だし，
逆に，「対偶が偽ならば，元の命題も偽」となる。

つまり，元の命題と対偶は真偽に関して運命共同体ってことになるんだ。だから，元の命題が真であることを証明したかったら，その対偶が真であることを示せばいい。これを，**対偶による証明法**という。

その他，証明法として，**背理法**についても解説するよ。これは，“$p \Rightarrow q$” という形の命題だけでなく，“q である” という形の命題でも使えるよ。

そして，これが真であることを証明するには，まず結論である “q である” を否定するんだ。そして，なにか矛盾が出ることを言えばいい。これを下にまとめておくよ。

(1) 対偶による証明法：“$p \Rightarrow q$” が真であることをいうためには，“$\overline{q} \Rightarrow \overline{p}$” が真であることを示す。

(2) 背理法による証明：“$p \Rightarrow q$” や “q である” が真であることをいうためには，まず，$\overline{q}$ (q でない) と仮定して矛盾を示す。

[対偶による証明は，背理法の **1** 種と考えてもいい。]

● 否定では “かつ” と “または” は入れ替わる！

最後に，p や q などの**否定**についていっておくよ。たとえば，p が “A または B” だったとする。すると，この**否定** $\overline{p}$ は “$\overline{A}$ かつ $\overline{B}$” となるんだ。また，q が “A かつ B” とすると，その否定 $\overline{q}$ は “$\overline{A}$ または $\overline{B}$” となるんだよ。つまり，

これは **P37** のド・モルガンの法則そのものだね。

(i) “または” の否定は “かつ”

(ii) “かつ” の否定は “または”

(i) “$x=1$ または $x=2$” の否定は “$x \neq 1$ かつ $x \neq 2$” となる。
(ii) “$x>0$ かつ $y<0$” の否定は “$x \leqq 0$ または $y \geqq 0$” となる。

と覚えておくんだよ。同様に，

(i) “少なくとも **1** つ” の否定は “すべての”

(ii) “すべての” の否定は “少なくとも **1** つ”

となることも覚えておいてくれ。きっと役に立つよ。

必要条件，十分条件

絶対暗記問題 14	難易度 ★	CHECK 1	CHECK 2	CHECK 3

次の□に当てはまる記号を，下から選べ。

(1) $x>0$ は，$x^2>0$ であるための□条件である。

(2) 「$a+b$ と ab が共に整数」は，「a, b が共に整数」であるための□条件である。

(3) $|x|<2$ は，$-2<x<2$ であるための□条件である。

(ア) 必要　　(イ) 十分　　(ウ) 必要十分

ヒント！ 命題 $p \Rightarrow q$ が真のとき，q は矢印が来ているから，N（北）（必要）と連想して，必要条件と言えるんだね。p はもちろん十分条件だ！

解答＆解説

(1) (ⅰ) $x>0$ ならば，$x^2>0$ が成り立つ。

$\therefore\ x>0 \Rightarrow x^2>0$ ： 真（○）

（$x>0$：矢印を出しているので，十分条件）

(ⅱ) $x>0 \Leftarrow x^2>0$ ：偽（×）　（反例：$x=-1$）

$\therefore\ x>0$ は，$x^2>0$ であるための十分条件である。…………(答)(イ)

(2) (ⅰ) $a+b, ab$ が共に整数だからといって，a, b が共に整数とは限らない。

$\therefore$「$a+b, ab$ が共に整数」$\Rightarrow$「a, b が共に整数」：偽（×）

（反例：$a=-\sqrt{2}$，$b=\sqrt{2}$）

(ⅱ) a, b が共に整数ならば，$a+b$ と ab は共に整数となる。

$\therefore$「$a+b, ab$ が共に整数」$\Leftarrow$「a, b が共に整数」：真（○）

（「$a+b, ab$ が共に整数」：矢印が来ているので，必要条件 (N)）

$\therefore$「$a+b, ab$ が共に整数」は「a, b が共に整数」であるための必要条件である。……………………………………………………(答)(ア)

(3) (ⅰ) $|x|<2$ ならば，$-2<x<2$ となる。

$\therefore\ |x|<2 \Rightarrow -2<x<2$：真（○）

(ⅱ) $-2<x<2$ ならば，$|x|<2$ となる。

$\therefore\ |x|<2 \Leftarrow -2<x<2$：真（○）

$\therefore\ |x|<2$ は，$-2<x<2$ であるための必要十分条件である。…(答)(ウ)

対偶による命題の証明

絶対暗記問題 15	難易度 ★★	CHECK 1	CHECK 2	CHECK 3

整数 a について，命題 "a^2 が 3 の倍数ならば，a は 3 の倍数である" が与えられている。次の問いに答えよ。

(1) この対偶命題を答えよ。

(2) 元の命題が真であることを証明せよ。

ヒント！ 元の命題 "a^2 が 3 の倍数 $\Rightarrow$ a は 3 の倍数" の対偶命題を考え，それが真といえれば，元の命題も真といえるんだね。ここで，a が 3 の倍数でない場合，$a = 3k+1$，$3k+2$（k：整数）と表されるんだね。

解答＆解説

(1) 元の命題："a^2 が 3 の倍数ならば，a は 3 の倍数である" ……(＊)

の対偶命題は，　（$p \to q$ の対偶は，$\overline{q} \to \overline{p}$ だね！）

"a が 3 の倍数でないならば，a^2 は 3 の倍数でない" ……(＊＊)…(答)

(2) 対偶命題(＊＊)が真であることを示すことにより，元の命題(＊)が真であることを示す。

a が 3 の倍数でないとき，

(i) $a = 3k+1$，(ii) $a = 3k+2$

（k：整数）の 2 通りがある。

（合同式を知っている人は，(i) $a \equiv 1$，(ii) $a \equiv 2$ (mod3) より，(i) $a^2 \equiv 1^2 \equiv 1$，(ii) $a^2 \equiv 2^2 \equiv 1$ (mod3) とアッサリ表現できる！）

（合同式については，P220 で詳しく解説している。）

(i) $a = 3k+1$ のとき

$$a^2 = (3k+1)^2 = 9k^2 + 6k + 1$$
$$= 3(\underbrace{3k^2+2k}_{\text{コレ整数}}) + \boxed{1}$$

（1：3 で割った余り）

$\therefore$ a^2 は 3 の倍数でない。

(ii) $a = 3k+2$ のとき

$$a^2 = (3k+2)^2 = 9k^2 + 12k + \underset{3+1}{\boxed{4}} = 3(\underbrace{3k^2+4k+1}_{\text{コレ整数}}) + \boxed{1}$$

（1：3 で割った余り）

$\therefore$ a^2 は 3 の倍数でない。

以上(i)(ii)より，対偶命題(＊＊)は真であることが示されたので，元の命題(＊)も真である。 ……………………(終)

背理法による証明

絶対暗記問題 16	難易度 ★★	CHECK 1	CHECK 2	CHECK 3

背理法を用いて，次の命題が真であることを示せ。

命題：“$\sqrt{3}$ は無理数である”……$(*)$

(ただし，絶対暗記問題 **15** の結果を用いてよいものとする)

ヒント！ 命題：“q である” が真というためには，q でない $(\overline{q})$ と仮定して，矛盾が生じることをいえばいいワケだ。したがって，$\sqrt{3}$ が無理数でない，つまり有理数(整数，分数)と仮定してオカシなことが起こることを示すんだね。

解答＆解説

命題：“$\sqrt{3}$ は無理数である”……$(*)$

が真であることを，背理法により示す。

“$\sqrt{3}$ が有理数である” と仮定すると，$\sqrt{3}$ は必ず次のような既約分数で表される。

$\sqrt{3}=\dfrac{a}{b}$ (a, b は互いに素な正の整数)

a と b が互いに素というのは，a と b が 1 以外に公約数をもたない整数ってことで，$\dfrac{a}{b}$ が既約分数といってるのと同じなんだ。つまり，$\sqrt{3}$ が有理数ならば，$\dfrac{16}{10}$ や $\dfrac{10}{6}$ じゃなくて，$\dfrac{8}{5}$ や $\dfrac{5}{3}$ のような既約分数で表せるといっているんだね。

よって，$a=\sqrt{3}b$　　この両辺を 2 乗して，

$a^2=3b^2$ ……①

(i) ①より，a^2 は 3 の倍数。よって，a は 3 の倍数である。(これは，絶対暗記問題 **15** で示した)

$\therefore\ a=3k$ ……② (k：整数) とおける。

②を①に代入してまとめると，

$(3k)^2=3b^2$　　$9k^2=3b^2$

$\therefore\ b^2=3k^2$ ……③

(ii) ③より，b^2 は 3 の倍数。よって，b は 3 の倍数である。

(これは，絶対暗記問題 **15** で示した)

以上 (i)(ii) より，a と b は共に 3 の倍数だから，

a と b が互いに素 $\left(\dfrac{a}{b}\text{ が既約分数}\right)$ の条件に反する。

よって，矛盾である。

∴命題 “$\sqrt{3}$ は無理数である” は真である。……(終)

この矛盾は，$\sqrt{3}$ が有理数と仮定したことから生じたワケだから，$\sqrt{3}$ は無理数でないといけないね。(これが背理法だ！)

等式の証明と背理法

絶対暗記問題 17　難易度 ★★　CHECK 1　CHECK 2　CHECK 3

$\sqrt{3}$ が無理数であることを知って，次式についての問いに答えよ。

$(2-a)\sqrt{3}+b-a^2=0$ ……①　(a, b：有理数)

(1) $2-a=0$ であることを示せ。

(2) a, b の値を求めよ。

ヒント！ $2-a=0$ を示したかったら，$2-a\neq0$ と仮定して矛盾を導けばいいんだね。コレが，背理法だ。次に $2-a=0$ がいえれば $b-a^2=0$ もいえるから，a と b の値が求まる。

解答＆解説

$(2-a)\sqrt{3}+b-a^2=0$ ……①　(a, b：有理数)

(1) $2-a\neq0$ と仮定すると，①を変形して，

$$(2-a)\sqrt{3}=a^2-b,\qquad \sqrt{3}=\frac{a^2-b}{2-a}$$

$\sqrt{3}=\dfrac{有理数}{有理数}=有理数$ となるね。

これから，$\sqrt{3}$ は有理数となって，$\sqrt{3}$ が無理数であることに反する。

よって，矛盾。$\therefore 2-a=0$ ……② ……………………(終)

(2) ②を①に代入して，

$0\cdot\sqrt{3}+b-a^2=0$　　$\therefore b=a^2$ ……③

以上②，③より，求める a, b の値は，

$a=2,\quad b=2^2=4$ ……………………(答)

頻出問題にトライ・5　難易度 ★★★　CHECK 1　CHECK 2　CHECK 3

整数 a, b, c について，次の問いに答えよ。

(1) a^2 を 3 で割った余りは，0 または 1 であることを示せ。

(2) 命題 "$a^2+b^2=c^2$ ならば，a^2 が 3 の倍数か，または b^2 が 3 の倍数である" ……(＊) が真であることを示せ。

解答は P242

講義 2 ● 集合と論理　公式エッセンス

1. 和集合の要素の個数

(i) $A\cap B\neq\phi$ のとき，← $n(A\cap B)\neq 0$

$n(A\cup B)=n(A)+n(B)-n(A\cap B)$

(ii) $A\cap B=\phi$ のとき，← $n(A\cap B)=0$

$n(A\cup B)=n(A)+n(B)$

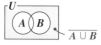

2. ド・モルガンの法則

(i) $\overline{A\cup B}=\overline{A}\cap\overline{B}$　　(ii) $\overline{A\cap B}=\overline{A}\cup\overline{B}$

3. 必要条件，十分条件

命題“$p\Rightarrow q$”が真のとき，

・p は q であるための**十分条件**
・q は p であるための**必要条件**

$p\Rightarrow q$ が真のとき

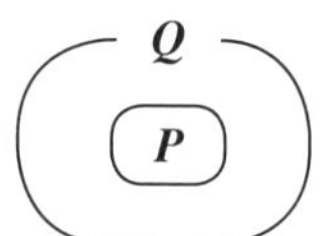

P：p の真理集合
Q：q の真理集合

4. 対偶

命題：$p\Rightarrow q$　　「p ならば，q である。」

対偶：$\overline{q}\Rightarrow\overline{p}$　　「q でないならば，p でない。」

5. 元の命題とその対偶の真・偽は一致する。

6. 対偶による証明法：“$p\Rightarrow q$”が真であることをいうためには，対偶“$\overline{q}\Rightarrow\overline{p}$”が真であることを示せばよい。

7. 背理法による証明：“$p\Rightarrow q$”や“q である”が真であることを示すには，$\overline{q}$ (q でない) と仮定して矛盾を示せばよい。

8. 否定

(i) “または”の否定は“かつ”

(ii) “かつ”の否定は“または”

(iii) “少なくとも 1 つ”の否定は“すべての”

(iv) “すべての”の否定は“少なくとも 1 つ”

講義
Lecture

3 2次関数

▶ 2 次関数とグラフ

▶ 2 次方程式と解法

▶ 2 次不等式と分数不等式

講義3 2次関数

1. 基本形・標準形・一般形の3つをマスターしよう！

これから**2次関数**の分野に入ろう。中学校でも2次関数はやっていると思うけれど，これはみんな頂点が原点となるものばかりだったはずだ。ところが，数学Iの2次関数は，x軸，y軸，のいずれの方向にも自由に平行移動できるし，またx軸やy軸，それに原点に関して対称移動もできるので，問題のヴァリエーションがグッと広がるんだよ。今回もわかりやすく解説するから，シッカリついてらっしゃい。

● 2次関数には3つの型がある！

2次関数には3つの型があるので，まずそれを下に書いておくよ。

(1) 基本形 ： $y = ax^2$

(2) 標準形 ： $y = a(x-p)^2 + q$

(3) 一般形 ： $y = ax^2 + bx + c$

(1)の**基本形**：$y = ax^2$は，原点$O(0,\ 0)$を頂点とし，$x = 0$［y軸］を軸(対称軸)にもつ放物線で，

$$\begin{cases} (\text{i})\ a > 0 \text{ のとき，下に凸} \\ (\text{ii})\ a < 0 \text{ のとき，上に凸} \end{cases} \text{ の形になる。}$$

また，aの正・負によらず，その絶対値$|a|$が小さくなるほど横に開き，大きくなるほど閉じるようになる。図1でそのイメージがわかるはずだ。

図1 基本形：$y = ax^2$ のグラフ

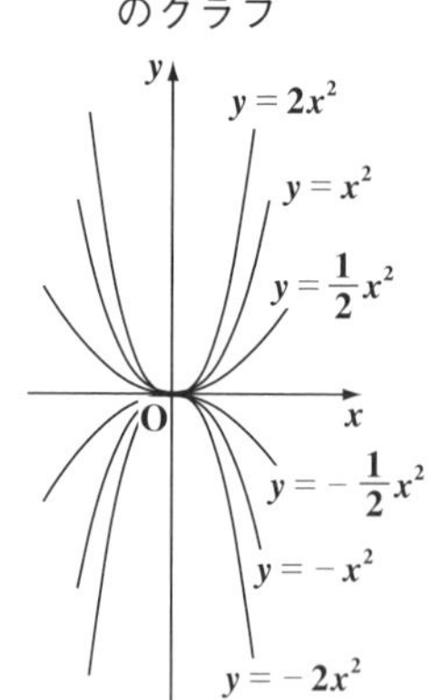

(2)の**標準形**：$y = a(x-p)^2 + q$は，**基本形**：$y = ax^2$をx軸方向にp，y軸方向にqだけ平行移動したものなんだ。一般に，関数$y = f(x)$をx軸方向にp，y軸方向にqだけ平行移動させたいとき，

x の代わりに $x-p$ を，y の代わりに $y-q$ を代入すればいい。したがって，この場合

$$y = ax^2 \xrightarrow[\text{平行移動}]{(p,\ q)\text{ だけ}} y - q = a(x-p)^2$$

となって，$y = a(x-p)^2 + q$ は，図 2 のように，$y = ax^2$ を $(p,\ q)$ だけ平行移動させたものになる。このとき，原点 O は点 $(p,\ q)$ に移るので，この 2 次関数の頂点は $(p,\ q)$，そして軸（対称軸）は，$x = p$ となるんだ。これで，この p，q の値によって 2 次関数を自由に平行移動できるようになったんだ。

図 2　標準形：$y = a(x-p)^2 + q$

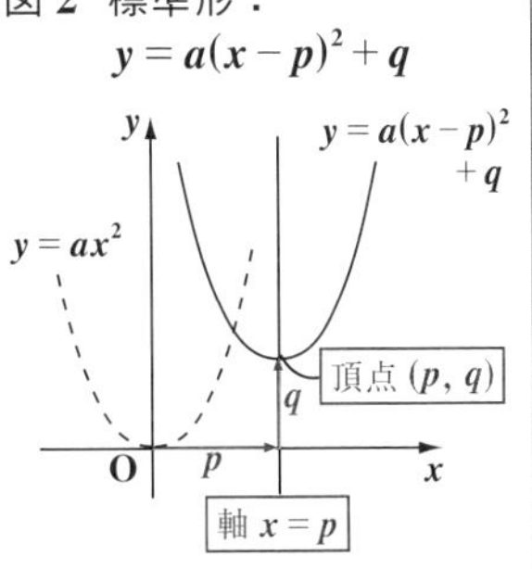

(3) の**一般形**：$y = ax^2 + bx + c$ は，これを変形して標準形に直すことができるよ。これについては例で示すけれど，この一般形で表された場合でも，軸が $x = -\dfrac{b}{2a}$ となることだけは覚えておいてくれ。これは様々な問題を解いていくうえで鍵となるからだ。

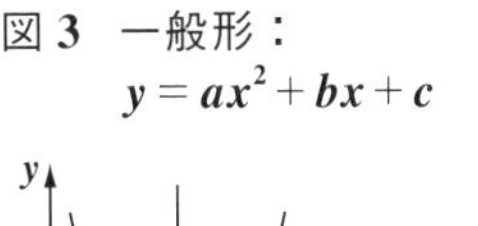

図 3　一般形：$y = ax^2 + bx + c$

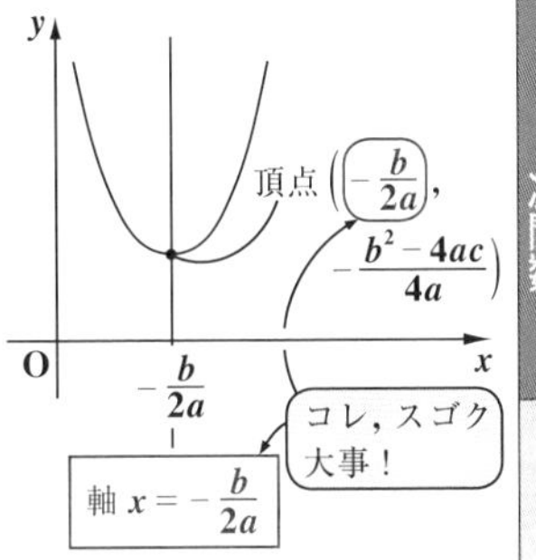

◆例題 1◆

2 次関数：$y = -2x^2 + 4x + 1$ を標準形に直せ。

解答

$$\begin{aligned} y &= -2x^2 + 4x + 1 \\ &= -2(x^2 - 2x \quad) + 1 \\ &= -2(x^2 - 2x + 1) + 1 + 2 \\ &= -2(x-1)^2 + 3 \end{aligned}$$

（ココはあけておく）

（x^2 と x の項を，x^2 の係数 -2 でくくり出す。）

（2 で割って 2 乗）

（-2×1 の分をたして補う！）

（標準形の完成！パチパチ…）

よって，これは頂点 (1, 3)，軸 $x = 1$ の上に凸の放物線（2 次関数）で，図 4 にこのグラフを示す。

図 4　$y = -2x^2 + 4x + 1$ のグラフ

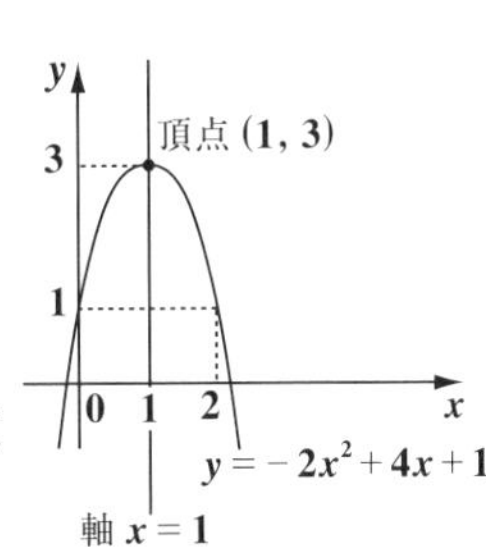

● 最大・最小問題は，定義域に注意しよう！

例題 1 の $y=-2x^2+4x+1$ について，図 4 のグラフから，$x=1$ のとき y 座標は最大値 3 をとることがわかるね。これに対して，y 座標は両側に無限に小さくなるので，y 座標の最小値は存在しないといえばいい。

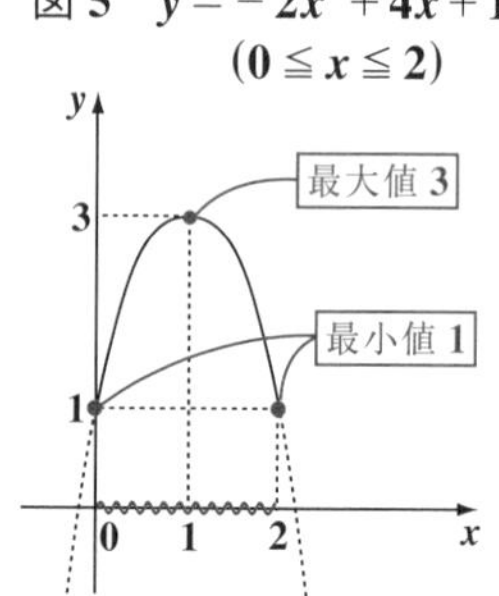

図 5　$y=-2x^2+4x+1$　$(0\leqq x\leqq 2)$

でも，**定義域**(ていぎいき)（x のとり得る値の範囲）がたとえば，$0\leqq x\leqq 2$ と与えられると，図 5 のように，y は $x=1$ で最大値 3 をとることに変わりはないけれど，$x=0,\ 2$ のときに最小値 1 をとるのがわかるだろう。それじゃ，もう 1 つ例題をやっておこう。

◆例題 2 ◆

$y=f(x)=x^2-4x+5$　$(0\leqq x\leqq 2)$ の最大値と最小値を求めよ。

（長崎総合科学大学＊）

解答

y が x の関数のとき，このように $y=f(x)$ などと表す。

$$y=f(x)=(x^2-4x+4)+5-4$$

2 で割って 2 乗

$$=(x-2)^2+1\quad(0\leqq x\leqq 2)$$

コレは，頂点 $(2,\ 1)$，軸 $x=2$ の下に凸の放物線の $0\leqq x\leqq 2$ の部分だ！

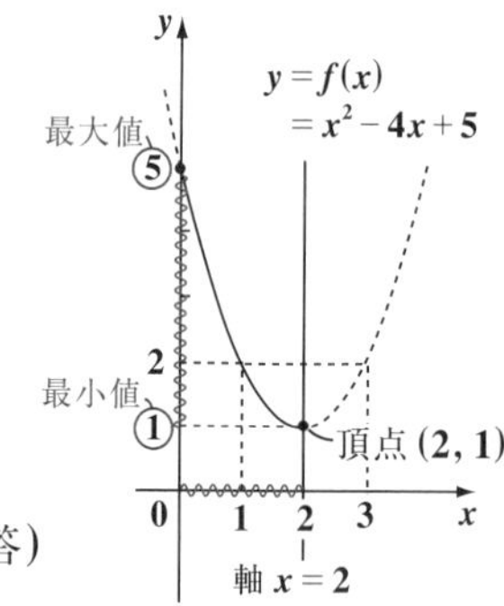

図 6　$y=x^2-4x+5$　$(0\leqq x\leqq 2)$

よって，右のグラフより

$$\begin{cases} x=0 \text{ のとき，最大値 } f(0)=(0-2)^2+1=5 \\ x=2 \text{ のとき，最小値 } f(2)=(2-2)^2+1=1 \end{cases}\quad\cdots(\text{答})$$

例題 2 では，**値域**(ちいき)（y のとり得る値の範囲）は $1\leqq y\leqq 5$ となるんだね。

● カニ歩きの応用問題に挑戦だ！

さっき例題 2 で，$y=(x-2)^2+1$　$(0\leqq x\leqq 2)$ の最大・最小問題をやったね。これと似ているけれど，次の 2 次関数の最小値を求めてみよう。

$y = (x - \underset{\sim}{a})^2 + 1 \quad (0 \leqq x \leqq 2)$

この放物線の頂点の座標は $(\underset{\sim}{a},\ 1)$ だね。この頂点の x 座標 a がこの問題を面白くしている。つまり，a という文字定数は $-2,\ 0,\ 3$ と，いろんな値をとり得るわけだから，このような放物線は図7のように横にカニ歩きするんだ。ね，面白いだろう。

図7　$y = (x - a)^2 + 1$ のグラフはカニ歩きする

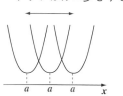

そして，この例題では，定義域が $0 \leqq x \leqq 2$ と決まっているから，当然この a の値によって最小値が変化するはずだね。ここで，$y = g(x) = (x - a)^2 + 1$ とおくと，図8の(ⅰ)，(ⅱ)，(ⅲ)のように3通りに場合分けできることに気付くだろう。

図8　$y = g(x) = (x - a)^2 + 1$

(ⅰ) $a \leqq 0$ のとき

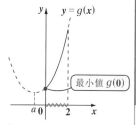

(ⅰ) $a \leqq 0$ のとき，$y = g(x)$ のグラフは，$0 \leqq x \leqq 2$ の範囲では単調に増加していくだけだね。

よって，$0 \leqq x \leqq 2$ の範囲では $x = 0$ のとき $y = g(x)$ は最小になるね。

よって，最小値 $y = g(\underset{\sim}{0}) = (\underset{\sim}{0} - a)^2 + 1$

$= a^2 + 1$ ……………………(答)

(ⅱ) $0 < a \leqq 2$ のとき

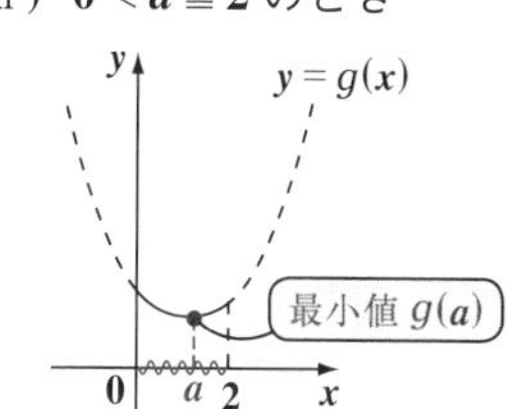

(ⅱ) $0 < a \leqq 2$ のとき，軸 $x = a$ が 0 と 2 の間にあるので，$x = a$ で y は最小になる。

よって，最小値 $y = g(\underset{\sim}{a}) = (\underset{\sim}{a} - a)^2 + 1$

$= 1$ ……………………………(答)

(ⅲ) $2 < a$ のとき

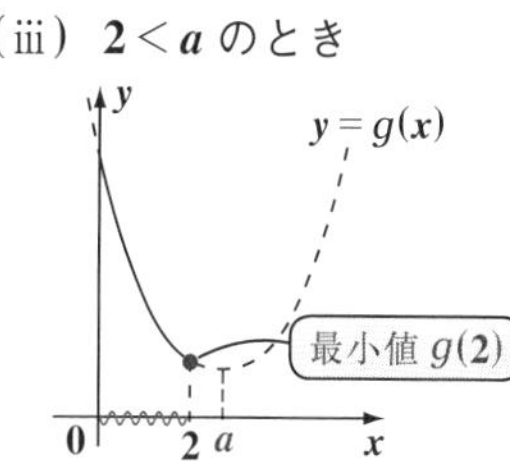

(ⅲ) $2 < a$ のとき，$y = g(x)$ は $0 \leqq x \leqq 2$ の範囲で単調に減少するね。したがって，$x = 2$ のとき y は最小となる。

よって，最小値 $g(\underset{\sim}{2}) = (\underset{\sim}{2} - a)^2 + 1$

$= 4 - 4a + a^2 + 1$

$= a^2 - 4a + 5$ ……(答)

どう？ 難しかった？ 数学の応用問題では，この場合分けの考え方がポイントになることが多いから，何回でも反復練習するといいよ。

● 2次関数の対称移動も簡単にできる！

一般に，y が x の関数であるとき，$y=f(x)$ と表現できる。したがって，
（y：従属変数（じゅうぞくへんすう），x：独立変数（どくりつへんすう））

2次関数も一般に，$y=f(x)=ax^2+bx+c\quad(a\neq 0)$ と表すことができる。ここで，この $y=f(x)$ の3つの対称移動（たいしょういどう）の公式を頭に入れておこう。

(Ⅰ) $y=f(x)$ を y 軸に関して対称移動させたいときは，x の代わりに $-x$ を代入して，$y=f(-x)$ とすればいい。

（これは，$y=f(x)$ と y 軸に関して左右対称なグラフになる。）

(Ⅱ) $y=f(x)$ を x 軸に関して対称移動させたいときは，y の代わりに $-y$ を代入して，$-y=f(x)$，つまり $y=-f(x)$ とすればいい。

（これは，$y=f(x)$ と x 軸に関して上下対称なグラフになる。）

(Ⅲ) $y=f(x)$ を原点0に関して対称移動させたいときは，x の代わりに $-x$ を，かつ y の代わりに $-y$ を代入して，$-y=f(-x)$，つまり $y=-f(-x)$ とすればいい。

（これは，$y=f(x)$ を原点0のまわりに180°回転したグラフになる。）

この3つの対称移動のグラフのイメージを図9に示しておくね。それでは，例題2(P52)の2次関数 $y=f(x)$ を使って，実際にこの3つの対称移動を行ってみることにしよう。

図9　$y=f(x)$ の3つの対称移動

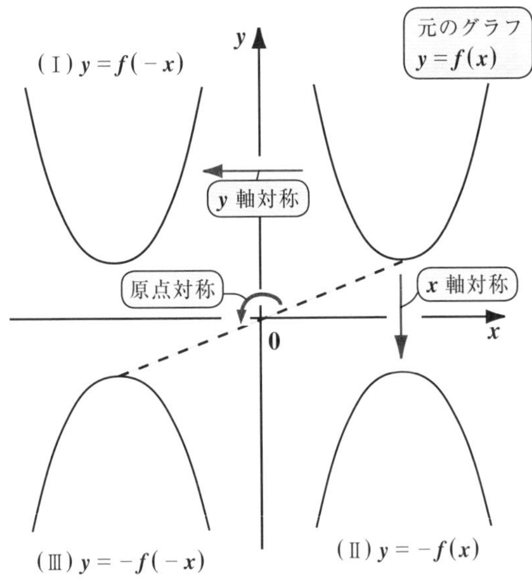

$(ex1)\ y=f(x)=x^2-4x+5$ について，　← 例題2(P52)の2次関数

(Ⅰ) $y=f(x)$ を y 軸に関して対称移動させたものは，

$y=f(\underline{-x})=(-x)^2-4\cdot(-x)+5=x^2+4x+5$ となる。

（x の代わりに $-x$ を代入！）

(Ⅱ) $y=f(x)$ を x 軸に関して対称移動させたものは，

$\underline{-y}=f(x)$ より，両辺に -1 をかけて，$y=-f(x)$

（y の代わりに $-y$ を代入！）

$\therefore\ y=-f(x)=-(x^2-4x+5)=-x^2+4x-5$ となる。

(Ⅲ) $y=f(x)$ を原点 0 に関して対称移動させたものは，

$\underline{-y}=f(\underline{-x})$ より，両辺に -1 をかけて，$y=-f(-x)$

（x の代わりに $-x$，y の代わりに $-y$ を代入！）

$\therefore\ y=-f(-x)=-\underline{\{(-x)^2-4\cdot(-x)+5\}}=-x^2-4x-5$ となる。

（$\{(-x)^2-4\cdot(-x)+5\}=x^2+4x+5$）

どう？簡単だろう？では，次の例題でさらに練習しておこう。

◆例題 3 ◆

2次関数 $y=f(x)=2x^2-1$ を $(2,\ -1)$ だけ平行移動し，さらに y 軸に関して対称移動した関数 $y=g(x)$ を求めよ。

$y=f(x)=2x^2-1\ \xrightarrow[\text{平行移動}]{(2,\ -1)\text{だけ}}\ y+1=f(x-2)$ より，

$$y=f(x-2)-1$$
$$=2(x-2)^2-1-1$$

（$2(x-2)^2-1=2(x^2-4x+4)-1=2x^2-8x+7$）

$$=2x^2-8x+6$$

これを，$y=h(x)=2x^2-8x+6$ とおく。

$y=h(x)=2x^2-8x+6\ \xrightarrow[\text{対称移動}]{y\text{ 軸に}}\ y=g(x)=h(-x)$

$$=2(-x)^2-8\cdot(-x)+6$$

$\therefore\ y=g(x)=2x^2+8x+6$ となるんだね。大丈夫だった？

2次関数の最小値と相加・相乗平均

絶対暗記問題 18	難易度★★	CHECK 1	CHECK 2	CHECK 3

2 次関数 $y=f(x)=-ax^2+bx+c \quad (a \neq 0)$ は，2 点 $(1,-3)$，$(5, 13)$ を通る。以下の問いに答えよ。

(1) b，c を a を用いて表せ。

(2) 2 次関数 $y=f(x)$ の頂点の座標を a で表せ。

(3) a が正の値をとって変化するとき，頂点の y 座標の最小値を求めよ。

ヒント！ $y=f(x)$ が 2 点 $(1,-3)$，$(5, 13)$ を通るので，$f(1)=-3$，$f(5)=13$ だね。(2) $y=f(x)$ を標準形にする。(3) 相加・相乗平均の不等式を使う。

解答＆解説

(1) $y=f(x)=-ax^2+bx+c$ は，2 点 $(1,-3)$，$(5, 13)$ を通るので，

$$f(1)=\boxed{-a+b+c=-3} \quad \cdots\cdots①$$

$$f(5)=\boxed{-25a+5b+c=13} \quad \cdots\cdots②$$

①－②より，$24a-4b=-16$，$6a-b=-4$ $\therefore b=6a+4$ …③ …(答)

③を①に代入して，$-a+6a+4+c=-3$ $\therefore c=-5a-7$ …④ …(答)

(2) (1) より，$y=-ax^2+(6a+4)x-5a-7$

$$=-a\left\{x^2-\frac{6a+4}{a}x+\left(\frac{3a+2}{a}\right)^2\right\}-5a-7+\frac{(3a+2)^2}{a}$$

（2 で割って 2 乗）　$\left(\dfrac{(3a+2)^2}{a}=\dfrac{9a^2+12a+4}{a}\right)$

$$=-a\left(x-\frac{3a+2}{a}\right)^2+\frac{4a^2+5a+4}{a}$$

$\therefore y=f(x)$ の頂点の座標は $\left(\dfrac{3a+2}{a},\ \dfrac{4a^2+5a+4}{a}\right)$ ……………(答)

(3) 頂点の y 座標を変形すると，$\dfrac{4a^2+5a+4}{a}=4\left(a+\dfrac{1}{a}\right)+5$

ここで，$a>0$ のとき，$\dfrac{1}{a}>0$ よって，相加平均と相乗平均の不等式より，

$$4\left(a+\frac{1}{a}\right)+5 \geqq 4\cdot 2\sqrt{a\cdot\frac{1}{a}}+5=13 \quad \left(\text{等号成立条件}: a=\frac{1}{a} \ \therefore a=1\right)$$

よって，頂点の y 座標の最小値は 13 である。…………………………(答)

相加・相乗平均の不等式：$p>0$，$q>0$ のとき，$p+q \geqq 2\sqrt{pq}$（等号成立条件：$p=q$）

カニ歩きと最大値

絶対暗記問題 19　難易度 ★★　CHECK 1　CHECK 2　CHECK 3

k を，$k \geqq 0$ をみたす定数とする。2 次関数
$y = f(x) = -x^2 + 2kx - 4k + 4 \quad (0 \leqq x \leqq 1)$ の最大値を求めよ。

（明星大＊）

ヒント！ $y = f(x)$ の標準形から，この頂点の x 座標が k となるね。これが $k \geqq 0$ の範囲を動くので，$y = f(x)$ はカニ歩きし，しかも $y = f(x)$ の定義域が $0 \leqq x \leqq 1$ なので場合分けが必要となるんだね。

解答＆解説

$y = f(x)$ を標準形に変形すると，

$y = f(x) = -(x^2 \underline{-2kx} + \underline{\underline{k^2}}) - 4k + 4 + \underline{\underline{k^2}}$

（2 で割って 2 乗）

$= -(x-k)^2 + k^2 - 4k + 4 \quad (0 \leqq x \leqq 1)$

よって，$y = f(x)$ は頂点 $(k,\ k^2 - 4k + 4)$ の上に凸の放物線である。

（ⅰ）$0 \leqq k \leqq 1$ のとき

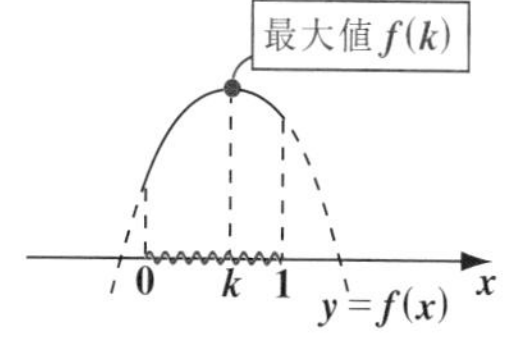

（ⅱ）$1 < k$ のとき

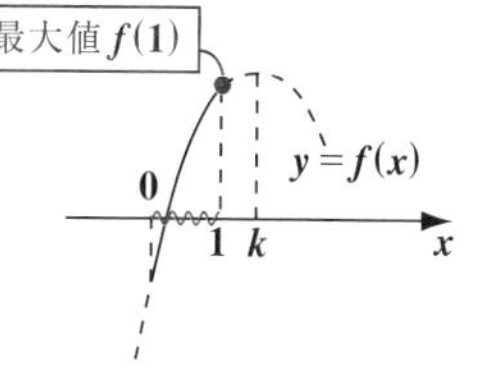

右図より，この最大値を（ⅰ）$0 \leqq k \leqq 1$　（ⅱ）$1 < k$ に場合分けして求める。

（ⅰ）$0 \leqq k \leqq 1$ のとき

$x = k$ で，$y = f(x)$ は最大になる。

最大値 $f(\underline{k}) = -(\underline{k} - k)^2 + k^2 - 4k + 4 = (k-2)^2$ ……………………（答）

（ⅱ）$1 < k$ のとき

$x = 1$ で，$y = f(x)$ は最大になる。

最大値 $f(\underline{\underline{1}}) = -\underline{\underline{1}}^2 + 2k \cdot \underline{\underline{1}} - 4k + 4 = -2k + 3$ ……………………（答）

頻出問題にトライ・6　難易度 ★★★　CHECK 1　CHECK 2　CHECK 3

関数 $f(x) = x^2 - 4x + 4$ の定義域が $p - 1 \leqq x \leqq p + 1$ における最小値を m，最大値を M とおく。

(1) m を p で表せ。　　(2) M を p で表せ。

（神戸学院大＊）

解答は P243

2. 2次方程式の解法には2つのパターンがある！

2次方程式 $ax^2+bx+c=0\quad(a\neq 0)$ の場合，これをみたす x の値を**解**と呼びこの解の値を求めることを，2次方程式を**解く**という。この2次方程式の解法は大きく分けて，次の2つがある。

(i) 因数分解して解く。
(ii) 解の公式を利用して解く。

今回は，この2つの解法について，詳しく解説するよ。

● 2次方程式を因数分解して解こう！

たとえば，2次方程式として，$x^2-x-6=0$ が与えられたとしよう。この左辺は因数分解できるので，（$ax^2+bx+c=0$ の $a=1$，$b=-1$，$c=-6$ の方程式）

$(x+2)(x-3)=0$　となる。（$x+2$ を A，$x-3$ を B とおく）

ここで，

$A\cdot B=0\quad(A,\ B$: 実数の式$)$ のとき，
$A=0$ または $B=0$

となるので，$x+2=0$ または $x-3=0$ となる。

よって，これから解 $x=-2$ または 3　が求まる。

2次方程式を因数分解して，$A\cdot B=0$ の形にもち込むことがコツだ。

● 解の公式もマスターしよう！

方程式 $x^2=3$ の解は，$x=\pm\sqrt{3}$ となるのは大丈夫だね。それじゃ $(x+2)^2=3$ の解も同様に，$x+2=\pm\sqrt{3}$ となるね。（$x=-2+\sqrt{3}$ または $x=-2-\sqrt{3}$ のこと）

この2番目の例は，$x^2+4x+1=0$ を解いたんだけど，この解を求める手順と同様にして，一般の2次方程式 $ax^2+bx+c=0\quad(a\neq 0)$ の“**解の公式**”が導けるんだよ。

	$ax^2+bx+c=0$ $(a \neq 0)$ （両辺を a で割った）
$x^2+4x+1=0$	$x^2+\frac{b}{a}x+\frac{c}{a}=0$
$x^2+4x=-1$	$x^2+\frac{b}{a}x=-\frac{c}{a}$
$x^2+4x+4=-1+4$ （2で割って2乗）	$x^2+\frac{b}{a}x+\left(\frac{b}{2a}\right)^2=-\frac{c}{a}+\left(\frac{b}{2a}\right)^2$ （2で割って2乗）
平方完成！ $(x+2)^2=3$	平方完成！ $\left(x+\frac{b}{2a}\right)^2=\frac{b^2-4ac}{4a^2}$
$x+2=\pm\sqrt{3}$	$x+\frac{b}{2a}=\pm\sqrt{\frac{b^2-4ac}{4a^2}}$ ＝ $\frac{\sqrt{b^2-4ac}}{2\|a\|}$ $(\because \sqrt{a^2}=\|a\|)$
$x=-2\pm\sqrt{3}$	$x=-\frac{b}{2a}\pm\frac{\sqrt{b^2-4ac}}{2\|a\|}$ ←未完成だけれど解の公式

ヒェ〜って感じだろうね。一般に公式の証明は結構メンドウなものだから，これで，数学を嫌いになる必要はまったくないんだよ。「公式は便利な道具として利用する！」ことが大事なんだ。

ここで，$ax^2+bx+c=0$ $(a \neq 0)$ の解が，

$x=-\frac{b}{2a}\pm\frac{\sqrt{b^2-4ac}}{2|a|}$ ……$(*)$ と求まったけれど，$\sqrt{\ }$ 内は当然 **0** 以上でないといけないから，$b^2-4ac \geqq 0$ の条件が付く。

また，$|a|=\pm a$ $(+a$ または $-a)$ だけど，$(*)$ の右辺の第 **2** 項の前に既に $\pm$ があるので，$|a|=\pm a$ の $\pm$ は不要だね。以上より $(*)$ は，

$$x=-\frac{b}{2a}\pm\frac{\sqrt{b^2-4ac}}{2a}=\frac{-b\pm\sqrt{b^2-4ac}}{2a} \quad \text{（完成！）} \quad (\text{ただし，} b^2-4ac \geqq 0)$$

となって，**2** 次方程式の解の公式が導けるんだ。

講義 3 2次関数

ここで，2 次方程式が $ax^2+2b'x+c=0$ の場合，解の公式の b に $2b'$ を代入して，

$2b'$：b（偶数）

$$x=\frac{-2b'\pm\sqrt{(2b')^2-4ac}}{2a}=\frac{-2b'\pm2\sqrt{b'^2-ac}}{2a}=\frac{-b'\pm\sqrt{b'^2-ac}}{a}$$

（$(2b')^2-4ac=4(b'^2-ac)$）

も導ける。以上をまとめておくと，

2 次方程式の解の公式

（Ⅰ）$ax^2+bx+c=0$ の

解 $x=\dfrac{-b\pm\sqrt{b^2-4ac}}{2a}$

（ただし，$b^2-4ac\geqq0$）

（Ⅱ）$ax^2+2b'x+c=0$ の

解 $x=\dfrac{-b'\pm\sqrt{b'^2-ac}}{a}$

（ただし，$b'^2-ac\geqq0$）

この解の公式の $\sqrt{\ }$ の中身の b^2-4ac を**判別式**といい，これを D で表す。

つまり，判別式 $D=b^2-4ac$ $\left(\dfrac{D}{4}=b'^2-ac\right)$ とおく。

（$D=(2b')^2-4ac=4(b'^2-ac)$ より）

この判別式 D により，x の 2 次方程式の解は次のように判別できる。

2 次方程式 $ax^2+bx+c=0$ $(a\neq0)$ は，

（ⅰ）$D>0$ のとき，相異なる 2 実数解をもつ。

（ⅱ）$D=0$ のとき，重解をもつ。

（ⅲ）$D<0$ のとき，実数解をもたない。

（ⅰ）$x=\dfrac{-b+\sqrt{D}}{2a}$ と $\dfrac{-b-\sqrt{D}}{2a}$ の異なる 2 実数解

（ⅱ）$x=\dfrac{-b+\sqrt{0}}{2a}=-\dfrac{b}{2a}$ の重解

（ⅲ）$D<0$ のとき実数 $\sqrt{D}$ は存在しない。

たとえば，実数 $\sqrt{-3}$ は存在しない。2 乗して，-3 になる実数は存在しないからだ。

これは，（ⅰ）$\dfrac{D}{4}>0$，（ⅱ）$\dfrac{D}{4}=0$，（ⅲ）$\dfrac{D}{4}<0$

でも，同様に判別できる。

それでは，例題で練習しておこう。

◆例題 4◆

次の 2 次方程式を解け。

(1) $2x^2+5x-3=0$（因数分解型） (2) $2x^2-5x+1=0$（解の公式型）

(3) $3x^2+\overset{2b'}{4}x-1=0$（解の公式型） (4) $x^2+3x+4=0$

解答

(1) $2x^2+5x-3=0$

2　　−1
1　　3
← たすきがけ

$(2x-1)(x+3)=0$ ← 因数分解終了！

$A \cdot B=0$ ならば
$A=0$ または $B=0$ だね。

$\therefore x=\dfrac{1}{2},\ -3$ ………(答)

(2) $\overset{a}{2}x^2\overset{b}{-5}x+\overset{c}{1}=0$

これは因数分解できないので
解の公式：$x=\dfrac{-b\pm\sqrt{b^2-4ac}}{2a}$
を使った！

$$\therefore x=\frac{-(-5)\pm\sqrt{(-5)^2-4\cdot2\cdot1}}{2\times2}=\frac{5\pm\sqrt{17}}{4}$$ ………………………(答)

(3) $\overset{a}{3}x^2+\overset{2b'}{4}x\overset{c}{-1}=0$

$b=2b'=2\cdot2$ より，
解の公式：$x=\dfrac{-b'\pm\sqrt{b'^2-ac}}{a}$
を使った！

$$\therefore x=\frac{-2\pm\sqrt{2^2-3\cdot(-1)}}{3}=\frac{-2\pm\sqrt{7}}{3}$$ ……(答)

(4) $\overset{a}{1}x^2+\overset{b}{3}x+\overset{c}{4}=0$ について，その判別式 D は，

$$D=3^2-4\cdot1\cdot4=9-16=-7<0$$ ← $D=b^2-4ac$ を使った！

よって，この 2 次方程式は実数解をもたない。 ………………………(答)

どう？ 2 次方程式の基本はマスターできた？ それでは，絶対暗記問題と頻出問題にトライで，さらに練習していくことにしよう！

絶対値の入った 2 次方程式

絶対暗記問題 20　難易度 ★　CHECK 1　CHECK 2　CHECK 3

次の方程式を解け。

$x^2 - |2x-1| - 3 = 0$　（埼玉工大）

ヒント！ $|2x-1|$ があるので，（i）$x \geqq \frac{1}{2}$ と（ii）$x < \frac{1}{2}$ に場合分けして，2 つの 2 次方程式を解く。それぞれの解が，（i），（ii）の条件をみたすか否かのチェックも必要になる。

解答＆解説

$x^2 - |2x-1| - 3 = 0$ ……① について

$$|2x-1| = \begin{cases} 2x-1 & \left(x \geqq \frac{1}{2}\right) \\ -(2x-1) & \left(x < \frac{1}{2}\right) \end{cases}$$ より，

（i）$x \geqq \frac{1}{2}$ のとき，①は，

$x^2 - (2x-1) - 3 = 0$　　$\underset{a}{1} \cdot x^2 \underset{2b'}{-2} x \underset{c}{-2} = 0$

$x = \dfrac{1 \pm \sqrt{(-1)^2 - 1 \cdot (-2)}}{1} = 1 \pm \sqrt{3}$　（$\sqrt{3} \fallingdotseq 1.7$）

解の公式：$x = \dfrac{-b' \pm \sqrt{b'^2 - ac}}{a}$

ここで，$x \geqq \frac{1}{2}$ より，$x = 1 + \sqrt{3}$

（ii）$x < \frac{1}{2}$ のとき，①は，

$x^2 + (2x-1) - 3 = 0$　　$\underset{a}{1} \cdot x^2 + \underset{2b'}{2} \cdot x \underset{c}{-4} = 0$

$x = -1 \pm \sqrt{1^2 - 1 \cdot (-4)} = -1 \pm \sqrt{5}$　（$\sqrt{5} \fallingdotseq 2.2$）

$x = \dfrac{-b' \pm \sqrt{b'^2 - ac}}{a}$

ここで，$x < \frac{1}{2}$ より，$x = -1 - \sqrt{5}$

以上（i）（ii）より，求める①の解は，

$x = 1 + \sqrt{3}$ または $-1 - \sqrt{5}$ ……………………………（答）

2 次方程式が重解をもつ条件

絶対暗記問題 21　難易度★　CHECK 1　CHECK 2　CHECK 3

(1) x の 2 次方程式 $x^2+ax-a^2-1=0$ ……①　の 1 つの解が $x=1$ のとき，a の値ともう 1 つの解を求めよ。

(2) x の 2 次方程式 $kx^2-2(k+1)x+2k-3=0$ ……②　$(k \neq 0)$ が重解をもつような k の値を求めよ。　(法政大＊)

ヒント！ (1) $x=1$ は，x の 2 次方程式①の解なので，当然これを①に代入して成り立つよね。これから，a の 2 次方程式が出てくるよ。(2) の 2 次方程式は重解をもつといっているから，判別式 $D=0$ とおいて k の値を求める。

解答＆解説

(1) $x^2+ax-a^2-1=0$ ……①　の解 $x=1$ を①に代入して，$\cancel{1}+a-a^2-\cancel{1}=0$　　$a^2-a=0$

$a(a-1)=0$　　$\therefore a=0,\ 1$ ……………………(答)

(i) $a=0$ のとき，①は

$x^2-1=0,\ (x+1)(x-1)=0$　$\therefore x=\pm 1$

$\therefore x=1$ 以外のもう 1 つの解は，-1　…(答)

(ii) $a=1$ のとき，①は

$x^2+x-2=0,\quad (x+2)(x-1)=0$　$\therefore x=-2,\ 1$

$\therefore x=1$ 以外のもう 1 つの解は，-2　……………………………(答)

> $x=1$ が①の解より，$x=1$ を①に代入したら，当然成り立つ。これから，a の値が 2 つ出てきたので，2 種類の方程式について，それぞれ，もう 1 つの解を出すんだよ。

(2) $\underset{a}{\boxed{k}}x^2\underset{2b'}{\boxed{-2(k+1)}}x+\underset{c}{\boxed{2k-3}}=0$　……②　$(k \neq 0)$ が重解をもつとき，

この判別式を D とおくと，

> $ax^2+2b'x+c=0$ の形だから，$\dfrac{D}{4}=b'^2-ac=0$ を使った！

$$\frac{D}{4}=(k+1)^2-k(2k-3)=0$$

$k^2+2k+1-2k^2+3k=0,\quad -k^2+5k+1=0$　両辺を -1 倍して，

$\underset{a}{\boxed{1}}\cdot k^2\underset{b}{\boxed{-5}}k\underset{c}{\boxed{-1}}=0$

> $k=\dfrac{-b\pm\sqrt{b^2-4ac}}{2a}$ を使った！

これを解いて，

$$k=\frac{5\pm\sqrt{(-5)^2-4\cdot 1\cdot(-1)}}{2\times 1}=\frac{5\pm\sqrt{29}}{2}$$ ……………………………(答)

複 2 次方程式 (I)

絶対暗記問題 22　難易度 ★★　CHECK 1　CHECK 2　CHECK 3

x の方程式　$(x^2+2x)^2-5(x^2+2x)-6=0$ ……①　について，
次の問いに答えよ。

(1) $x^2+2x=X$　とおいて，X の値を求めよ。

(2) 方程式①を解け。　(東北学院大＊)

ヒント！ (1) $x^2+2x=X$ とおくと，①は X の 2 次方程式になるので，これを解けばよい。(2) ①は x の 4 次方程式だけれど，(1) がヒントとなって，x の 2 つの 2 次方程式に分解できるんだ。それぞれの解を求めるといい。

解答＆解説

$$(\underbrace{x^2+2x}_{X})^2-5(\underbrace{x^2+2x}_{X})-6=0 \quad \cdots\cdots①$$

(1) $x^2+2x=X$ ……②　とおくと，①は

$X^2-5X-6=0$　　$(X+1)(X-6)=0$

$\therefore X=-1,\ 6$ ……(答)

(2) (1) の結果を用いて，

(i) $X=\boxed{x^2+2x=-1}$　のとき，

$x^2+2x+1=0$　　$(x+1)^2=0$ ←因数分解型！

$\therefore x=-1$　(重解)

(ii) $X=\boxed{x^2+2x=6}$　のとき，

$\underset{a}{1}\cdot x^2+\underset{2b'}{2}x\underset{c}{-6}=0$

公式：$x=\dfrac{-b'\pm\sqrt{b'^2-ac}}{a}$ を使った！

$$x=\frac{-1\pm\sqrt{1^2-1\cdot(-6)}}{1}=-1\pm\sqrt{7}$$

以上 (i)(ii) より，求める方程式①の解は，

$x=-1,\ -1\pm\sqrt{7}$ ……(答)

複 2 次方程式 (Ⅱ)

絶対暗記問題 23	難易度 ★★	CHECK 1	CHECK 2	CHECK 3

方程式　$x(x+1)(x+2)(x+3)=24$ を解け。　（昭和女子大）

ヒント！ 左辺の積を，$x(x+3)=x^2+3x$ と $(x+1)(x+2)=x^2+3x+2$ に分けると，同じ x^2+3x が出てくるので，まずこれを A とおいて解く。

解答＆解説

与方程式を変形して，

$$\underbrace{x(x+3)}_{(x^2+3x)}\cdot\underbrace{(x+1)(x+2)}_{(x^2+3x+2)}=24$$

$$(\overset{A}{\boxed{x^2+3x}})(\overset{A}{\boxed{x^2+3x}}+2)=24$$

ここで，$x^2+3x=A$ ……① とおくと，

$A(A+2)=24$　　$A^2+2A-24=0$

$(A+6)(A-4)=0$　　$\therefore A=-6$ または 4

(i) $A=-6$ のとき，①より　$x^2+3x=-6$

$\overset{a}{①}\cdot x^2+\overset{b}{③}x+\overset{c}{⑥}=0$ ……①′　この判別式を D とおくと

$D=3^2-4\cdot1\cdot6=-15<0$　　∴①′は実数解をもたない。

(ii) $A=4$ のとき，①より　$x^2+3x=4$

$x^2+3x-4=0$　　$(x+4)(x-1)=0$

$\therefore x=1,\ -4$

以上(i)(ii)より，求める解は，$x=1$ または -4 ……………………(答)

頻出問題にトライ・7	難易度 ★★	CHECK 1	CHECK 2	CHECK 3

方程式 $x^4-2x^3+x^2-4x+4=0$ について，次の問いに答えよ。

(1) $t=x+\dfrac{2}{x}$ とおいて，与えられた方程式を t の方程式で表せ。

(2) 与えられた方程式の解のうち，実数解を求めよ。　（創価大）

解答は P243

3. 2次方程式を，2次関数のグラフで考えよう！

前節で「2次方程式」について勉強し，そしてまた，その前の節で「2次関数」についてもその基本を学習したんだね。今回は，この2つを連動させることにする。つまり，2次方程式を2次関数のグラフでヴィジュアル(図形的)にとらえることにしよう。さらに理解が深まるよ。

● 2次方程式を2次関数で見てみよう！

2次方程式 $ax^2+bx+c=0$ ……①を分解して，

$$\begin{cases} y=ax^2+bx+c & [\text{放物線}] \\ y=0 & [x\text{ 軸}] \end{cases}$$ とおくと，

この放物線と x 軸との共有点の x 座標が，①の実数解ということになるね。ここで，$a>0$ とおくことにするよ。たとえば，$-2x^2+4x-1=0$ のときでも，両辺に -1 をかけて $2x^2-4x+1=0$ とし，これを解いても同じ結果が出るだろう。だから，x^2 の係数 a を正としてもいいね。よって，この2次関数 $y=ax^2+bx+c$ は下に凸の放物線の場合のみを考えればいいんだね。

ここで，前にやった判別式 D により，2次関数 $y=ax^2+bx+c$ と x 軸との位置関係がどのように変化するかを図1，2，3に示すよ。

(ⅰ) $D>0$ のとき，図1のように，2次関数は x 軸と異なる2点で交わる。

(ⅱ) $D=0$ のとき，図2に示すように，x 軸と接する。

(ⅲ) $D<0$ のとき，2次関数は，図3のように，x 軸と共有点をもたなくなるんだ。

図1 (ⅰ) $D>0$ のとき

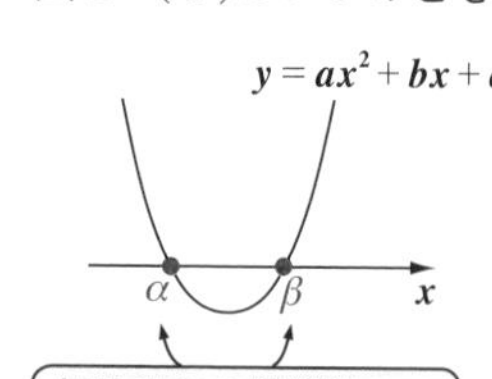

図2 (ⅱ) $D=0$ のとき

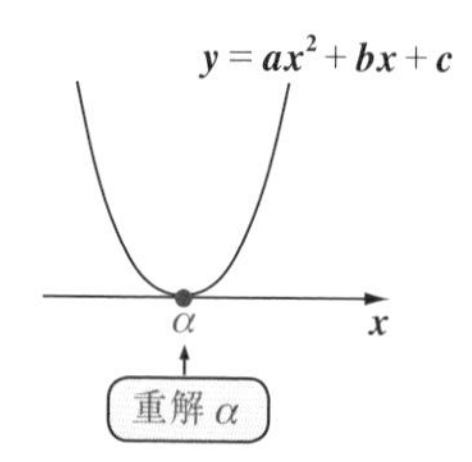

図3 (ⅲ) $D<0$ のとき

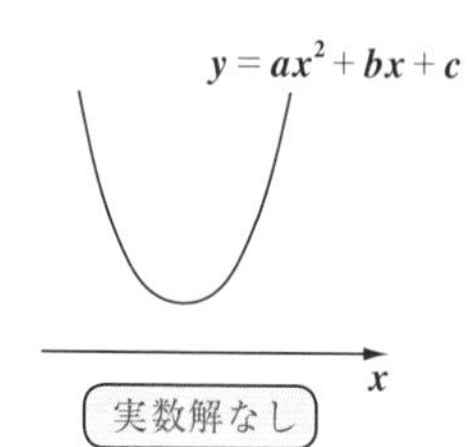

このように判別式 D が正のとき2次関数のグラフは x 軸の下に出て，D が負のとき x 軸の上に上がるんだ。エレベータみたいだね !?

解の範囲の問題に挑戦だ！

2次方程式 $ax^2+bx+c=0$ の相異なる2実数解 α，β $(\alpha<\beta)$ にさまざまな条件を付ける問題を，**“解の範囲の問題”** というんだよ。これについては，2次不等式のところで，また詳しく解説するけれど，ここでも簡単な例について少し話しておくよ。

解の範囲の問題を解くコツは，ズバリ次の通りだ。

2次関数のグラフを使ってヴィジュアル(図形的)に解く！

それでは1例として2次方程式

$x^2+ax+a+1=0$

の相異なる2実数解 α，β について，$\alpha<1<\beta$ となるための a の条件を求めてみよう。

ここで，$y=f(x)=x^2+ax+a+1$ とおくと，これと x 軸の交点の x 座標 α，β が $\alpha<1<\beta$ をみたすには，図4より $f(1)<0$ となればいいんだね。

実際，$y=f(x)$ は，下に凸の放物線だから，$f(1)<0$ のとき，x 軸との交点の x 座標 α，β は，図4のように，必ず $\alpha<1<\beta$ をみたすね。また $f(1)<0$ ならば，$y=f(x)$ の頂点は自動的に x 軸の下側にくるので，判別式 $D>0$ をいう必要はないんだね。きわめてヴィジュアルにわかるだろう。

図4 解の範囲の問題

$\alpha<1<\beta$ となる条件：

$\boxed{f(1)<0}$

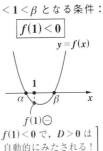

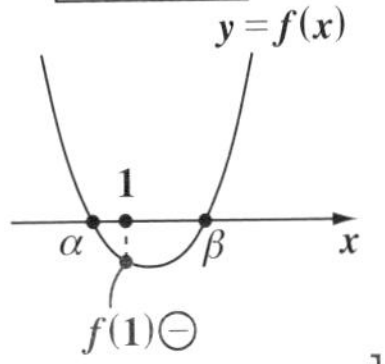

$y=f(x)$

1

α β x

$f(1)$ ⊖

[$f(1)<0$ で，$D>0$ は自動的にみたされる！]

よって，$f(1)=\boxed{1^2+a\cdot1+a+1<0}$　これを解いて，

$2a<-2$　$\therefore a<-1$　となって，答えだ。面白かった？

放物線と直線の位置関係

絶対暗記問題 24　難易度 ★　CHECK 1　CHECK 2　CHECK 3

2 次関数 $y = f(x) = x^2 + 2x + 3$ と直線 $y = g(x) = x + k$ について，次の問いに答えよ。

(1) $y = f(x)$ が $y = g(x)$ の上側にあるとき，k の値の範囲を求めよ。

(2) $y = f(x)$ と $y = g(x)$ が $x = 1$ で交わるとき，もう 1 つの交点の x 座標を求めよ。

ヒント！ (1) $y=f(x)$ と $y=g(x)$ から y を消去した x の 2 次方程式の判別式 D が，$D<0$ となればいい。(2) この 2 次方程式の 1 つの解が $x=1$ より，k の値を求め，それからもう 1 つの解を求めるんだね。

解答＆解説

$$\begin{cases} y = f(x) = x^2 + 2x + 3 & \cdots\cdots ① \\ y = g(x) = x + k & \cdots\cdots ② \end{cases}$$

①，②より，y を消去して，

$$x^2 + 2x + 3 = x + k \qquad \underbrace{\overset{a}{1} \cdot x^2 + \overset{b}{1} \cdot x + \overset{c}{(3 - k)}}_{h(x)} = 0 \cdots ③$$

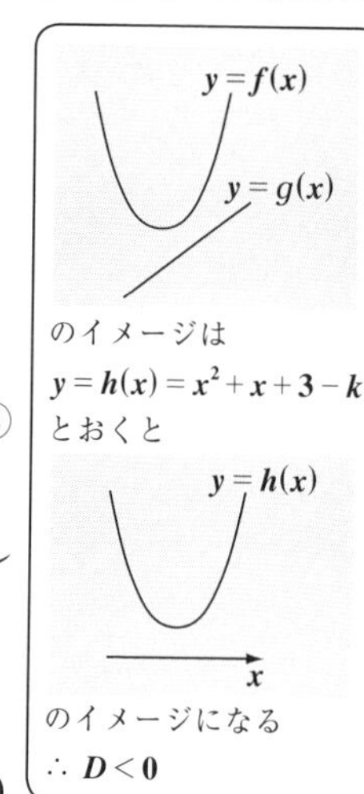

y = f(x)
y = g(x)
のイメージは
$y = h(x) = x^2 + x + 3 - k$
とおくと
y = h(x)
x
のイメージになる
∴ D < 0

(1) ③の判別式を D とおくと，すべての実数 x に対して $f(x) > g(x)$ となる条件は，

$$D = 1^2 - 4 \cdot 1 \cdot (3 - k) < 0 \quad \leftarrow D = b^2 - 4ac$$

$$-11 + 4k < 0 \qquad \therefore k < \frac{11}{4} \quad \cdots\cdots(\text{答})$$

(2) $y = f(x)$ と $y = g(x)$ の交点の x 座標が 1 より，$x = 1$ を③に代入して成り立つ。

$\therefore 1 + 1 + 3 - k = 0$ より，$k = 5$

よって，③は

$$x^2 + x - 2 = 0 \qquad (x + 2)(x - 1) = 0$$

$\therefore x = 1,\ -2$ より，もう 1 つの交点の

x 座標は，-2 ……………………………………(答)

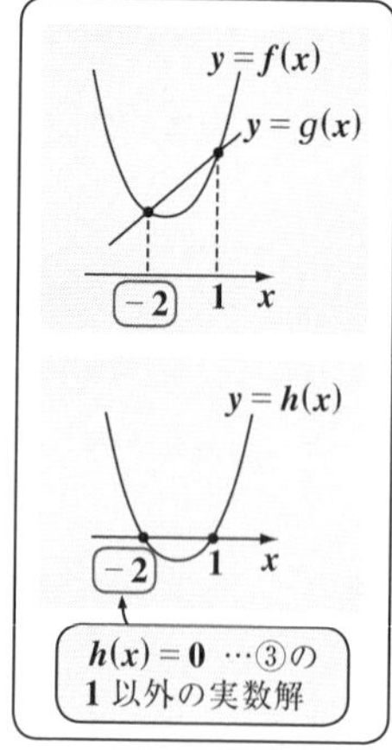

解の範囲の問題(Ⅰ)

絶対暗記問題 25　難易度 ★★　CHECK 1　CHECK 2　CHECK 3

2次関数 $y=f(x)=ax^2-(a+1)x+2a+2\quad(a>0)$ がある。2次方程式 $f(x)=0$ の相異なる2実数解 α, β が次の条件をみたすとき，a のとり得る値の範囲を求めよ。

(1) $\alpha<4<\beta$　　　(2) $2<\alpha<3<\beta$

ヒント! これは，解の範囲の問題だね。2次関数 $y=f(x)$ と x 軸との交点の x 座標 α, β が(1)，(2)のそれぞれの不等式をみたすにはどんな条件が必要かを，グラフを基に考えるんだね。頑張れ！

解答&解説

2次関数 $y=f(x)=ax^2-(a+1)x+2a+2$ は，$a>0$ より，下に凸の放物線である。2次方程式 $f(x)=0$ の相異なる2実数解を α, β とおく。

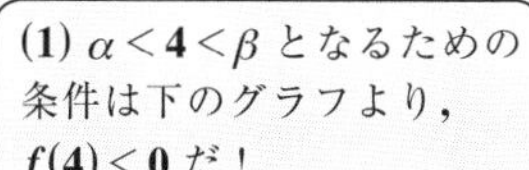
(1) $\alpha<4<\beta$ となるための条件は下のグラフより，$f(4)<0$ だ！

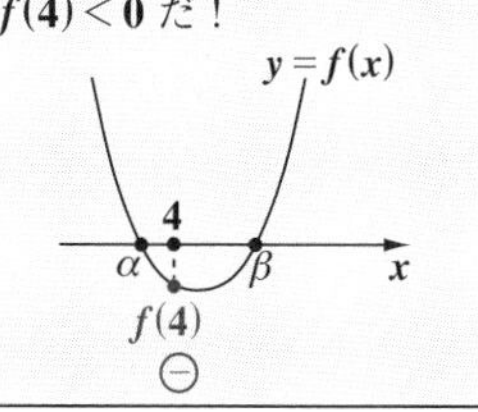

(1) $\alpha<4<\beta$ となるための条件は，

$$f(4)=16a-4(a+1)+2a+2=\boxed{14a-2<0}$$

$\therefore\ a>0$ も考慮に入れて，$0<a<\dfrac{1}{7}$ …(答)

(2) $2<\alpha<3<\beta$ となる条件は下のグラフより，$f(2)>0$ かつ $f(3)<0$ だ！

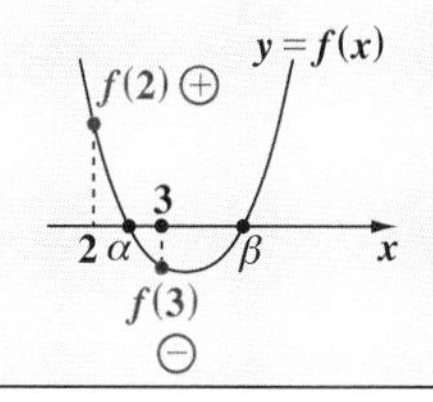

(2) $2<\alpha<3<\beta$ となるための条件も同様に，

(ⅰ) $f(2)=\boxed{4a>0}$　　$\therefore\ a>0$

(ⅱ) $f(3)=\boxed{8a-1<0}$　　$\therefore\ a<\dfrac{1}{8}$

以上(ⅰ)(ⅱ)より，求める a の値の範囲は，

$\therefore\quad 0<a<\dfrac{1}{8}$ ……………………………(答)

頻出問題にトライ・8　難易度 ★★　CHECK 1　CHECK 2　CHECK 3

放物線 $y=x^2-ax+a-1\quad(a\neq 2)$ が x 軸から切り取る線分の長さが6であるとき，定数 a の値を求めよ。　(大阪産業大)

解答は P244

4. 2次不等式も2次関数のグラフで，バッチリわかる！

前回まで，2次関数，2次方程式を勉強してきたね。今回はこれらのしめくくりということで，**2次不等式**について解説するよ。これも，1次不等式のときにやったように，2次関数のグラフを利用すると非常にわかりやすくなるんだ。

また，教科書では扱ってないけれど，受験では頻出の**分数不等式**についても教えるつもりだ。シッカリついてきてくれ。

● まず，2次不等式に慣れよう！

まず，次の2次不等式を解いてみよう。

$$(x-1)(x+2)<0 \quad \cdots\cdots①$$

この左辺$=y$とおいて，yをxの2次関数：$y=(x-1)(x+2)=x^2+x-2$とみると，①では$y<0$をみたすxの値の範囲を求めればいいね。よって，図1より，当然$-2<x<1$となる。

2次方程式を解くと解の値が求まったが，一般に2次不等式の解は，このようにxの値の範囲となるんだ。

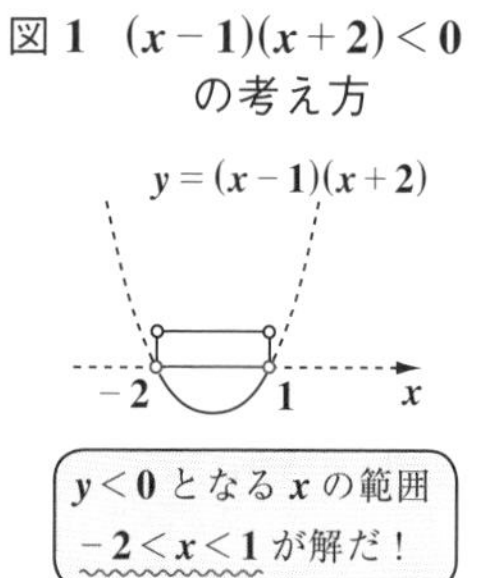

図1　$(x-1)(x+2)<0$の考え方

では次に，$x^2+4x+1\geqq 0$　$\cdots\cdots$②を解いてみよう。この左辺は因数分解できる形じゃないけれど，これを2次方程式$x^2+\underset{2b'}{4}x+1=0$とみて解くと，$x=-2\pm\sqrt{3}$だね。また，この左辺を2次関数$y=x^2+4x+1$とおくと，これは$x$軸と$-2-\sqrt{3}$，$-2+\sqrt{3}$で交わる図2のようなグラフになるね。で，②では，$y\geqq 0$といっているので，図2から，これに対応する$x$の値の範囲は，$x\leqq -2-\sqrt{3}$，$-2+\sqrt{3}\leqq x$となるだろう。これが2次不等式②の解だ。

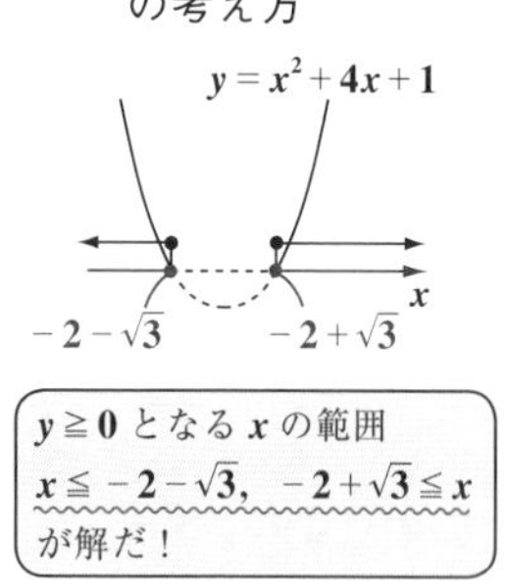

$y=x^2+4x+1$
x
$-2-\sqrt{3}$
$-2+\sqrt{3}$
$y\geqq 0$となるxの範囲
$x\leqq -2-\sqrt{3}$，$-2+\sqrt{3}\leqq x$
が解だ！

図2　$x^2+4x+1\geqq 0$の考え方

● 2次不等式はグラフで理解しよう！

まず，2次方程式 $ax^2+bx+c=0$ ………③

で，$a>0$ とするよ。こうしても一般性は失われないんだったね。ここで，この判別式 D が正，0，負のときについて，2次不等式の解を2次関数 $y=ax^2+bx+c$ （下に凸の放物線）と関連させながら示すよ。

(Ⅰ) $D>0$ のとき，③は相異なる2実数解 α，β $(\alpha<\beta)$ をもつ。よって図3から，2次不等式の解は，次のように整理できる。

(ⅰ) $ax^2+bx+c>0$　の解：$x<\alpha$，$\beta<x$

(ⅱ) $ax^2+bx+c<0$　の解：$\alpha<x<\beta$

(Ⅱ) $D=0$ のとき，③は重解をもつ。したがって，これは少し難しいけど次のような2次不等式の解になるハズだ。図4を参考にしてくれ。

(ⅰ) $ax^2+bx+c>0$　の解：$x\neq\alpha$

これは，x が α 以外のすべての値をとることを表しているんだよ。

(ⅱ) $ax^2+bx+c<0$　の解：解なし

$y<0$ をみたす x の値は存在しないからだ。（もちろん，$ax^2+bx+c\leqq0$ なら，$y=0$ となる $x=\alpha$ だけがこの不等式の解だ。）

(Ⅲ) $D<0$ のとき，③は実数解をもたない。図5から，次のように2次不等式の解が出てくる。

(ⅰ) $ax^2+bx+c>0$　の解：すべての実数

(ⅱ) $ax^2+bx+c<0$　の解：解なし

放物線 $y=ax^2+bx+c$ は x 軸の上側に存在するので，$y>0$ をみたす x はすべての実数だし，$y<0$ をみたす x は存在しないということだ。

図3　(Ⅰ) $D>0$ のとき

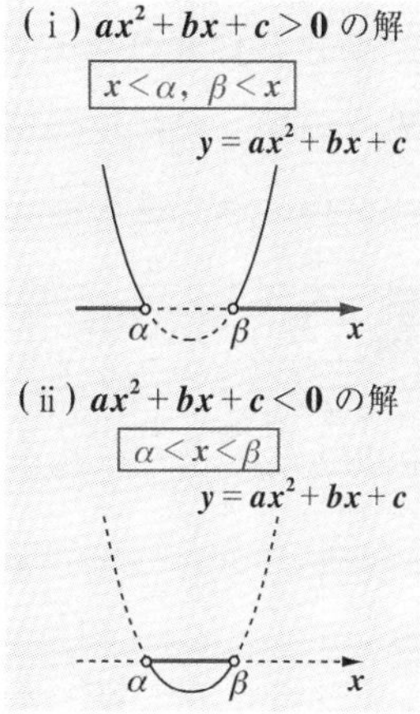

(ⅰ) $ax^2+bx+c>0$ の解

$x<\alpha$，$\beta<x$

$y=ax^2+bx+c$

α　β　x

(ⅱ) $ax^2+bx+c<0$ の解

$\alpha<x<\beta$

$y=ax^2+bx+c$

α　β　x

図4　(Ⅱ) $D=0$ のとき

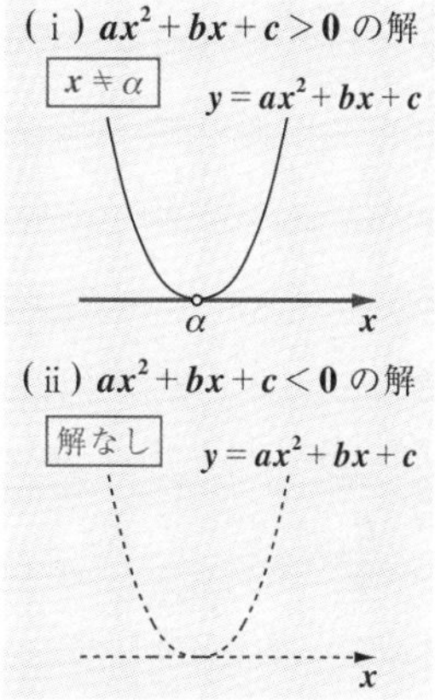

(ⅰ) $ax^2+bx+c>0$ の解

$x\neq\alpha$

$y=ax^2+bx+c$

α　x

(ⅱ) $ax^2+bx+c<0$ の解

解なし

$y=ax^2+bx+c$

x

図5　(Ⅲ) $D<0$ のとき

(ⅰ) $ax^2+bx+c>0$ の解

すべての実数 x

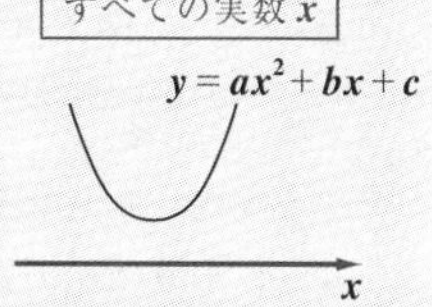

(ⅱ) $ax^2+bx+c<0$ の解

解なし

$y=ax^2+bx+c$

x

● 分数不等式は，パターン通りに解け！

少し教科書の範囲を越えるけれど，受験ではよく問われることになると思うので，分数不等式の解き方についても，これから解説しよう。この解法には，次の **4** つのパターンがあるから，まずシッカリ覚えてくれ。

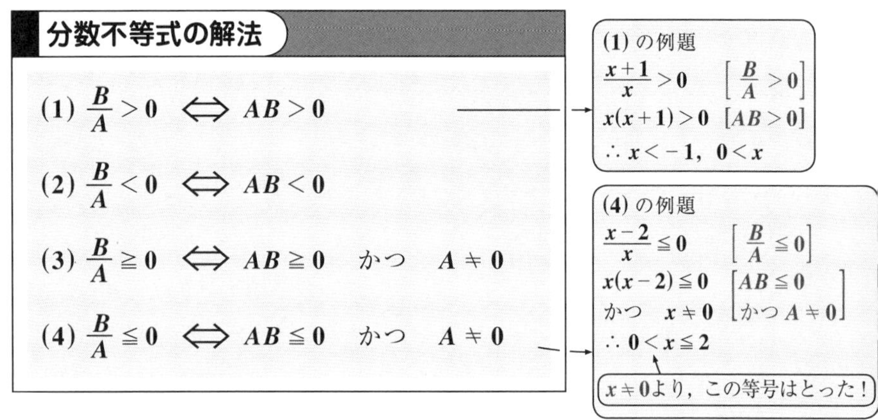

分数不等式の解法

(1) $\dfrac{B}{A}>0 \iff AB>0$

(2) $\dfrac{B}{A}<0 \iff AB<0$

(3) $\dfrac{B}{A}\geqq 0 \iff AB\geqq 0$　かつ　$A\neq 0$

(4) $\dfrac{B}{A}\leqq 0 \iff AB\leqq 0$　かつ　$A\neq 0$

(1) の例題

$\dfrac{x+1}{x}>0$　$\left[\dfrac{B}{A}>0\right]$

$x(x+1)>0$　$[AB>0]$

$\therefore x<-1,\ 0<x$

(4) の例題

$\dfrac{x-2}{x}\leqq 0$　$\left[\dfrac{B}{A}\leqq 0\right]$

$x(x-2)\leqq 0$　かつ　$x\neq 0$　$\left[\begin{array}{l}AB\leqq 0\\ \text{かつ}\ A\neq 0\end{array}\right]$

$\therefore 0<x\leqq 2$

$x\neq 0$ より，この等号はとった！

まず，(1) $\dfrac{B}{A}>0$ の不等式の両辺に A をかけて，$B>0$ としては絶対ダメだ！ A の符号がわかっていないからだ。（$A<0$ ならば，$B<0$ となる）でも，A^2 は正だから，これを両辺にかけても不等号の向きは変化しないね。つまり，

$\dfrac{B}{A}\times A^2>0\times A^2$ より $AB>0$ となるんだね。

(2) についても同様だ。

じゃ，(3) についても，両辺に A^2 をかければ，$AB\geqq 0$ となるのはいいね。ところが，この場合 $A=0$ もこの不等式の解に含まれる。でも，もとの式 $\dfrac{B}{A}\geqq 0$ では A は分母にあったわけだから，当然，$A\neq 0$ としなければならない。わかった？

実際に $A=0$ を $AB\geqq 0$ に代入すると，$0\cdot B\geqq 0$ つまり，$0\geqq 0$ となって成り立つね。だから，$A\neq 0$ として，これを除かないといけないね。

(4) も同様だ。

● 解の範囲の問題に再チャレンジだ！

2 次方程式 $ax^2+bx+c=0$ $(a>0)$ が相異なる実数解 α，β $(\alpha<\beta)$ をもつとき，この α と β に様々な条件を付ける問題が“**解の範囲の問題**”と呼ばれるものだったんだね。ここでは，$y=f(x)=ax^2+bx+c$ とおいて，もう 1 度例題で練習してみよう。

(例題 1)　$-1<\alpha<1<\beta<2$ をみたすには，図 6 から，$f(-1)>0$，$f(1)<0$，$f(2)>0$ となればいいね。

（これから，$D>0$ は言わなくてもいい）

図 6　$-1<\alpha<1<\beta<2$

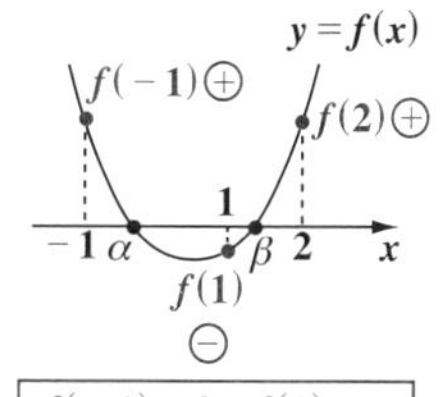

$f(-1)>0$，$f(1)<0$ $f(2)>0$

$y=f(x)$ は下に凸の放物線だから，この条件をみたせば，解 α，β は，$-1<\alpha<1<\beta<2$ となる以外ないからね。ゆえに，

(i) $f(-1)=a-b+c>0$

(ii) $f(1)=a+b+c<0$

(iii) $f(2)=4a+2b+c>0$　　となる。

図 7　$1<\alpha<\beta$

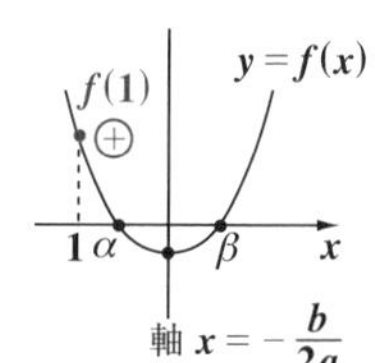

$D>0$，　$-\dfrac{b}{2a}>1$ $f(1)>0$

(例題 2)　$1<\alpha<\beta$ をみたす条件を考えてみよう。まず，相異なる 2 実数解 α，β をもつために，判別式 $D=b^2-4ac>0$ だ。次に，$y=f(x)$ の軸 $x=-\dfrac{b}{2a}$ も当然 1 より大でないといけない。これが 1 以下だと，解 α は軸より左側 (小さい側) にあるので，$1<\alpha$ の条件をみたさないからだ。さらに，軸が 1 より大の位置にあっても，$f(1)\leqq 0$ だと，α は 1 以下となるので，当然これも上に上げる必要がある。よって，$f(1)>0$ だ。以上より

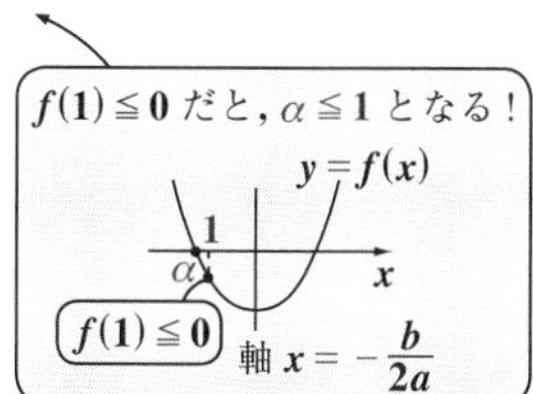

(i) $D=b^2-4ac>0$　　(ii) $-\dfrac{b}{2a}>1$

(iii) $f(1)=a+b+c>0$　　が求める条件だ！

連立不等式とその応用

絶対暗記問題 26　難易度 ★★　CHECK 1　CHECK 2　CHECK 3

(1) 2 つの不等式　$x^2-3x-4 \leqq 0$ ……①，$-x^2+x<0$ ……②
を同時にみたす x の値の範囲を求めよ。　（慶応大＊）

(2) $x^2-6x+1 \leqq 0$ ……③ の解が，$x^2-(a-1)x-a \leqq 0$ ……④
の解に含まれるとき，実数 a のとり得る値の範囲を求めよ。

ヒント！ (1) では，2 つの不等式①と②を別々に解いて，その共通解を求めればいいんだね。(2) では，④が $(x-a)(x+1) \leqq 0$ となるので，$a \leqq x \leqq -1$ と，$-1 \leqq x \leqq a$ の 2 つの場合に分けて考えないといけないね。

解答＆解説

(1) $x^2-3x-4 \leqq 0$ ……①　$-x^2+x<0$ ……②

(ⅰ) ①より，$(x+1)(x-4) \leqq 0$　$\therefore -1 \leqq x \leqq 4$

(ⅱ) ②より，$x^2-x>0$ ← ②の両辺に -1 をかけたので，不等号の向きが変わった！

$x(x-1)>0$　$\therefore x<0,\ 1<x$

(ⅰ)(ⅱ) より，①，②を共にみたす x の値の範囲は，

$-1 \leqq x < 0,\ 1 < x \leqq 4$ ……………………………(答)

(数直線図：(ⅰ) $-1 \leqq x \leqq 4$，(ⅱ) $x<0$, $1<x$；目盛 -1 0 1 4 x)

(2) 2 次方程式 $x^2-6x+1=0$ の解は $x=3\pm2\sqrt{2}$ より，

2 次不等式 $x^2-6x+1 \leqq 0$ ……③ の解は

$3-2\sqrt{2} \leqq x \leqq 3+2\sqrt{2}$ ← $y=x^2-6x+1$ とおいて，$y \leqq 0$ となる x の範囲が解になるね。（図：$y=x^2-6x+1$，$3-2\sqrt{2}$，$3+2\sqrt{2}$，x）

$x^2-(a-1)x-a \leqq 0$ ……④を変形して，

$(x-a)(x+1) \leqq 0$　よって，④の解は

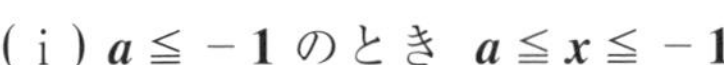

(ⅰ) $a \leqq -1$ のとき　$a \leqq x \leqq -1$

(ⅱ) $-1<a$ のとき　$-1 \leqq x \leqq a$

④の解が③の解を含むのは，右図から明らかに，(ⅱ) の $-1 \leqq x \leqq a$ のときしかない。

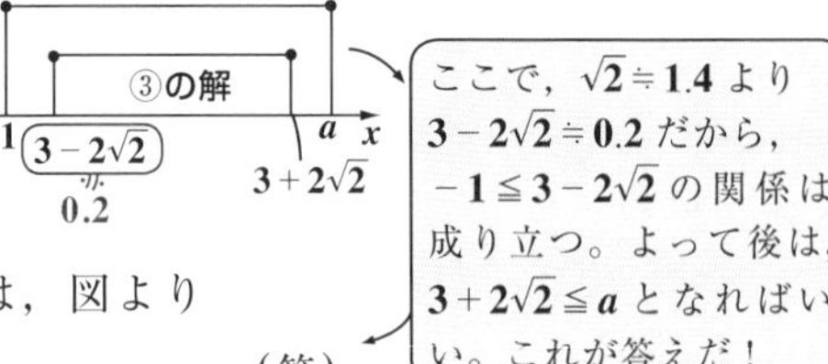

よって，求める a の値の範囲は，図より

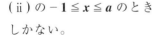

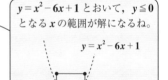

$3+2\sqrt{2} \leqq a$ ……………………………(答) ← ここで，$\sqrt{2} \fallingdotseq 1.4$ より $3-2\sqrt{2} \fallingdotseq 0.2$ だから，$-1 \leqq 3-2\sqrt{2}$ の関係は成り立つ。よって後は，$3+2\sqrt{2} \leqq a$ となればいい。これが答えだ！

2次不等式が恒等的に成り立つための条件

絶対暗記問題 27 難易度 ★★ CHECK 1 CHECK 2 CHECK 3

(1) 放物線：$y = x^2 - kx$ が，常に直線 $y = 2x - 4$ の上側にあるための k の条件を求めよ。

(2) 2次不等式：$px^2 + px + p - 1 > 0$ が，すべての実数 x について成り立つように，p の値の範囲を求めよ。 （東北福祉大＊）

ヒント！ (1) では，$x^2 - kx > 2x - 4$，つまり $x^2 - (k+2)x + 4 > 0$ がすべての実数 x について成り立つ条件を求めるんだ。(2) も同様だが，まず x^2 の係数 p が正という条件が出てくるはずだ。これもグラフから考えるんだよ。

解答＆解説

(1) $y = x^2 - kx$ が常に $y = 2x - 4$ の上側にあるとき，
$x^2 - kx > 2x - 4$ より，$x^2 - (k+2)x + 4 > 0$
これがすべての実数 x に対して成り立つための条件は，2次方程式 $x^2 - (k+2)x + 4 = 0$ の判別式 D が $D < 0$ となることである。

常に $x^2-(k+2)x+4>0$ となるとき，左辺 $= f(x)$ とおいたグラフのイメージと判別式 D の条件を下に示す。

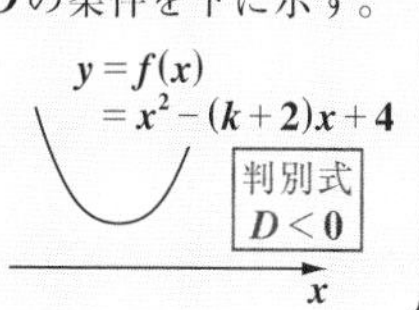

$\therefore D = (k+2)^2 - 16 < 0 \qquad k^2 + 4k - 12 < 0$

$(k+6)(k-2) < 0 \qquad \therefore -6 < k < 2 \quad \cdots$(答)

(2) すべての実数 x に対して，$px^2 + px + p - 1 > 0 \quad (p \neq 0)$ が成り立つためには，この左辺を $y = f(x) = px^2 + px + p - 1$ とおいたとき，$y = f(x)$ のグラフが，常に x 軸 $[y = 0]$ の上方になければならない。

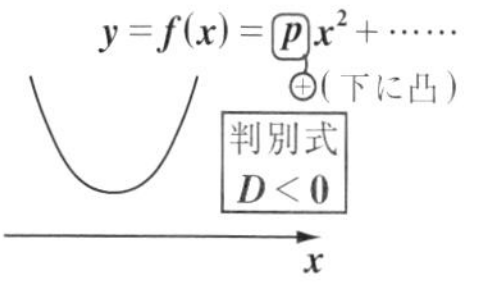

$\therefore p > 0 \quad \cdots\cdots①$

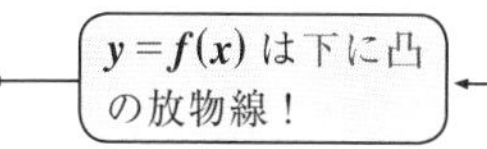

さらに，2次方程式 $f(x) = 0$ の判別式を D とおくと，

$D = \boxed{p^2 - 4p(p-1) < 0} \qquad p(-3p+4) < 0 \quad \cdots\cdots②$

ここで，$p > 0 \quad \cdots\cdots①$より，②の両辺を p で割って，

$-3p + 4 < 0 \qquad 3p > 4$

$\therefore p > \dfrac{4}{3}$ （これは $p > 0 \cdots①$をみたす） ……………………………(答)

絶対値付きの2次不等式と，分数不等式

絶対暗記問題 28	難易度 ★★	CHECK 1	CHECK 2	CHECK 3

(1) 不等式 $-x^2+5x+2>2|x-1|$ ……① を解け。

(2) 不等式 $\dfrac{(x-1)^2}{x-3}\geqq x$ ……② を解け。 (法政大＊)

ヒント！ (1) の不等式には，$|x-1|$ があるので，(ｉ) $x\geqq 1$ と (ⅱ) $x<1$ の2つの場合に分けて計算するんだ。(2) は分数不等式の解法のパターン通り，$\dfrac{B}{A}\geqq 0$ から，$AB\geqq 0$ かつ $A\neq 0$ とする。

解答＆解説

(1) $-x^2+5x+2>2|x-1|$ ……①

$|x-1|=\begin{cases}x-1 & (x\geqq 1)\\ -(x-1) & (x<1)\end{cases}$ と場合分けするんだね。

(ｉ) $x\geqq 1$ のとき，①は

$-x^2+5x+2>2(x-1)$

$x^2-3x-4<0$ $(x+1)(x-4)<0$

$-1<x<4$ これと $x\geqq 1$ より

$1\leqq x<4$

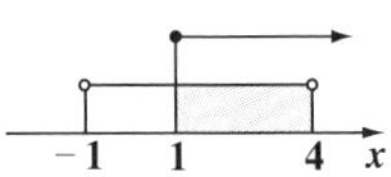

(ⅱ) $x<1$ のとき，①は

$-x^2+5x+2>-2(x-1)$ $x^2-7x<0$

$x(x-7)<0$ $0<x<7$

これと，$x<1$ より，$0<x<1$

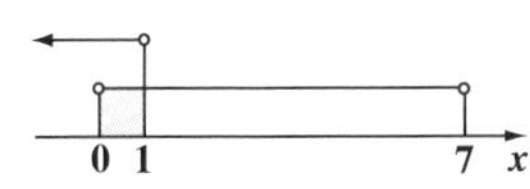

以上 (ｉ)(ⅱ) を合わせて，求める①の解は，

$0<x<4$ ……………………………………(答)

(2) ②より，$\dfrac{(x-1)^2}{x-3}-x\geqq 0$，$\dfrac{(x-1)^2-x(x-3)}{x-3}\geqq 0$　（$x^2-2x+1-x^2+3x$）

$\dfrac{x+1}{x-3}\geqq 0$

∴ $(x+1)(x-3)\geqq 0$ かつ $x-3\neq 0$

分数不等式の解法パターン
$\dfrac{B}{A}\geqq 0$ のとき
$AB\geqq 0$ かつ $A\neq 0$
を使った！

以上より，②の解は

$x\neq 3$ より，等号は付かない！

$x\leqq -1$，$3<x$ ……………………………………(答)

解の範囲の問題(Ⅱ)

絶対暗記問題 29	難易度 ★★	CHECK 1	CHECK 2	CHECK 3

2 次方程式 $x^2-2(p+2)x+2p+7=0$ ………① が相異なる **2** 実数解 α, β をもち，それらが，$0<\alpha<\beta$ となるような定数 p の範囲を定めよ。

(北海道教育大＊)

ヒント！ 解の範囲の問題だね。まず，①の左辺を $y=f(x)$ とおき，これと x 軸との **2** 交点の x 座標 α, β が，$0<\alpha<\beta$ となるように，$y=f(x)$ のグラフから条件を考えるんだよ。頑張れ！

解答＆解説

$\underset{a}{\boxed{1}}\cdot x^2\underset{b=2b'}{\boxed{-2(p+2)}}x+\underset{c}{\boxed{2p+7}}=0$ ……①を分解して，

$$\begin{cases} y=f(x)=x^2-2(p+2)x+2p+7 \\ y=0 \quad [x\text{ 軸}] \end{cases}$$

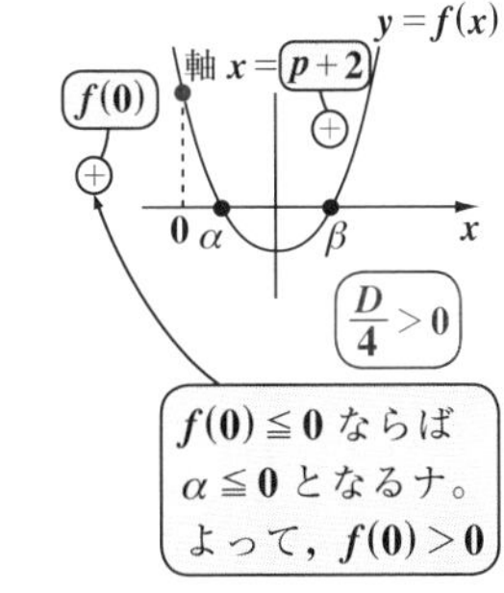

$y=f(x)$ と x 軸との **2** 交点の x 座標 α, β が①の方程式の異なる **2** 実数解である。

これが，$0<\alpha<\beta$ となるための条件は，

(ⅰ) 判別式 $\dfrac{D}{4}=\boxed{(p+2)^2-1\cdot(2p+7)>0}$

$p^2+2p-3>0 \qquad (p+3)(p-1)>0$

$\therefore\ \underline{\underline{p<-3,\ 1<p}}$

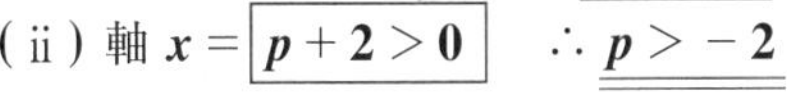

$x=-\dfrac{b}{2a}$ ← 軸の公式！

(ⅱ) 軸 $x=\boxed{p+2>0}$ $\quad\therefore\ \underline{\underline{p>-2}}$

(ⅲ) $f(0)=2p+7>0$ $\quad\therefore\ \underline{\underline{p>-\dfrac{7}{2}}}$

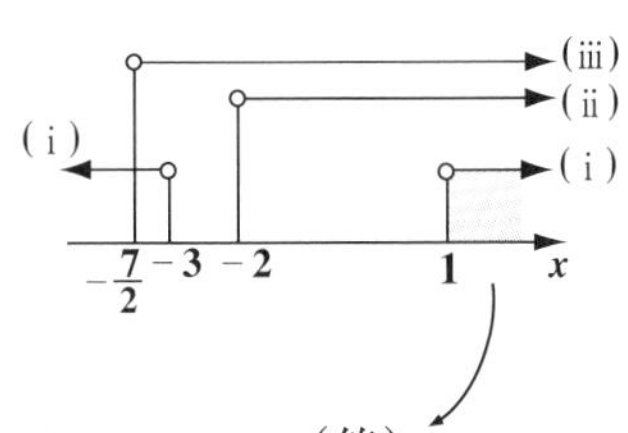

以上(ⅰ)(ⅱ)(ⅲ)より，求める p の範囲は，$p>1$ …………(答)

頻出問題にトライ・9	難易度 ★★	CHECK 1	CHECK 2	CHECK 3

2 次方程式 $x^2-(a-2)x+\dfrac{a}{2}+5=0$ が $1\leqq x\leqq 5$ の範囲に異なる **2** つの実数解をもつための実数 a の範囲を求めよ。 (同志社大)

解答は **P244**

講義3 ● 2次関数　公式エッセンス

1. 平行移動の公式

$$y = f(x) \xrightarrow[\text{平行移動}]{(p,\,q)\text{だけ}} y - q = f(x - p)$$

2. 2次関数の標準形

$$y = a(x - p)^2 + q \quad (a \neq 0)$$

$y = ax^2$ を $(p,\ q)$ だけ
平行移動した放物線
頂点：$(p,\,q)$，軸：$x = p$
$\begin{cases} a > 0 \text{ のとき下に凸} \\ a < 0 \text{ のとき上に凸} \end{cases}$

3. 2次方程式の解法

因数分解型と解の公式型の **2** 通りがある。

解の範囲の問題は，グラフを使ってヴィジュアルに解く。

4. 2次不等式の解

$f(x) = ax^2 + bx + c \quad (a > 0)$ について，

2 次方程式 $f(x) = 0$ の判別式を D とおく。

(Ⅰ) $D > 0$ のとき，$f(x) = 0$ は相異なる **2** 実数解 α，$\beta\ (\alpha < \beta)$ をもつ。

(ⅰ) $f(x) > 0$ の解：$x < \alpha$，$\beta < x$

(ⅱ) $f(x) < 0$ の解：$\alpha < x < \beta$

(Ⅱ) $D = 0$ のとき，$f(x) = 0$ ≠重解 α をもつ。

(ⅰ) $f(x) > 0$ の解：$x \neq \alpha$

(ⅱ) $f(x) < 0$ の解：解なし。

(Ⅲ) $D < 0$ のとき，$f(x) = 0$ は実数解をもたない。

(ⅰ) $f(x) > 0$ の解：すべての実数。

(ⅱ) $f(x) < 0$ の解：解なし。

5. 分数不等式の解法

(1) $\dfrac{B}{A} > 0 \iff AB > 0$　　(2) $\dfrac{B}{A} < 0 \iff AB < 0$

(3) $\dfrac{B}{A} \geqq 0 \iff AB \geqq 0$ かつ $A \neq 0$

(4) $\dfrac{B}{A} \leqq 0 \iff AB \leqq 0$ かつ $A \neq 0$

講義 Lecture

4 図形と計量

- 三角比の定義と基本公式
- $\cos(\theta + 90°)$ などの変形と三角方程式
- 正弦定理，余弦定理，三角形の面積
- ヘロンの公式，空間図形への応用

講義4 図形と計量

1. まず，三角比の基本から始めよう！

さァ，これから**三角比**の講義に入るよ。ここでは，$\sin\theta$，$\cos\theta$，$\tan\theta$ など，見慣れない記号が出てくるので，初めはとまどうかも知れないね。でも，その意味をまずよく理解して，必要な数値や公式を覚えてくれ。そして，後はどんどん使ってみることだ。

● 直角三角形を使って三角比を定義する！

まず，**三角比**を直角三角形で定義してみよう。図1のような，3辺の長さが a, b, c (c：斜辺) の直角三角形があるとするよ。ここで，直角以外のもう1つの角度 θ に対して，次のような3つの三角比 $\sin\theta$，$\cos\theta$，$\tan\theta$ を，三角形の3辺の長さを使って定義する。

(θ は，ギリシャ文字で，シータと読むよ。角度にはこれを使うことが多い。)

直角三角形による三角比の定義 (Ⅰ)

$$\sin\theta = \frac{b}{c},\quad \cos\theta = \frac{a}{c},\quad \tan\theta = \frac{b}{a}$$

(サイン・シータ)　(コサイン・シータ)　(タンジェント・シータ)

図1 三角比の定義 (Ⅰ)

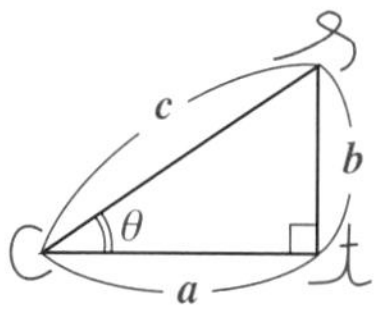

ここで，sin，cos，tan を，それぞれサイン，コサイン，タンジェントと読むんだ。この定義の覚え方は，図1の筆記体の $\mathcal{S}$，$\mathcal{C}$，$\mathcal{t}$ を見ればわかるね。

図2 三角比の定義

この三角比は相対的なもので，図1と同じ直角三角形でも，図2の角度 α についての三角比は，

$$\sin\alpha = \frac{a}{c},\quad \cos\alpha = \frac{b}{c},\quad \tan\alpha = \frac{a}{b}$$ となるよ。

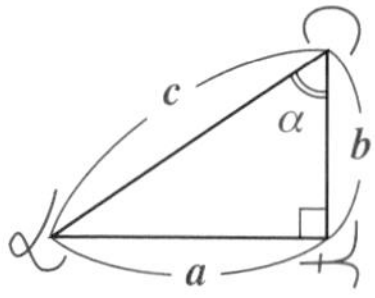

● 三角比の値は三角形の大きさとは無関係だ！

図 **3** の **3** つの相似な直角三角形の $\sin\theta$ の値は，三角形のサイズによらず同じ値になるんだ。つまりどの三角形を使っても，$\sin\theta=\dfrac{0.6}{1}=\dfrac{3}{5}=\dfrac{6}{10}$ と同じだね。これは，$\cos\theta$，$\tan\theta$ についても同様だ。したがって，三角比は直角三角形の大きさに無関係だって覚えておいてくれ。三角比って，辺の長さの比のことだから，当然の結果なんだけどね。

図 **3**　三角比はサイズとは無関係！

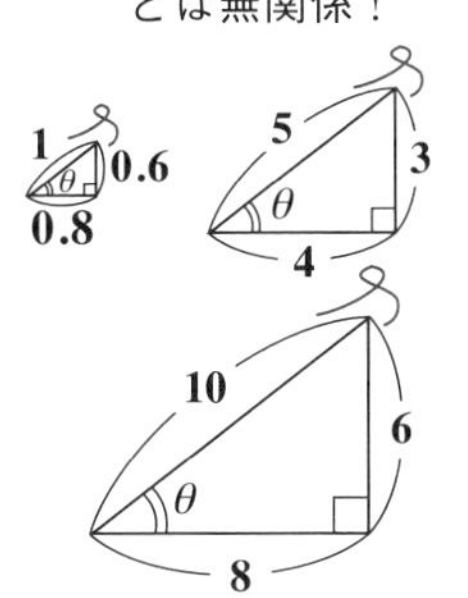

● 必要な三角比の値は覚えよう！

ここで，そろそろ暗記ものにチャレンジしようか？ 角度 $\theta=30^\circ$，45°，60° のときの各三角比 sin, cos, tan の値はスグ言えるようになってくれ。実際に三角比の問題を解く上で，必要不可欠だからだ。

まず，図 **4** の辺の比が $1:2:\sqrt{3}$ の横長の直角三角形を見てくれ。これから，$\theta=30^\circ$ のときの三角比は次の通りだ。

図 **4**　横長の直角三角形

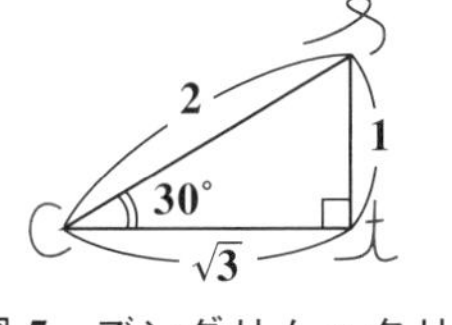

$$\sin 30^\circ=\frac{1}{2},\quad \cos 30^\circ=\frac{\sqrt{3}}{2},\quad \tan 30^\circ=\frac{1}{\sqrt{3}}$$

同様に，図 **5** のズングリムックリ型の直角三角形，図 **6** のたて長の直角三角形から，それぞれ $\theta=45^\circ$ と 60° のときの三角比がわかるね。つまり，

図 **5**　ズングリムックリの直角三角形

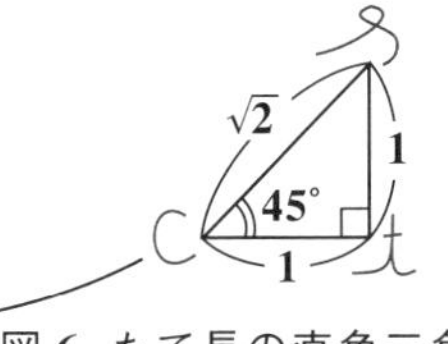

$$\sin 45^\circ=\frac{1}{\sqrt{2}},\quad \cos 45^\circ=\frac{1}{\sqrt{2}},\quad \tan 45^\circ=1$$

$$\sin 60^\circ=\frac{\sqrt{3}}{2},\quad \cos 60^\circ=\frac{1}{2},\quad \tan 60^\circ=\sqrt{3}$$

図 **6**　たて長の直角三角形

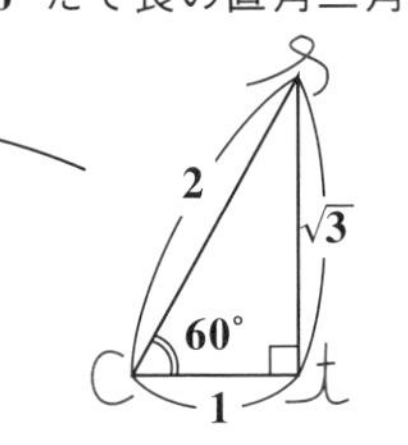

これらの値はスグに言えるよう，よく練習しておこう。

● 三角比は半円を使って拡張できる！

これまで，直角三角形を使って，各三角比を定義してきたね。でも，これでは，角度θの範囲が，$0° < \theta < 90°$に限られちゃうだろ。そこで，この範囲をさらに広げて，三角比を定義するために，図7のような半径rの上半円の周上の点$P(x, y)$を使って，各三角比を次のように定義する。

図7 半径rの半円による三角比の定義（Ⅱ）($0° \leqq \theta \leqq 180°$)

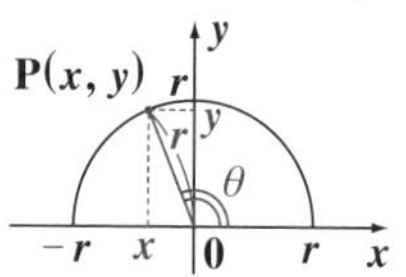

半円による三角比の定義（Ⅱ）

$$\sin\theta = \frac{y}{r}, \quad \cos\theta = \frac{x}{r}, \quad \tan\theta = \frac{y}{x}$$

$(0° \leqq \theta \leqq 180°)$ ←

$0° < \theta < 90°$のときは，直角三角形による定義と同じだね。さらに，これだと，$90° \leqq \theta \leqq 180°$の三角比も定義できる。

ここで，三角比は図形の大きさには関係しないから，半径rはどんな値でもいいんだね。それならば，半径$r = 1$の半円を使って三角比を定義してもいいワケだ。これが，三角比の定義としては，最も洗練されたものなんだよ。

図8 半径1の半円による三角比の定義（Ⅲ）($0° \leqq \theta \leqq 180°$)

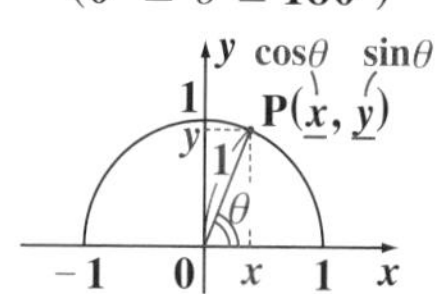

半径1の半円による三角比の定義（Ⅲ）

$$\sin\theta = y, \quad \cos\theta = x, \quad \tan\theta = \frac{y}{x}$$

（yは$\frac{y}{1}$のこと，xは$\frac{x}{1}$のこと）

$(0° \leqq \theta \leqq 180°)$

この場合，半径1の円周上の点$P(x, y)$のx座標とy座標が，ストレートに，それぞれ$\cos\theta$と$\sin\theta$を表すので，わかりやすいね。

これから，$\theta = 0°, 90°, 180°$のときの各三角比が求まるよね。つまり，$\sin 0° = 0$，$\cos 0° = 1$，$\tan 0° = 0$　って具合だ。で，$\theta = 90°$のとき，$x = 0$，$y = 1$となって，$\tan 90°$は，分母に0がくるので定義できない。

また，sin，cos，tanを，s，c，tと略記すると，第1，第2象限の各三角比の符号は図9のようになるんだね。

図9 三角比の符号

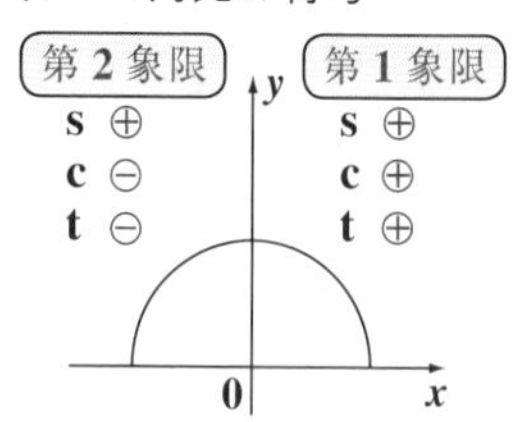

ここで，$\theta = 120°$ と $150°$ のときは，$r = 2$ の円で，また，$\theta = 135°$ のときは，$r = \sqrt{2}$ の円で考えるよ。すると，図 **10** からわかるように，

(ⅰ) $\theta = 30°$ と $150°$，(ⅱ) $\theta = 45°$ と $135°$，(ⅲ) $\theta = 60°$ と $120°$ のとき，各三角比の絶対値は同じものになるのはいいね。ただ，符号が図 **9** にしたがって変化してるだけなんだね。大丈夫だね。

図 **10** (ⅰ) $\theta = 30°$ と $150°$　(ⅱ) $\theta = 45°$ と $135°$　(ⅲ) $\theta = 60°$ と $120°$

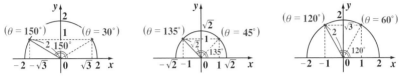

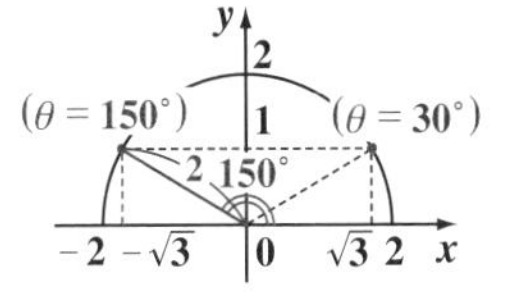

$\left(\sin 150° = \dfrac{1}{2},\ \cos 150° = -\dfrac{\sqrt{3}}{2},\ \tan 150° = -\dfrac{1}{\sqrt{3}}\right)$

$\left(\sin 135° = \dfrac{1}{\sqrt{2}},\ \cos 135° = -\dfrac{1}{\sqrt{2}},\ \tan 135° = -1\right)$

$\left(\sin 120° = \dfrac{\sqrt{3}}{2},\ \cos 120° = -\dfrac{1}{2},\ \tan 120° = -\sqrt{3}\right)$

● 三角比の基本公式も絶対暗記だ！

これまで，個別に扱った各三角比の間には，次の関係式が成り立つ。これは**三角比の基本公式**と呼ばれるもので，是非覚えてくれ。

三角比の基本公式

(1) $\cos^2\theta + \sin^2\theta = 1$　(2) $\tan\theta = \dfrac{\sin\theta}{\cos\theta}$

(3) $1 + \tan^2\theta = \dfrac{1}{\cos^2\theta}$

図 **11** (1) の公式

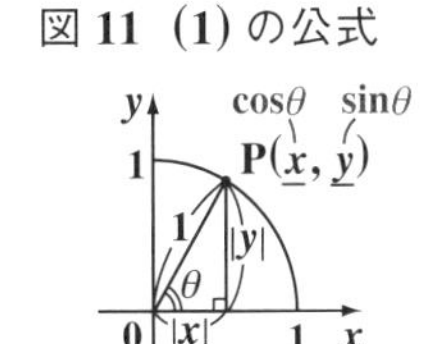

(1) 図 **11** より，三平方の定理から，$x^2 + y^2 = 1$ だね。これに $x = \cos\theta$，$y = \sin\theta$ を代入して，$(\cos\theta)^2 + (\sin\theta)^2 = 1$　$\therefore \cos^2\theta + \sin^2\theta = 1$ だ。

一般に，$(\cos\theta)^n$ を $\cos^n\theta$ と表すんだよ。他も同様だ！

(2) $\tan\theta = \dfrac{y}{x} = \dfrac{\sin\theta}{\cos\theta}$ となるのも大丈夫だね。

(3) は，(1) の両辺を $\cos^2\theta$ で割って，

$$\underbrace{\frac{\cos^2\theta}{\cos^2\theta}}_{1} + \underbrace{\frac{\sin^2\theta}{\cos^2\theta}}_{\tan^2\theta} = \frac{1}{\cos^2\theta}$$

$\therefore 1 + \tan^2\theta = \dfrac{1}{\cos^2\theta}$ となるんだね。

三角比の基本公式

絶対暗記問題 30　難易度 ★　CHECK 1　CHECK 2　CHECK 3

(1) 式 $3(\cos^4\theta+\sin^4\theta)-2(\cos^6\theta+\sin^6\theta)$ の値を求めよ。

(2) $\tan\theta=-\dfrac{1}{4}$ のとき，$\cos\theta$，$\sin\theta$ の値を求めよ。

ただし，$0°\leqq\theta\leqq180°$ とする。

ヒント！ (1) $\cos^6\theta+\sin^6\theta$ を，$a^3+b^3=(a+b)(a^2-ab+b^2)$ の公式を使って因数分解しよう。(2) は，$\tan\theta<0$ より，角 θ は，$90°<\theta<180°$ をみたすのがわかる。これから $\cos\theta<0$，$\sin\theta>0$ だね。後は基本公式をウマク使って解く。

解答＆解説

(1) $3(\cos^4\theta+\sin^4\theta)-2\{(\cos^2\theta)^3+(\sin^2\theta)^3\}$

$=3(\cos^4\theta+\sin^4\theta)-2\underbrace{(\cos^2\theta+\sin^2\theta)}_{1\,(公式(1)より)}(\cos^4\theta-\cos^2\theta\sin^2\theta+\sin^4\theta)$

$=3(\cos^4\theta+\sin^4\theta)-2(\cos^4\theta-\cos^2\theta\sin^2\theta+\sin^4\theta)$

$=\cos^4\theta+2\cos^2\theta\sin^2\theta+\sin^4\theta=(\underbrace{\cos^2\theta+\sin^2\theta}_{1})^2=1$ ……………(答)

(2) $\tan\theta=-\dfrac{1}{4}<0$ より，$\cos\theta<0$，$\sin\theta>0$

$\underbrace{1+\tan^2\theta=\dfrac{1}{\cos^2\theta}}_{公式(3)だ！}$ より，$\cos^2\theta=\dfrac{1}{1+\tan^2\theta}$

$\therefore\ \cos\theta=-\sqrt{\dfrac{1}{1+\tan^2\theta}}=-\sqrt{\dfrac{1}{1+\left(-\dfrac{1}{4}\right)^2}}$

$=-\dfrac{4}{\sqrt{17}}=-\dfrac{4\sqrt{17}}{17}$ ……(答)

これは，$\tan\theta=\dfrac{1}{-4}$とみて，半径 $r=\sqrt{17}$ の半円を使えば，下図より

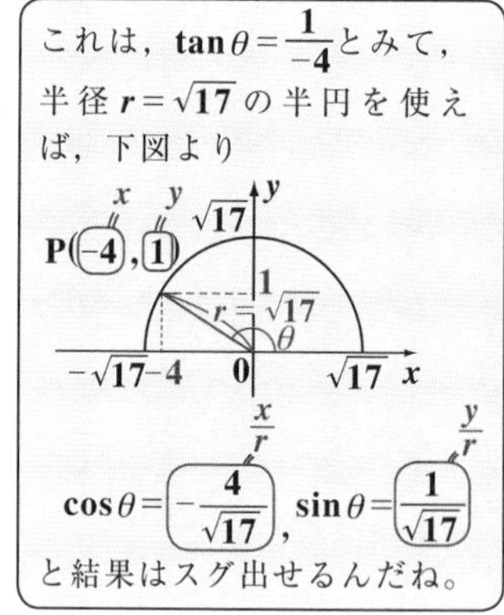

と結果はスグ出せるんだね。

次に，$\underbrace{\tan\theta=\dfrac{\sin\theta}{\cos\theta}}_{公式(2)だ！}$ より，

$\sin\theta=\tan\theta\cdot\cos\theta=\left(-\dfrac{1}{4}\right)\cdot\left(-\dfrac{4\sqrt{17}}{17}\right)=\dfrac{\sqrt{17}}{17}$ ……………………(答)

三角比と 2 次関数の融合

絶対暗記問題 31　難易度 ★★　CHECK 1　CHECK 2　CHECK 3

次の関数の最小値と，そのときの角度 θ の値を求めよ。

$y = -\sin^2\theta - \cos\theta + 2$　（ただし $0° \leqq \theta \leqq 120°$ とする）

ヒント！ $\sin^2\theta = 1 - \cos^2\theta$ を使うと，y は $\cos\theta$ の 2 次式で表されるね。ここで，$0° \leqq \theta \leqq 120°$ より，$\cos\theta = x$ とでもおけば，y は x の 2 次関数で，しかも x の定義域も定まるから，後は標準形に直して最小値を求めればいい。

解答＆解説

$\cos^2\theta + \sin^2\theta = 1$ より，$\sin^2\theta = 1 - \cos^2\theta$

これを与式に代入して，

$$y = -\sin^2\theta - \cos\theta + 2 = -(1 - \cos^2\theta) - \cos\theta + 2$$

$$= \cos^2\theta - \cos\theta + 1$$

ここで，$\cos\theta = x$ とおくと，

$0° \leqq \theta \leqq 120°$ より，$-\frac{1}{2} \leqq x \leqq 1$

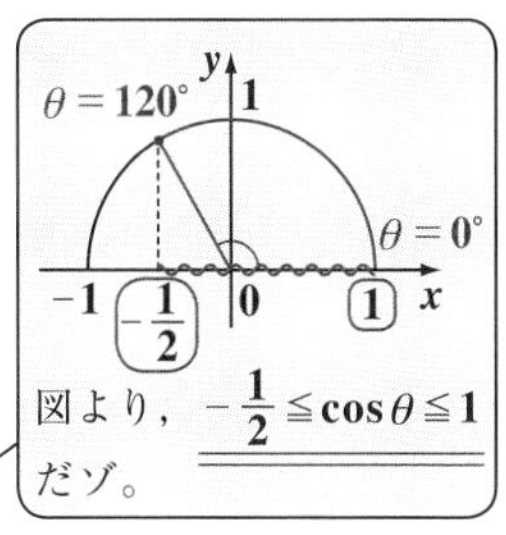

よって，$y = x^2 - x + 1 = \left(x^2 - 1 \cdot x + \frac{1}{4}\right) + 1 - \frac{1}{4}$

（2 で割って 2 乗）

$$= \left(x - \frac{1}{2}\right)^2 + \frac{3}{4} \quad \left(-\frac{1}{2} \leqq x \leqq 1\right)$$

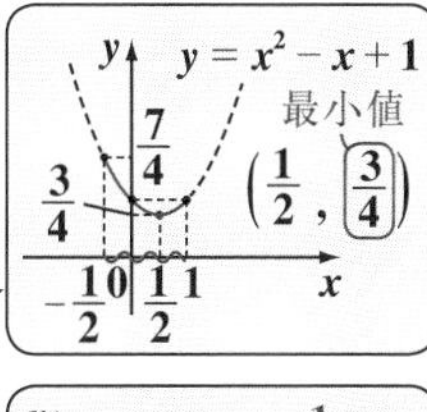

以上より，$x = \cos\theta = \frac{1}{2}$，すなわち $\theta = 60°$ のとき

y は最小値 $\frac{3}{4}$ をとる。 ……………………………(答)

$\cos\theta = \frac{1}{2}$ より
$\theta = 60°$ だ！

頻出問題にトライ・10　難易度 ★★　CHECK 1　CHECK 2　CHECK 3

θ の関数

$y = \cos^2\theta + 2a\sin\theta - a^2$　$(0° \leqq \theta \leqq 90°)$

の最大値を，実数定数 a の値によって分類せよ。

解答は P245

2. $\cos(\theta+90^\circ)$ などの変形と三角方程式

前回までで三角比の基本は終わったので，今回から少しずつステップアップしていこう。

まず，$\sin(\theta+90^\circ)$ **等の変形**に慣れてもらうよ。その後は，**三角方程式**について解説するつもりだ。話がだんだん本格的になって，面白くなってくるはずだよ。

● $\cos(\theta+90^\circ)$ などの変形のコツをつかめ！

これから，$\cos(\theta+90^\circ)=-\sin\theta$，$\sin(180^\circ-\theta)=\sin\theta$ などの変形の仕方について解説するよ。これを公式として覚えようとすると，結構数があるので大変なんだ。けれど，次の **2** つのステップさえマスターすればこの変形もラクラクできるようになるよ。

$\cos(\theta+90^\circ)$ などの変形のコツは
(ⅰ) 記号　と，(ⅱ) 符号の決定だ！

この変形は，(Ⅰ) **90° の関係したもの**と，(Ⅱ) **180° の関係したもの**，に大きく分かれる。それじゃまず，(Ⅰ) の **90°** に関係したものから解説を始めよう。

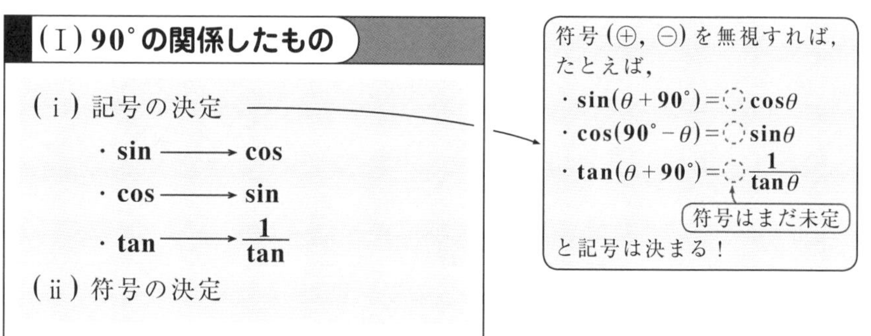

このやり方を，$\cos(\theta+90^\circ)$ を例にとって解説するよ。

$\cos(\theta+90^\circ)$ は，90° が関係しているから，（符号はまだ未定）

（ｉ）$\cos \longrightarrow \sin$ より，$\cos(\theta+90^\circ)=$ ◌ $\sin\theta$ と記号が決まる。

（ⅱ）次，この符号を決定するのに，便宜上 θ を 30° と考えて，左辺の符号を調べるんだ。そして，これが正ならば，右辺の符号を正に，これが負ならば，右辺の符号も負にすればいいんだ。

（実は，θ は，$0^\circ<\theta<90^\circ$ の範囲のものならなんでもいい。）

この例では，$\theta+90^\circ=30^\circ+90^\circ=120^\circ$ で，$\cos 120^\circ$ は⊖だね。これから，右辺の符号は負となるので，$\cos(\theta+90^\circ)=-\sin\theta$ と変形が完了するんだ。図 1 で確認してくれ。

図 1 $\cos(\theta+90^\circ)$ の変形

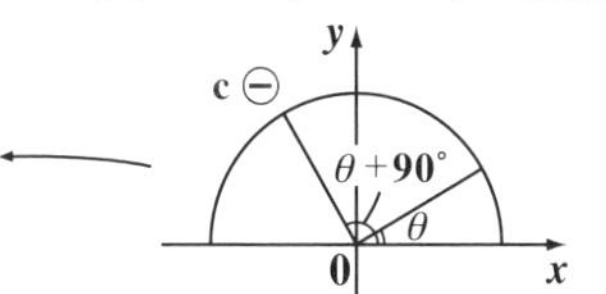

（Ⅱ）180° の関係したもの

（ｉ）記号の決定

・sin ⟶ sin

・cos ⟶ cos

・tan ⟶ tan

（ⅱ）符号の決定

符号を無視すれば，
たとえば，
・$\sin(180^\circ-\theta)=$ ◌ $\sin\theta$
・$\cos(\theta+180^\circ)=$ ◌ $\cos\theta$
・$\tan(180^\circ-\theta)=$ ◌ $\tan\theta$
と記号は決まるんだ。

これについても，$\sin(180^\circ-\theta)$ の例で示すよ。まず，180° が関係しているので，$\sin \longrightarrow \sin$ より，$\sin(180^\circ-\theta)=$ ◌ $\sin\theta$ となる。ここで便宜上，$\theta=30^\circ$ と考えると，左辺 $=\sin(180^\circ-\theta)=\sin 150^\circ>0$ となるので，右辺の符号は正だね。よって，

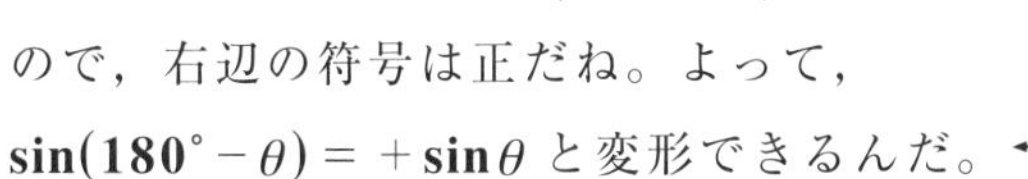

$\sin(180^\circ-\theta)=+\sin\theta$ と変形できるんだ。

図 2 $\sin(180^\circ-\theta)$ の変形

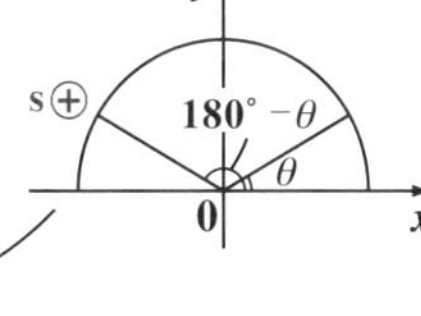

図 3 を見ながら，次の例題でさらに練習してくれ。

(1) $\sin(90^\circ-\theta)=+\cos\theta$

(2) $\cos(180^\circ-\theta)=-\cos\theta$

(3) $\tan(90^\circ+\theta)=-\dfrac{1}{\tan\theta}$ 　どう，大丈夫？

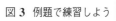

図 3 例題で練習しよう

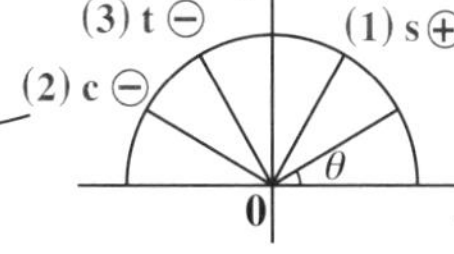

● 三角方程式を解くコツはこれだ！

三角方程式とは，文字通り三角比の入った方程式のことで，その方程式をみたす角度を求めればいいんだね。sin と cos の三角方程式を解く上で重要な決め手となるのは，

$\cos x$ と $\sin x$ が半径 1 の半円周上の点の X 座標と Y 座標を表す

ということなんだ。図 4 を見てくれ。

図 4　$X = \cos x$, $Y = \sin x$ だ

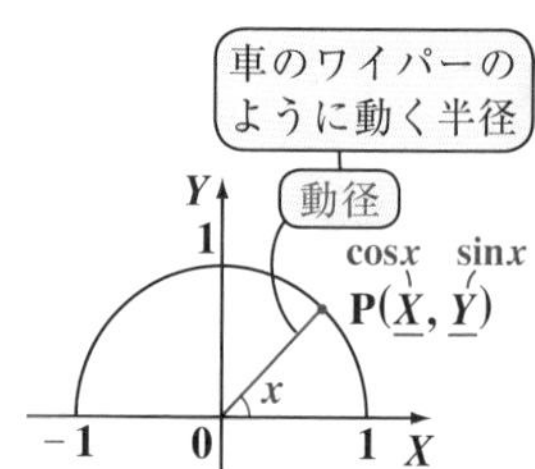

三角方程式では，角度に x を使うことが多いので，半円の座標軸は，これと区別するために X, Y を使う。

それじゃ，簡単な例題から始めよう。

$0° \leqq x \leqq 180°$ のとき，次の三角方程式を解くよ。

(1) $2\cos x + 1 = 0$　　(2) $2\sin^2 x = 1$

(1) は，$\cos x = -\frac{1}{2}$ だね。ここで，$\cos x$ は，半径 1 の半円周上の点の X 座標のことだから，$X = -\frac{1}{2}$ と考えて，図 5 から $x = 120°$ と解が出てくるね。

図 5　$\cos x = -\frac{1}{2}$ の解

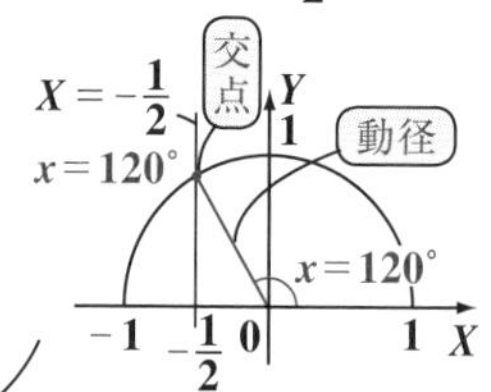

(i) まず，半径 1 の半円と直線 $X = -\frac{1}{2}$ の交点を求める。

(ii) 次に，原点から交点に動径を引いて角度 x を求めるんだ。

次，(2) に入るよ。これも変形すると，

$\sin^2 x = \frac{1}{2}$ より，$\sin x = \pm\sqrt{\frac{1}{2}} = \pm\frac{1}{\sqrt{2}}$　となる。

ここで，$0° \leqq x \leqq 180°$ より，$\sin x \geqq 0$ だね。

また，$\sin x$ は半径 1 の半円周上の点の Y 座標のことだから，$\sin x = \frac{1}{\sqrt{2}}$，つまり $Y = \frac{1}{\sqrt{2}}$ と考える。

図 6 から，この方程式をみたす角度 x は，$x = 45°$，$135°$ となって，コレが解だ！

図 6　$\sin x = \frac{1}{\sqrt{2}}$ の解

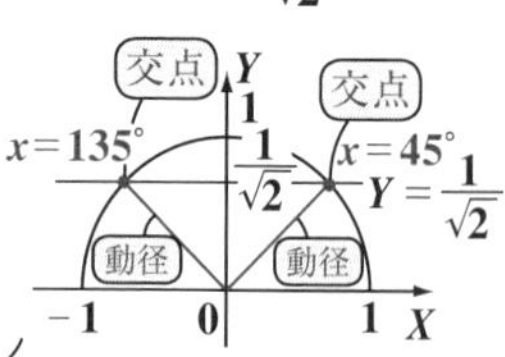

(i) 半径 1 の半円と直線 $Y = \frac{1}{\sqrt{2}}$ の交点を求める。

(ii) 原点から交点に動径を引いて角度 x を求める。

では次，tan の入った次の三角方程式も解いてみよう。

(3) $3\tan^2 x = 1 \qquad (0° \leqq x \leqq 180°)$

これを変形して，$\tan^2 x = \dfrac{1}{3}$ より，$\tan x = \pm\dfrac{1}{\sqrt{3}}$

よって，$\tan x = \dfrac{1}{\sqrt{3}}$ から $x = 30°$，$\tan x = -\dfrac{1}{\sqrt{3}}$ から $x = 150°$

つまり，この方程式の解は，$x = 30°$，$150°$ となるんだね。

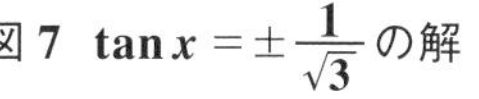
図 7 $\tan x = \pm\dfrac{1}{\sqrt{3}}$ の解

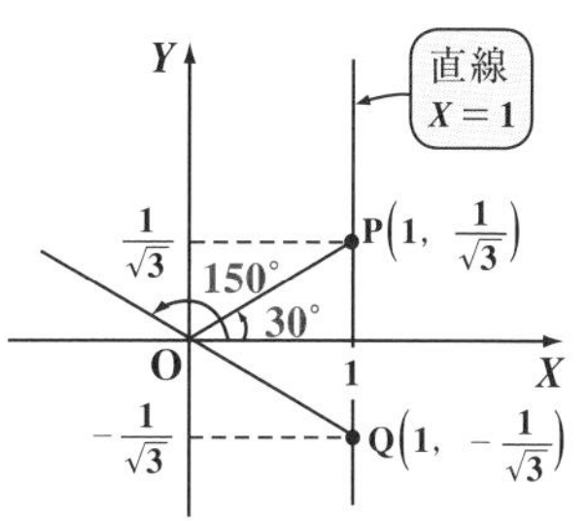

では，この図形的な意味はどうなるのか？調べてみよう。tan$x$ は

$\tan x = \dfrac{Y}{X}$ ……①で

（このX, Y は半円周上の点の座標）

定義されるけど，三角比はサイズには無関係だから，$X = 1$ と固定しよう。すると①は，$\tan x = Y$ と単純化できる。図 7 に示すように，$X = 1$ は XY 座標平面上の Y 軸に平行な直線を表す。よって，この直線上の点で Y 座標が $\dfrac{1}{\sqrt{3}}$，$-\dfrac{1}{\sqrt{3}}$ となる 2 点を $\mathrm{P}\left(1,\ \dfrac{1}{\sqrt{3}}\right)$，$\mathrm{Q}\left(1,\ -\dfrac{1}{\sqrt{3}}\right)$ とおき，2 直線 OP，OQ を動径とする角 x を $0° \leqq x \leqq 180°$ の範囲で求めると $x = 30°$ と $x = 150°$ が得られるんだね。

（角度 x は，x 軸の正の向きから反時計回りに求めていけばいい。）

納得いった？

これから，tan は直線の傾きそのものであることが分かると思う。図 8 に例を示そう。

図 8 直線の傾きは tan で表せる

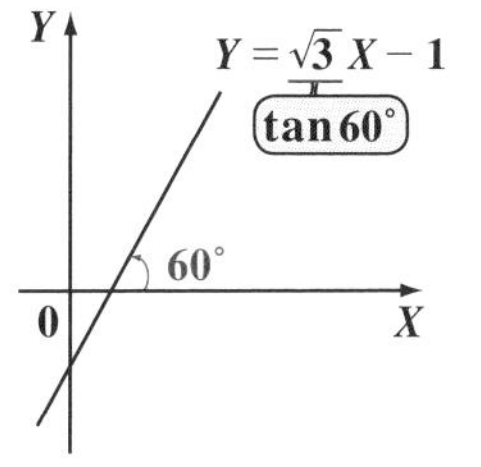

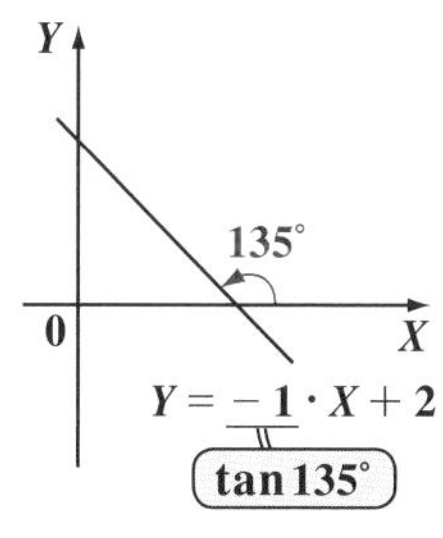

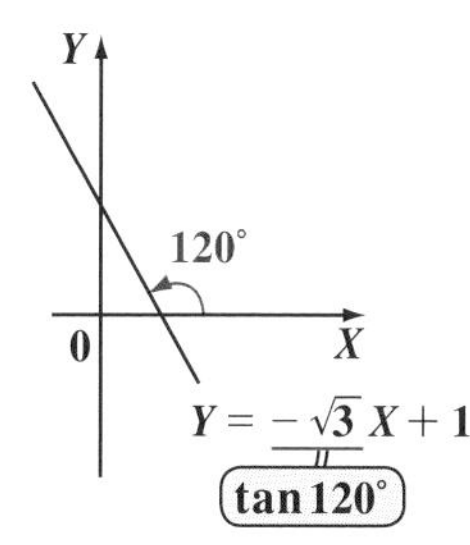

$\sin(90° + \theta)$ などの変形

絶対暗記問題 32　難易度 ★　CHECK 1　　CHECK 3

(1) 次の式の値を求めよ。

$\sin(90° - \theta) - \sin(180° - \theta) + \cos(180° - \theta) - \cos(90° + \theta)$

(2) $\sin\theta + \sin(\theta + 90°) = \dfrac{1}{3}$ のとき，$\sin\theta \cdot \cos\theta$ の値を求めよ。

また，$\cos\theta$ の符号を決定せよ。ただし，$0° < \theta < 180°$

ヒント！ (1), (2) ともに，$\sin(\theta + 90°)$ などの変形の問題だ。$90°$ の関係したものと，$180°$ の関係したものに分けて考えるんだよ。(2) では，$\sin\theta + \cos\theta$ の値がわかれば，その両辺を 2 乗して $\sin\theta \cdot \cos\theta$ の値が求まる。

解答＆解説

(Ⅰ) $90°$ 系は
・sin → cos
・cos → sin
(Ⅱ) $180°$ 系は
・sin → sin
・cos → cos
だね。後は，$\theta = 30°$ と考えて，符号の決定だ！

(1) (i) $\sin(90° - \theta) = \cos\theta$

(ii) $\sin(180° - \theta) = \sin\theta$

(iii) $\cos(180° - \theta) = -\cos\theta$

(iv) $\cos(90° + \theta) = -\sin\theta$

(iv) c⊖　(i) s⊕　(ii) s⊕　(iii) c⊖　Y　X　0　θ

以上より，与式は，

$\sin(90° - \theta) - \sin(180° - \theta) + \cos(180° - \theta) - \cos(90° + \theta)$

$= \cos\theta - \sin\theta - \cos\theta - (-\sin\theta)$

$= \cos\theta - \sin\theta - \cos\theta + \sin\theta = 0$ ………(答)

(2) $\sin(\theta + 90°) = \cos\theta$ より，

$\sin\theta + \sin(\theta + 90°) = \dfrac{1}{3}$ は，$\sin\theta + \cos\theta = \dfrac{1}{3}$

この両辺を 2 乗して，

$(\sin\theta + \cos\theta)^2 = \dfrac{1}{9}$，　$1 + 2\sin\theta \cdot \cos\theta = \dfrac{1}{9}$

$(\sin\theta + \cos\theta)^2$
$= \sin^2\theta + \cos^2\theta$ （$=1$）
$+ 2\sin\theta \cdot \cos\theta$
$= 1 + 2\sin\theta\cos\theta$
と変形できるね。

$\therefore \sin\theta \cdot \cos\theta = -\dfrac{4}{9}$ ……………………………(答)

ここで，$0° < \theta < 180°$ より，$\sin\theta > 0$

$\therefore \cos\theta < 0$ ……………………………………(答)

三角方程式

絶対暗記問題 33　難易度 ★★　CHECK 1　CHECK 2　CHECK 3

次の三角方程式を解け。

(1) $3\sin x - 2\cos^2 x = 0$　　$(0° \leqq x \leqq 180°)$

(2) $2\tan x + \dfrac{1}{\cos^2 x} = 0$　　$(0° \leqq x \leqq 180°)$

ヒント！ (1) では，$\cos^2 x = 1 - \sin^2 x$ を与式に代入して，$\sin x$ の 2 次方程式にもち込めばいいよ。(2) は，$1 + \tan^2 x = \dfrac{1}{\cos^2 x}$ の公式を使う。

解答＆解説

(1) $3\sin x - 2\cos^2 x = 0$ ……①　$(0° \leqq x \leqq 180°)$

$\cos^2 x = 1 - \sin^2 x$ ……②　　②を①に代入して，

$3\sin x - 2(1 - \sin^2 x) = 0$，　$2\sin^2 x + 3\sin x - 2 = 0$

$(2\sin x - 1)(\sin x + 2) = 0$　　$\begin{matrix} 2 & & -1 \\ 1 & \times & 2 \end{matrix}$ ← たすきがけ！

ここで，　$\sin x + 2 > 0$ より，

$2\sin x - 1 = 0$　　$\sin x = \dfrac{1}{2}$ → $Y = \dfrac{1}{2}$ とみる！

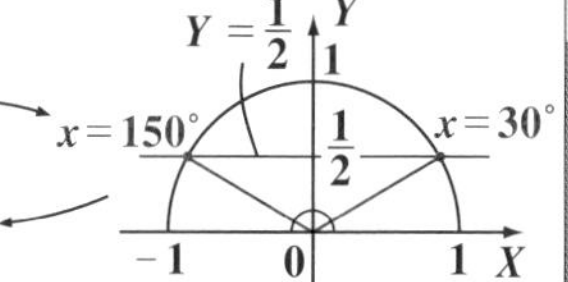

∴　求める角度 x は，$x = 30°,\ 150°$ ……(答)

(2) $2\tan x + \dfrac{1}{\cos^2 x} = 0$ ……③　$(0° \leqq x \leqq 180°)$

ここで，公式：$\dfrac{1}{\cos^2 x} = 1 + \tan^2 x$ を

③に代入してまとめると，

$2\tan x + 1 + \tan^2 x = 0$　　$(\tan x + 1)^2 = 0$

$\tan x = -1$（重解）より，

求める角度 x は，$x = 135°$ ……………(答)

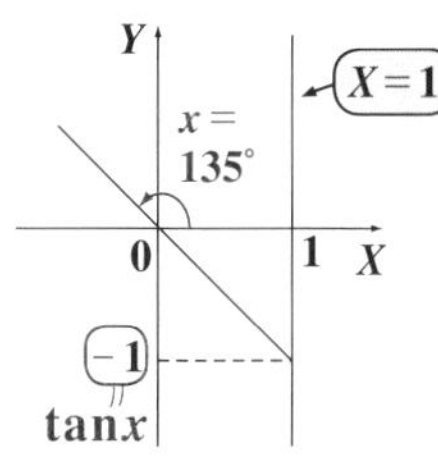

頻出問題にトライ・11　難易度 ★★　CHECK 1　CHECK 2　CHECK 3

次の三角方程式を解け。

$2\cos^2(x + 30°) + \sin(60° - x) = 0$ ……①　$(0° \leqq x \leqq 90°)$

解答は P245

3. 三角比の図形への応用(Ⅰ)

では，これから“**三角比の図形への応用**”について解説しよう。具体的には，“**正弦定理**(せいげんていり)”や“**余弦定理**(よげんていり)”や“**三角形の面積**”などがメインテーマになる。このように，三角比は図形問題を解く重要な鍵となるので，シッカリ勉強しよう。

● まず，図形の記号法を覚えよう！

これから，三角比を使った様々な定理について解説していくけれど，その前に，記号法(記号の使い方)について言っておくよ。

図1 記号法の説明

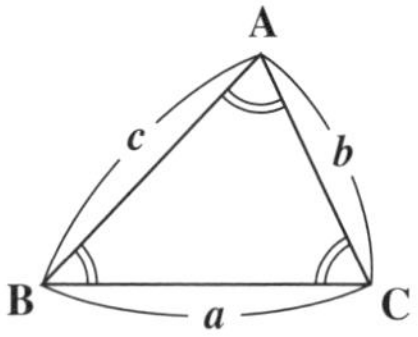

(コレを，△ABCともかく)

まず，三角形 **ABC** の **A**，**B**，**C** は三角形の **3** つの頂点を表すと同時に，**3** つの頂角も表すんだ。さらに，頂点 **A, B, C** の対辺の長さをそれぞれ a, b, c とおく。以上が記号法の約束事で，図 **1** で確認しておいてくれ。

● 正弦定理にチャレンジだ！

正弦定理の**正弦**とは，**sin** のことなんだ。△**ABC** の正弦定理は次の式で表される。

正弦定理

$$\frac{a}{\sin A} = \frac{b}{\sin B} = \frac{c}{\sin C} = 2R \quad \cdots\cdots(*1)$$

(R：外接円の半径)

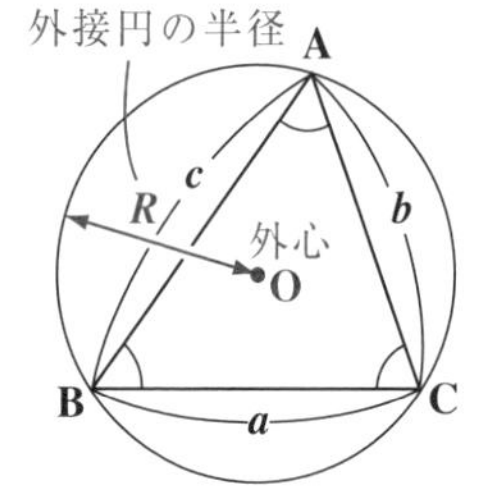

図 2 正弦定理

△**ABC** の**外接円**とは，図 **2** に示すように，△**ABC** の **3** 頂点を通る円のことで，この円の中心を特に**外心 O** と呼ぶことも覚えてくれ。

正弦定理は長いカッコウをしているけれど，実際に問題を解くのに使うのは，この1部だけ切り取って，たとえば，$\frac{a}{\sin A}=2R$ とか，$\frac{a}{\sin A}=\frac{c}{\sin C}$ とかの形で利用するんだよ。また，正弦定理は，**A** と a，**B** と b，**C** と c のように，頂角とその対辺の長さが対になった形であることも要注意だ！

(ex) 正弦定理の例題

$R=2,\ a=2\sqrt{3}$ のとき，$\angle A$ を求める。

$\frac{a}{\sin A}=2R$ より

$$\sin A=\frac{a}{2R}=\frac{2\sqrt{3}}{2\times 2}=\frac{\sqrt{3}}{2}$$

$\therefore \angle A=60°$ または $120°$

この正弦定理の証明は鋭角三角形 **ABC** についてやっておこう。そのためには，"**図形の性質**"で学習する"**円周角**(えんしゅうかく)"(**P188**)の知識が必要となるので，ここでも簡単に説明しておこう。

（鋭角三角形：3つの頂角(内角)が，いずれも90°より小さい正の角である三角形のこと）

図3(i)に示すように，同じ円弧 $\overset{\frown}{PQ}$ に対する円周角 $\angle PR_1Q$，$\angle PR_2Q$，$\angle PR_3Q$，…はすべて等しい。そして図3(ii)に示すように，**PQ** が円の直径である場合，半円弧 $\overset{\frown}{PQ}$ に対する円周角 $\angle PR_1Q$，$\angle PR_2Q$，$\angle PR_3Q$，…はすべて同じ $90°$（直角）になる。

図3 円周角

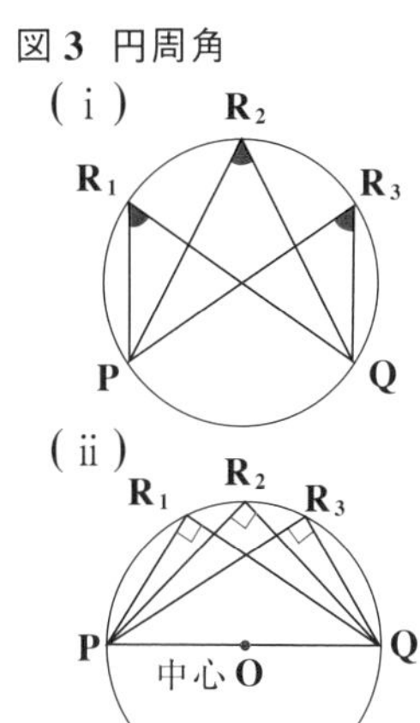

では，図4に示すように，鋭角三角形 **ABC** と中心 **O**，半径 **R** の外接円が与えられているものとする。すると，同じ円弧 $\overset{\frown}{BC}$ に対する円周角は等しいので，

$\angle BAC=\angle BA'C\ (=\angle A)$

また，$\triangle A'BC$ で考えると，線分 BA' は外接円の直径より $\angle A'CB=90°$（直角）だから，$\triangle A'BC$ は直角三角形となる。よって，直角三角形による正弦(**sin**)の定義より，

図4 正弦定理の証明

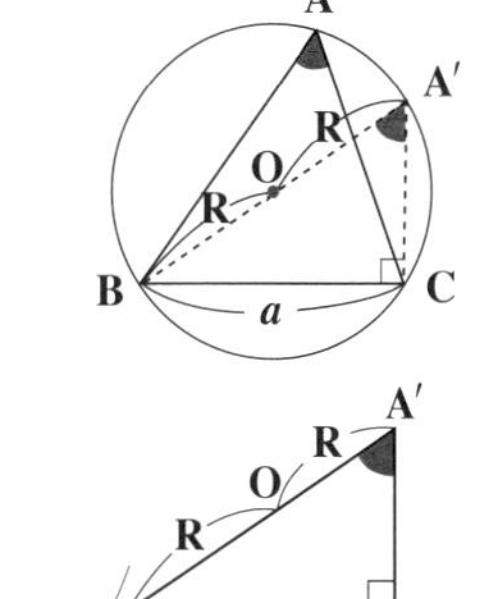

$\sin A = \dfrac{a}{2R}$ ……①が導ける。これを変形して，正弦定理の

$\dfrac{a}{\sin A} = 2R$ ……②が導けるんだね。

同様に $\dfrac{b}{\sin B} = 2R$ ……③，　$\dfrac{c}{\sin C} = 2R$ ……④ も成り立つので，

②，③，④より，正弦定理：

$\dfrac{a}{\sin A} = \dfrac{b}{\sin B} = \dfrac{c}{\sin C} = 2R$ ……(＊1) が導ける。大丈夫？

● 余弦定理はメリー・ゴーラウンド！

次に，**余弦定理**に入るよ。**余弦**というのは **cos** のことで，余弦定理とは **cos** の入った次の公式のことだ。

余弦定理（Ⅰ）

(1) $a^2 = b^2 + c^2 - 2bc\cos A$

(2) $b^2 = c^2 + a^2 - 2ca\cos B$

(3) $c^2 = a^2 + b^2 - 2ab\cos C$

(*ex*) 余弦定理（Ⅰ）の例題

$b = 2,\ c = 3,\ \angle A = 60°$ のとき，余弦定理から a を求める。

$a^2 = b^2 + c^2 - 2bc\cos A$

$= 2^2 + 3^2 - 2 \cdot 2 \cdot 3\cos 60°$

$= 7$

$\therefore\ a = \sqrt{7}$

ヒェ〜大変って感じかナ？ でも，文字が図 **5** のメリー・ゴーラウンドのようにまわっていることに気付けば，リズミカルに覚えられるよ。たとえば，**(1)** では，$a \to b \to c$ ときて，$b \to c \to A$ で終わっているね。図 **5** を見てくれ。同様に，**(2)** も $b \to c \to a$ ときて $c \to a \to B$ とまわっているね。

図 **5** 余弦定理はメリー・ゴーラウンドで覚えよう

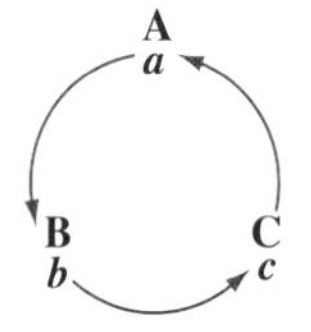

次に，この余弦定理はおハシでつまむ要領になっていることも大事だよ。たとえば，**(1)** の a^2 を求めたかったら，b と c とその間の角 **A** がわかれば，$a(a^2)$ を図 **6** のようにおハシでつまむ形になってるでしょう。**(2)**，**(3)** も同様だ。

図 **6** おハシでつまむ形

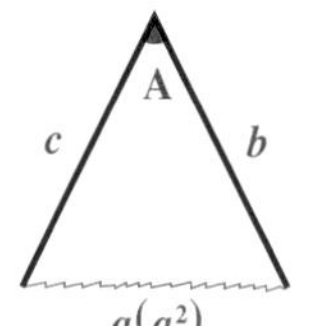

さらに，余弦定理(Ⅰ)は次のように変形できるよ。

余弦定理(Ⅱ)

(1) $\cos A=\dfrac{b^2+c^2-a^2}{2bc}$ (2) $\cos B=\dfrac{c^2+a^2-b^2}{2ca}$

(3) $\cos C=\dfrac{a^2+b^2-c^2}{2ab}$

(ex) 余弦定理(Ⅱ)の例題
$a=7$，$b=5$，$c=3$ のとき，余弦定理から∠Aを求める。

$$\cos A=\frac{b^2+c^2-a^2}{2bc}=\frac{5^2+3^2-7^2}{2\cdot5\cdot3}=\frac{-15}{30}=-\frac{1}{2}$$

$\therefore \angle A=120°$

これは，3辺の長さ a，b，c がわかれば，3つの頂角A，B，Cの余弦(cos)はすべてわかるといっているんだ。納得いった？

● △ABCの面積公式はコレだ！

図7のような△ABCが与えられたとする。この面積 S は，$S=\dfrac{1}{2}\cdot b\cdot h$（底辺 b，高さ h）……① だね。ここで，Bから辺CAに下ろした垂線の足をHとおいて直角三角形BCHでみると，$\sin C=\dfrac{h}{a}$ より，$h=a\sin C$ …② だね。さァ，②を①に代入するよ。すると，

$$S=\frac{1}{2}b\cdot a\sin C=\frac{1}{2}ab\sin C \text{ となる。}$$

これが，△ABCの面積を求める公式の1つだ。これは，図8のように，$a\to b\to C$ とメリー・ゴーラウンドにもなっているね。同様に，この△ABCの面積 S は次の3通りの公式で計算できるんだよ。

図7　△ABCの面積

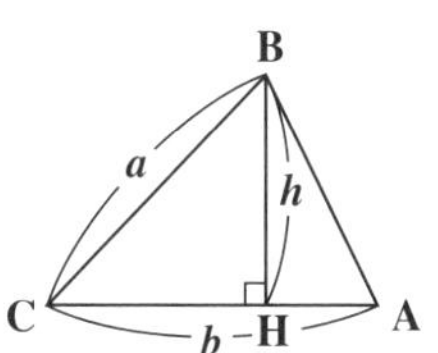

図8　面積 $S=\dfrac{1}{2}ab\sin C$ の公式もメリー・ゴーラウンドだ！

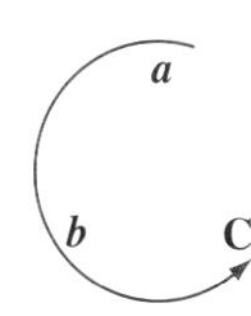

△ABCの面積公式

$$S=\frac{1}{2}ab\sin C=\frac{1}{2}bc\sin A=\frac{1}{2}ca\sin B$$

● 面積 S から内接円の半径 r は出せる！

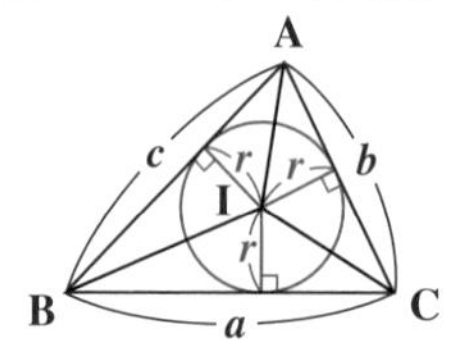

図9　△ABC の内接円

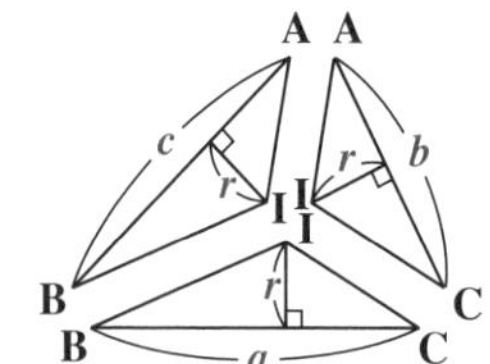

図10　内接円の半径 r

△ABC の**内接円**というのは，図 **9** に示すように，△ABC の **3** 辺に接する円のことで，この円の中心を**内心 I** と呼ぶ。で，この内心 I から，△ABC の各辺に下ろした垂線の長さは，すべて**内接円の半径 r** になるだろう。ここで，△ABC を **3** つの三角形△IBC，△ICA，△IAB の集合体と考えると，その面積は，△ABC ＝ △IBC ＋ △ICA ＋ △IAB だね。よって，この **3** つの三角形の面積は図 **10** より明らかに

$$\triangle IBC = \frac{1}{2}ar, \quad \triangle ICA = \frac{1}{2}br, \quad \triangle IAB = \frac{1}{2}cr$$

なので，全体の△ABC の面積を S とおくと，

$$S = \frac{1}{2}ar + \frac{1}{2}br + \frac{1}{2}cr = \frac{1}{2}(a+b+c)r$$ となるんだね。

内接円の半径 r の公式

$$S = \frac{1}{2}(a+b+c)r$$

公式を，$r = \dfrac{2S}{a+b+c}$ としてもいいんだけど，$S = \dfrac{1}{2}(a+b+c)r$ の方が図形的な意味がハッキリしているから，これで覚えちゃいなさい！

この公式から，△ABC の面積 S と **3** 辺の長さ a，b，c がわかれば，内接円の半径 r は求まるんだね。

でも，実は，△ ABC の **3** 辺の長さ a，b，c が与えられれば，これを基に△ ABC の面積 S は求められるので，上記の公式を使って，内接円の半径 r を求めることができるんだね。

これについては，**1** つ例題をやっておこう。**3** 辺の長さ $a = 4$，$b = 2$，$c = 3$ の△ABC の内接円の半径 r を求めることにしよう。これは

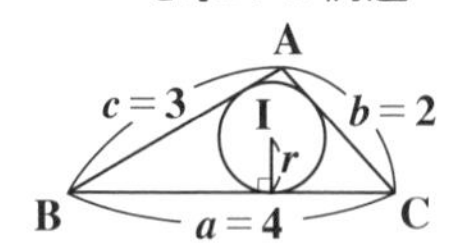

図11　内接円の半径 r を求める例題

結構レベルの高い問題なので，まず解法の流れを図 11 に示す。

図 11 例題の解法のパターン

(i) 余弦定理から，$\cos A$ を求める。

(ii) $\sin A = \sqrt{1-\cos^2 A}$ を使って，$\sin A$ を求める。

(iii) △ABC の面積 S を $S = \frac{1}{2}bc\sin A$ で求める。

(iv) $S = \frac{1}{2}(a+b+c)r$ より，内接円の半径 r を求める。

(i) 図 11 の△ABC の 3 辺の長さがわかっているので，余弦定理を用いて

$$\cos A = \frac{b^2+c^2-a^2}{2bc} = \frac{2^2+3^2-4^2}{2\times2\times3}$$
$$= -\frac{3}{12} = -\frac{1}{4}$$

(ii) 角度 A は当然 $0° < \angle A < 180°$ より，

$\sin A > 0$

よって，$\sin^2 A + \cos^2 A = 1$ より，

$$\sin A = \sqrt{1-\cos^2 A} = \sqrt{1-\left(-\frac{1}{4}\right)^2}$$
$$= \sqrt{\frac{15}{16}} = \frac{\sqrt{15}}{4}$$

(iii) $\sin A$ が求まったので，△ABC の面積 S が求まるね。

$$S = \frac{1}{2}\cdot b\cdot c\cdot \sin A = \frac{1}{2}\cdot 2\cdot 3\cdot\frac{\sqrt{15}}{4} = \frac{3\sqrt{15}}{4}$$

(iv) 3 辺の長さと△ABC の面積 S がわかったので，いよいよ内接円の半径 r が計算できるね。$S = \frac{1}{2}(a+b+c)r$ より，

$$\frac{3\sqrt{15}}{4} = \frac{1}{2}(4+2+3)\cdot r \qquad \therefore r = \frac{3\sqrt{15}}{4}\times\frac{2}{9} = \frac{\sqrt{15}}{6}$$ となる！

どう？一連の流れが分かって面白かっただろう？

でも実は，△ABC の 3 辺の長さ a, b, c が与えられれば，$\cos A$ や $\sin A$ を求めなくても，直接△ABC の面積 S を求めることができる。これは "**ヘロンの公式**" というんだけれど，次の講義で詳しく解説しよう。

余弦定理の証明

絶対暗記問題 34　難易度 ★　CHECK 1　CHECK 2　CHECK 3

△**ABC** を右図のように **xy** 座標平面上に定め，頂点 **C** から辺 **AB** への垂線の足を **H** とおく。このとき，点 **C** の座標を求め，余弦定理：

$a^2 = b^2 + c^2 - 2bc\cos A$ $\cdots(*)$

が成り立つことを示せ。

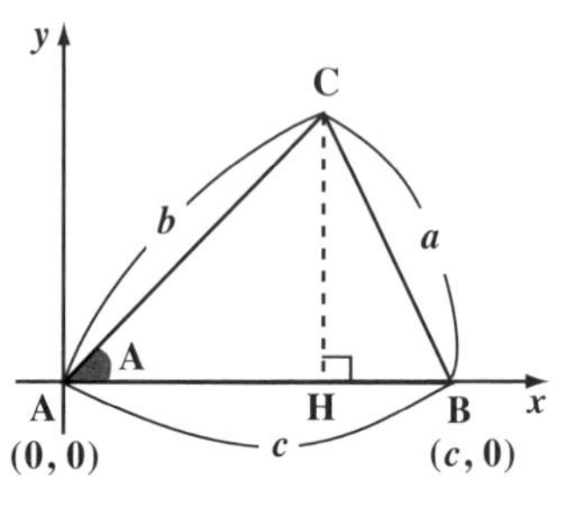

ヒント！ 直角三角形 **CHB** に三平方の定理を用いればいいんだね。

解答＆解説

図より，$\dfrac{AH}{b} = \cos A$，$\dfrac{CH}{b} = \sin A$ から，

$AH = b\cos A$，$CH = b\sin A$
（AH は C の x 座標，CH は C の y 座標）

∴点 **C** の座標は，$C(b\cos A,\ b\sin A)$ ……(答)

次に直角三角形 **CHB** は，

$CB = a$，　$CH = b\sin A$，　$HB = c - b\cos A$

だから，これに三平方の定理を用いると，

$CB^2 = CH^2 + HB^2$ より
（$CB^2 = a^2$，$CH^2 = (b\sin A)^2$，$HB^2 = (c - b\cos A)^2$）

$a^2 = b^2\sin^2 A + (c - b\cos A)^2$
（$(c - b\cos A)^2 = c^2 - 2bc\cos A + b^2\cos^2 A$）

$= b^2(\sin^2 A + \cos^2 A) + c^2 - 2bc\cos A$
（$\sin^2 A + \cos^2 A = 1$）

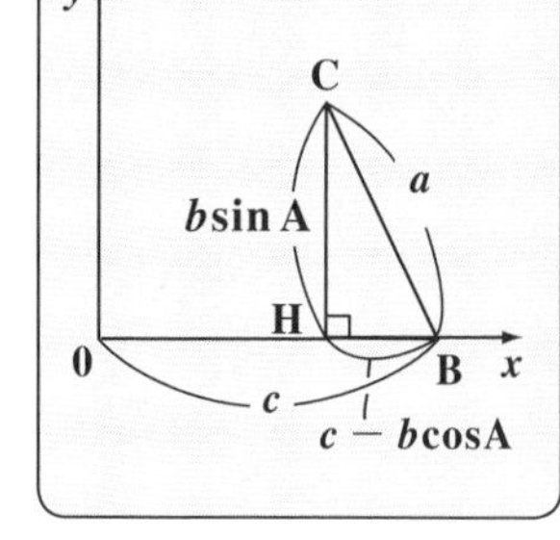

∴余弦定理：$a^2 = b^2 + c^2 - 2bc\cos A$ $\cdots(*)$ が成り立つ ………………(終)

同様に，公式 $b^2 = c^2 + a^2 - 2ca\cos B$，$c^2 = a^2 + b^2 - 2ab\cos C$ も導くことができる。

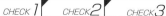

三角形の 3 辺の長さと内接円の半径

絶対暗記問題 35　難易度 ★★　CHECK 1　CHECK 2　CHECK 3

面積が $3\sqrt{15}$ の△ABC について，$\sin A : \sin B : \sin C = 4 : 2 : 3$ となるとき，次の各値を求めよ。

(1) $\sin A$　　(2) 3 辺 $a,\ b,\ c$ の長さ

(3) 内接円の半径 r　　(昭和女子大＊)

ヒント！ 正弦定理より，$\sin A : \sin B : \sin C = a : b : c$ となるよ。よって，$a : b : c = 4 : 2 : 3$ となるから，比例定数 k $(k > 0)$ を使って，$a = 4k,\ b = 2k,\ c = 3k$ とおけるんだね。頑張れ！

解答＆解説

正弦定理より，

$$\sin A : \sin B : \sin C = a : b : c$$

よって，$a : b : c = 4 : 2 : 3$ より，

比例定数 k (>0) を用いて，

$a = 4k,\ b = 2k,\ c = 3k$ とおける。

> 正弦定理：$\dfrac{a}{\sin A} = \dfrac{b}{\sin B} = \dfrac{c}{\sin C} = 2R$
> より，$a = 2R\sin A,\ b = 2R\sin B,$
> $c = 2R\sin C$ とおけるので
> $a : b : c = 2R\sin A : 2R\sin B : 2R\sin C$
> $= \sin A : \sin B : \sin C$ だね。

(1) △ABC に余弦定理を用いて，

$$\cos A = \frac{b^2 + c^2 - a^2}{2bc} = \frac{(2k)^2 + (3k)^2 - (4k)^2}{2 \times 2k \times 3k} = \frac{(4 + 9 - 16)k^2}{12k^2} = -\frac{1}{4}$$

ここで $0° < \angle A < 180°$ より，$\sin A > 0$

$$\therefore\ \sin A = \sqrt{1 - \cos^2 A} = \sqrt{1 - \left(-\frac{1}{4}\right)^2} = \frac{\sqrt{15}}{4} \quad \cdots\cdots(答)$$

(2) △ABC の面積 $S = 3\sqrt{15}$ より，

$$S = \frac{1}{2}\underset{2k}{b} \cdot \underset{3k}{c} \cdot \underset{\frac{\sqrt{15}}{4}}{\sin A},\qquad \underset{S}{3\sqrt{15}} = \frac{1}{2} \cdot 2k \cdot 3k \cdot \frac{\sqrt{15}}{4}$$

$$k^2 = 4 \qquad \therefore\ k = 2 \quad (\because k > 0)$$

$$\therefore\ a = 4k = 8,\ \ b = 2k = 4,\ \ c = 3k = 6 \quad \cdots\cdots(答)$$

(3) $S = 3\sqrt{15},\ a = 8,\ b = 4,\ c = 6$ より，内接円の半径 r は，

$$3\sqrt{15} = \frac{1}{2}(8 + 4 + 6) \cdot r \qquad \therefore\ r = \frac{\sqrt{15}}{3} \quad \cdots\cdots(答)$$

> 公式：$S = \dfrac{1}{2}(a + b + c)r$ を使った！

円に内接する四角形と三角比の応用

絶対暗記問題 36　難易度 ★★　CHECK 1　CHECK 2　CHECK 3

円に内接する四角形**ABCD**の各辺の長さは，$AB = 2$，$BC = 3$，$CD = 3$，$DA = 4$ である。また，$\angle ABC = \theta$ とおく。このとき，次の各値を求めよ。

(1) 辺 **AC** の長さ　　**(2)** $\sin\theta$　　**(3)** 四角形 **ABCD** の面積 S

ヒント！ **(1)** $AC = x$ とおいて，$\triangle ABC$，$\triangle ACD$ それぞれに余弦定理を用いると，x と $\cos\theta$ の値が求まるよ。**(2)** では，$\sin\theta > 0$ に気をつけてくれ。**(3)** S は $\triangle ABC$ と $\triangle ACD$ の面積の和と考えればいいよ。

解答&解説

(1) $\angle ABC = \theta$ とおくと，四角形 **ABCD** は円に内接するので，$\angle ADC = 180° - \theta$

A
2
B
θ
4
x
3
180° − θ
D
3
C

円に内接する四角形の内対角の和は **180°** となる。だから，$\angle ABC = \theta$ とおくと $\angle ADC = 180° - \theta$ だ。

P188 参照！

$AC = x$ とおいて $\triangle ABC$ に余弦定理を用いると，

$$x^2 = 2^2 + 3^2 - 2 \cdot 2 \cdot 3 \cdot \cos\theta$$

$$\therefore\ x^2 = 13 - 12\cos\theta \quad \cdots\cdots①$$

同様に $\triangle ACD$ に余弦定理を用いると，

$$x^2 = 3^2 + 4^2 - 2 \cdot 3 \cdot 4 \cdot \cos(180° - \theta) \text{ より，}$$

$\cos(180° - \theta) = -\cos\theta$ だね

$$\therefore\ x^2 = 25 + 24\cos\theta \quad \cdots\cdots②$$

①×2＋②より，　$3x^2 = 51$，　$x^2 = 17$　$\therefore\ x = AC = \sqrt{17}$　………(答)

(2) ②−①より，$0 = 12 + 36\cos\theta$，　$\cos\theta = -\dfrac{1}{3}$　　$\therefore\ \sin\theta > 0$ より，

$$\sin\theta = \sqrt{1 - \cos^2\theta} = \sqrt{1 - \left(-\frac{1}{3}\right)^2} = \sqrt{\frac{8}{9}} = \frac{2\sqrt{2}}{3} \quad \cdots\cdots\text{(答)}$$

(3) 四角形 **ABCD** の面積 S は，

$\sin\theta$ と変形できる！

$$S = \triangle ABC + \triangle ACD = \frac{1}{2} \cdot 2 \cdot 3 \cdot \sin\theta + \frac{1}{2} \cdot 3 \cdot 4 \cdot \sin(180° - \theta)$$

$$= (3 + 6) \cdot \sin\theta = 9 \times \frac{2\sqrt{2}}{3} = 6\sqrt{2} \quad \cdots\cdots\text{(答)}$$

余弦定理・正弦定理

絶対暗記問題 37　難易度 ★★　CHECK 1　CHECK 2　CHECK 3

AB = 8，BC = 9，CA = 7 の△**ABC** について，次の値を求めよ。

(1) $\cos A$　　**(2)** 外接円の半径 R　　（大同工大＊）

ヒント！ $a=9$，$b=7$，$c=8$ より，余弦定理 (Ⅱ) から，(1) の $\cos A$ の値が求まるね。(2) は，$\cos A$ から $\sin A$ を求めて，正弦定理を用いればいい。

解答＆解説

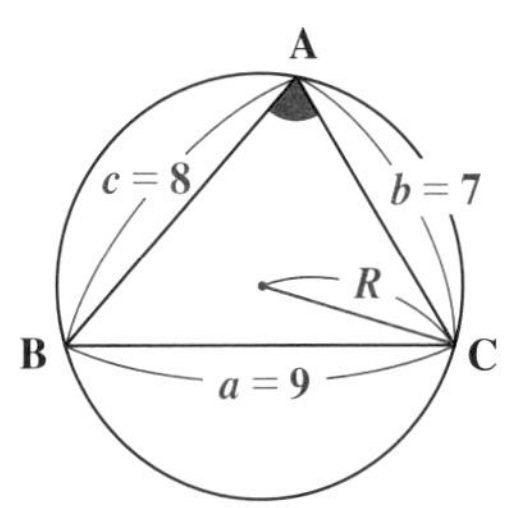

(1) $a = BC = 9$，$b = CA = 7$，$c = AB = 8$

よって，余弦定理より，$\cos A$ は

$$\cos A = \frac{7^2+8^2-9^2}{2\cdot 7\cdot 8} = \frac{2}{7}$$ …………（答）

余弦定理 (Ⅱ)：$\cos A = \dfrac{b^2+c^2-a^2}{2bc}$ を使った！

(2) $0° < A < 180°$ より，$\sin A > 0$

よって，$\sin A = \sqrt{1-\cos^2 A} = \sqrt{1-\left(\frac{2}{7}\right)^2} = \sqrt{\frac{45}{49}} = \frac{3\sqrt{5}}{7}$

$\cos^2 A + \sin^2 A = 1$ より，$\sin^2 A = 1 - \cos^2 A$　∴ $\sin A = \pm\sqrt{1-\cos^2 A}$
ところが，$\sin A > 0$ より，$\sin A = \sqrt{1-\cos^2 A}$ となるんだね。

正弦定理 $\dfrac{a}{\sin A} = 2R$　（R：外接円の半径）より，

$$R = \frac{a}{2\sin A} = \frac{9}{2\cdot\frac{3\sqrt{5}}{7}} = \frac{21}{2\sqrt{5}} = \frac{21\sqrt{5}}{10}$$ ……………………………（答）

頻出問題にトライ・12　難易度 ★★　CHECK 1　CHECK 2　CHECK 3

四角形 **ABCD** は，円 **O** に内接し，$AB = 3$，$BC = CD = \sqrt{3}$，

$\cos\angle ABC = \dfrac{\sqrt{3}}{6}$　とする。このとき，次の各値を求めよ。

(1) **AC** と **AD** の長さ　　**(2)** $\sin\angle ABC$　　**(3)** 円 **O** の半径

(4) 四角形 **ABCD** の面積　　（センター試験＊）

解答は **P246**

4. 三角比の図形への応用(Ⅱ)

前回で，三角比の図形への応用の主要な解説は終わっているんだけれど，ここではさらに踏み込んで，“**ヘロンの公式**”と，“**空間図形の計量**”について教えよう。さらに実力をアップできると思うよ。

● ヘロンの公式も使いこなそう！

ここで，“**ヘロンの公式**”について紹介しておこう。これは△**ABC**の**3**辺a，b，cが与えられたとき，これから直接△**ABC**の面積を求める公式なんだね。

ヘロンの公式

△**ABC**の**3**辺a，b，cが与えられているとき，△**ABC**の面積Sは，次式で求められる。

$S=\sqrt{s(s-a)(s-b)(s-c)}$ ……(＊1) $\left(\text{ただし，} s=\dfrac{a+b+c}{2}\right)$

では，**P96**で解説した**3**辺$a=4$，$b=2$，$c=3$の△**ABC**の面積Sを，早速このヘロンの公式を使って求めてみよう。

まず，$s=\dfrac{a+b+c}{2}=\dfrac{4+2+3}{2}=\dfrac{9}{2}$を求める。これから△**ABC**の面積$S$は，ヘロンの公式より

$$S=\sqrt{s(s-a)(s-b)(s-c)}=\sqrt{\frac{9}{2}\cdot\left(\frac{9}{2}-4\right)\cdot\left(\frac{9}{2}-2\right)\cdot\left(\frac{9}{2}-3\right)}$$

$$=\sqrt{\frac{9}{2}\times\frac{1}{2}\times\frac{5}{2}\times\frac{3}{2}}=\sqrt{15\times\frac{3^2}{2^4}}=\frac{3\sqrt{15}}{2^2}=\frac{3\sqrt{15}}{4}$$ となって，

P97で計算した結果と一致することが分かるね。**cosA**や**sinA**を求めることなく面積Sが導ける便利な公式なんだね。

このヘロンの公式は実は**P95**で教えた△**ABC**の面積の公式：

$S=\dfrac{1}{2}bc\sin A$ …① から導くことができる。

では，①式を基にヘロンの公式が成り立つことを示してみよう。

①の両辺を 2 乗して，

公式：$\sin^2 A+\cos^2 A=1$

$$S^2=\frac{1}{4}\cdot b^2\cdot c^2\cdot \underline{\sin^2 A}$$

$(1-\cos^2 A)=(1+\cos A)(1-\cos A)$

$$=\frac{1}{4}\cdot b^2\cdot c^2\cdot(1+\underline{\cos A})(1-\underline{\cos A})$$

$\dfrac{b^2+c^2-a^2}{2bc}$　$\dfrac{b^2+c^2-a^2}{2bc}$

余弦定理 (Ⅱ)
$\cos A=\dfrac{b^2+c^2-a^2}{2bc}$

$$=\frac{1}{4}\cdot b^2\cdot c^2\cdot\left(1+\frac{b^2+c^2-a^2}{2bc}\right)\left(1-\frac{b^2+c^2-a^2}{2bc}\right)$$

$\dfrac{2bc+b^2+c^2-a^2}{2bc}=\dfrac{(b^2+2bc+c^2)-a^2}{2bc}$

$\dfrac{2bc-(b^2+c^2-a^2)}{2bc}=\dfrac{a^2-(b^2-2bc+c^2)}{2bc}$

よって，

$(b+c+a)(b+c-a)$　$(a+b-c)(a-(b-c))$

公式：$\alpha^2-\beta^2=(\alpha+\beta)(\alpha-\beta)$

$$S^2=\frac{b^2\cdot c^2}{4}\cdot\frac{(b+c)^2-a^2}{2bc}\cdot\frac{a^2-(b-c)^2}{2bc}$$

$$=\frac{\cancel{b^2}\cdot\cancel{c^2}}{16\cdot\cancel{b^2}\cdot\cancel{c^2}}(b+c+a)(b+c-a)(a+b-c)(a-b+c)$$

$$=\frac{1}{16}\underbrace{(a+b+c)}_{2s}\underbrace{(-a+b+c)}_{2(s-a)}\underbrace{(a+b-c)}_{2(s-c)}\underbrace{(a-b+c)}_{2(s-b)}\quad\cdots\cdots\cdots①'$$

となるのは大丈夫だね。

ここで，$s=\dfrac{a+b+c}{2}$　…②とおくと，②より

$$\begin{cases}a+b+c=2s & \cdots\cdots③\\ -a+b+c=a+b+c-2a=2s-2a=2(s-a) & \cdots\cdots④\\ a-b+c=a+b+c-2b=2s-2b=2(s-b) & \cdots\cdots⑤\\ a+b-c=a+b+c-2c=2s-2c=2(s-c) & \cdots\cdots⑥\end{cases}$$

③，④，⑤，⑥を①′に代入して，

$S^2 = \frac{1}{16}\cdot 2s\cdot 2(s-a)\cdot 2(s-c)\cdot 2(s-b)$　となる。よって，

$S^2 = s(s-a)(s-b)(s-c)$　………⑦

ここで，△ABC の面積 S は正より，⑦の両辺の正の平方根をとって，ヘロンの公式

$S = \sqrt{s(s-a)(s-b)(s-c)}$　…(＊1) が導けるんだね。

● 空間図形の計量にもチャレンジしよう！

三角比を空間図形(立体図形)に応用する問題もよく出題されるので，ここで練習しておこう。

まず，図1の(i)直円(ちょくえん)すいと(ii)角(かく)すい(3角すいや4角すいなど)の体積 V は，その底面積 S と高さ h を使って，次のように計算できることを覚えておこう。

図1

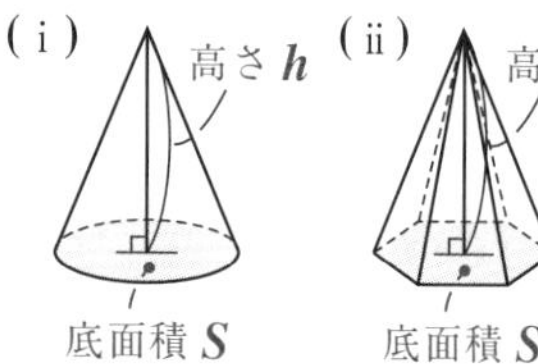

円すいや多角すいの体積 V

$$V = \frac{1}{3}\times(\text{底面積})\times(\text{高さ}) = \frac{1}{3}Sh$$

では，次の例題で三角すい(四面体)の問題を解いてみよう。

三角錐は，4つの三角形の面からできているので，このように呼ばれるんだね。

◆例題5◆

右図のような四面体 ABCD がある。

ただし，AD = 2　BD = 3　CD = 1，

AD⊥BD, BD⊥CD, CD⊥ADとする。

(1) 四面体 ABCD の体積 V を求めよ。

(2) ∠BAC = θ とおいて，$\sin\theta$ と △ABC の外接円の半径 R を求めよ。

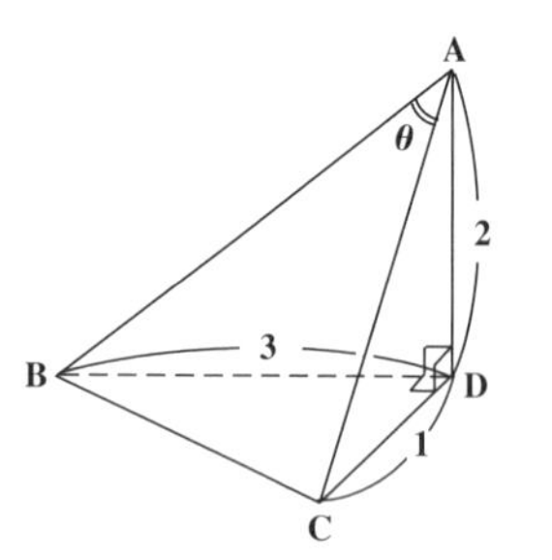

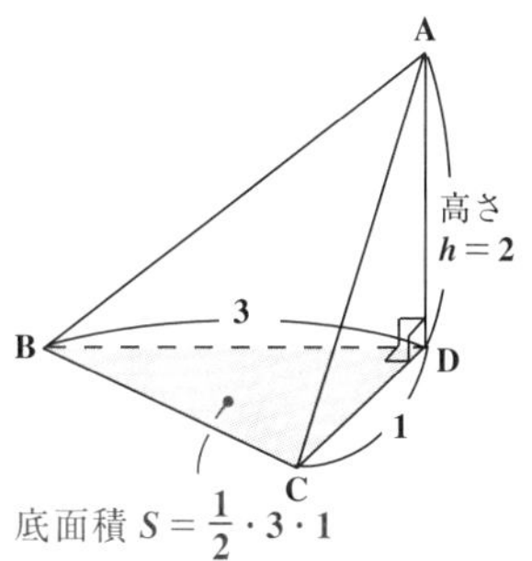

(1)△BCD の面積 S を底面積，

AD を高さ h とみると，

四面体 ABCD の体積 V は

$$V=\frac{1}{3}\cdot\underbrace{S}_{\frac{1}{2}\cdot 3\cdot 1}\cdot\underbrace{h}_{2}=\frac{1}{3}\times\frac{3}{2}\times 2=1$$

となる。

(2)△ABCの3辺AB, AC, BCの長さを三平方の定理を使って求めると，

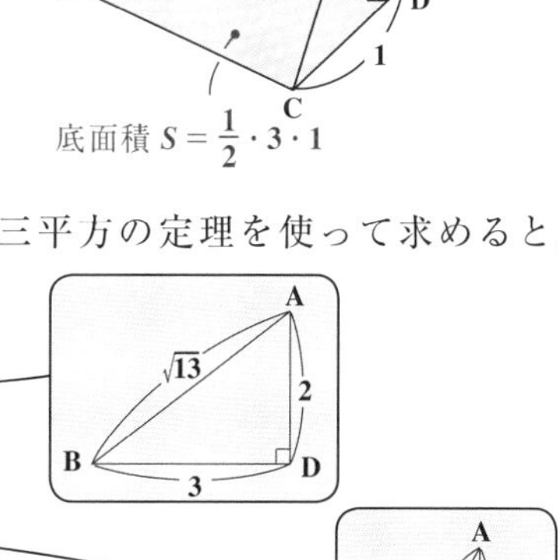

・$AB^2=3^2+2^2=9+4=13$ より

$AB=\sqrt{13}$

・$AC^2=2^2+1^2=4+1=5$ より

$AC=\sqrt{5}$

・$BC^2=3^2+1^2=9+1=10$ より

$BC=\sqrt{10}$

ここで，△ABC の $\angle BAC=\theta$

とおいて，余弦定理を用いると

$$\cos\theta=\frac{(\sqrt{13})^2+(\sqrt{5})^2-(\sqrt{10})^2}{2\cdot\sqrt{13}\cdot\sqrt{5}}$$

$$=\frac{13+5-10}{2\sqrt{65}}=\frac{4}{\sqrt{65}}$$

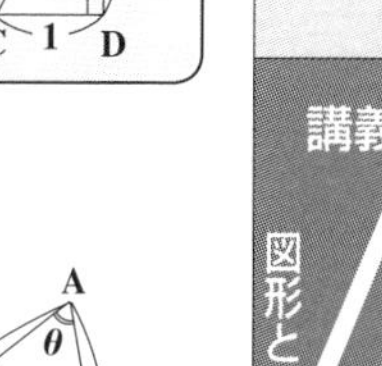

ここで，$\sin\theta>0$ より

$$\sin\theta=\sqrt{1-\cos^2\theta}=\sqrt{1-\left(\frac{4}{\sqrt{65}}\right)^2}=\sqrt{\frac{65-16}{65}}=\frac{7}{\sqrt{65}}$$

よって，△ ABC に正弦定理を用いると，外接円の半径 R は，

$$\frac{BC}{\sin\theta}=2R \text{ より，} R=\frac{\sqrt{10}}{2\cdot\frac{7}{\sqrt{65}}}=\frac{\overbrace{\sqrt{10}}^{\sqrt{5}\cdot\sqrt{2}}\overbrace{\sqrt{65}}^{\sqrt{5}\cdot\sqrt{13}}}{14}=\frac{5\sqrt{26}}{14}$$

となる。

このように，空間図形の計量の問題は，パーツに分解して考えれば平面図形の計量の問題として解けるんだね。

絶対暗記問題 38 難易度 ★★ CHECK 1 CHECK 2 CHECK 3

右図に示すような直方体 **ABCD-EFGH** がある。ただし，$AE = \sqrt{6}$，$AB = \sqrt{30}$，$AD = \sqrt{19}$ である。

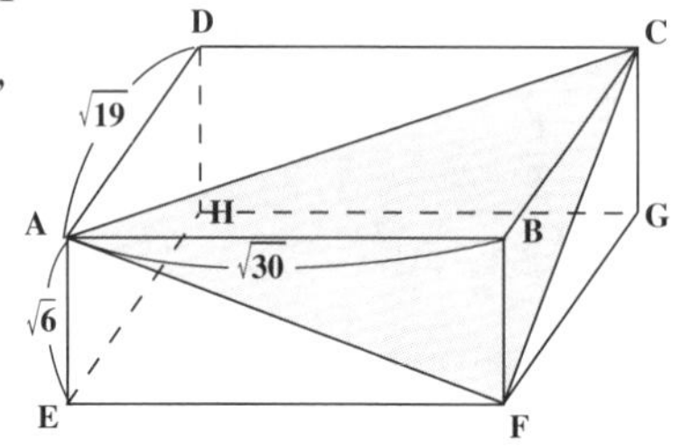

(1) △**AFC** の面積 S を求め，△**AFC** の内接円の半径 r を求めよ。

(2) 四面体 **ABFC** の体積 V を求めよ。また，点 **B** から △**AFC** に下した垂線の足を **I** とするとき，**BI** の長さを求めよ。

ヒント！ **(1)** △**AFC** の **3** 辺の長さを求めて，ヘロンの公式を用いれば，△**AFC** の面積 S が求まる。**(2)** 四面体の体積の公式をウマク使うことだね。

解答＆解説

(1) △**AFC** の **3** 辺 **AF**，**AC**，**FC** の長さを，それぞれ三平方の定理を用いて求めると，

・$AF^2 = (\sqrt{6})^2 + (\sqrt{30})^2 = 6 + 30 = 36$

$\therefore\ AF = \sqrt{36} = 6$

・$AC^2 = (\sqrt{30})^2 + (\sqrt{19})^2 = 30 + 19 = 49$

$\therefore\ AC = \sqrt{49} = 7$

・$FC^2 = (\sqrt{6})^2 + (\sqrt{19})^2 = 6 + 19 = 25$

$\therefore\ FC = \sqrt{25} = 5$　となる。

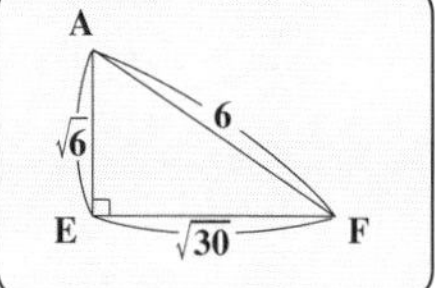

よって，△**AFC** の面積 S をヘロンの公式により求める。

$$s = \frac{AF + FC + AC}{2} = \frac{6 + 5 + 7}{2}$$

$$= \frac{18}{2} = 9 \quad \text{より，}$$

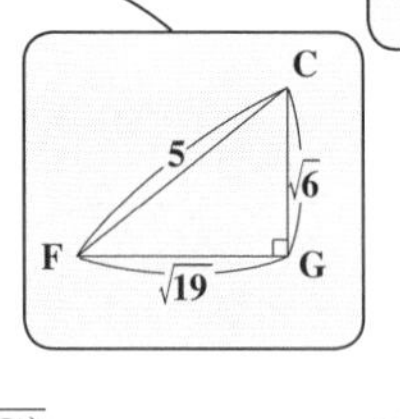

面積 $S = \sqrt{\underset{9}{s} \cdot \underset{(9-6)}{(s - AF)} \cdot \underset{(9-5)}{(s - FC)} \cdot \underset{(9-7)}{(s - AC)}}$

$= \sqrt{9 \cdot 3 \cdot 4 \cdot 2} = \sqrt{2^3 \cdot 3^3}$

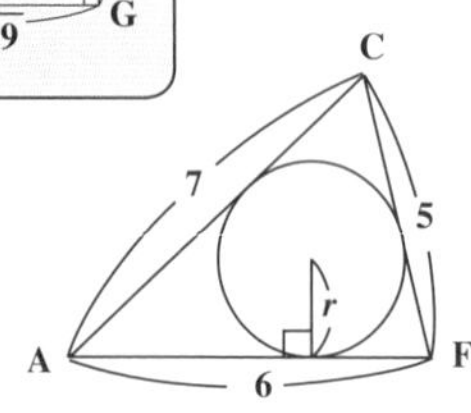

$\therefore$ 面積 $S = 6\sqrt{6}$ ……………………………………………………………(答)

また，△AFC の内接円の半径 r は，公式：$\underbrace{\frac{1}{2}(\mathrm{AF}+\mathrm{FC}+\mathrm{AC})}_{s=9}\cdot r = \underbrace{S}_{\text{面積}\triangle\mathrm{AFC}=6\sqrt{6}}$ より

$9\cdot r = 6\sqrt{6}$ $\quad\therefore r = \frac{2\sqrt{6}}{3}$ ……………………………………………(答)

(2)(ⅰ) 四面体 ABFC について

底面積を $\triangle\mathrm{BCF} = \frac{1}{2}\cdot\sqrt{6}\cdot\sqrt{19}$

高さ $h = \sqrt{30}$ とみると，体積 V は，

$V = \frac{1}{3}\cdot\triangle\mathrm{BCF}\cdot h$

$= \frac{1}{3}\cdot\frac{1}{2}\cdot\sqrt{6}\cdot\sqrt{19}\cdot\underbrace{\sqrt{30}}_{\sqrt{6}\cdot\sqrt{5}}$

$= \frac{\cancel{6}}{\cancel{6}}\cdot\sqrt{19}\cdot\sqrt{5} = \sqrt{95}$ ……①……(答)

A
高さ $h = \sqrt{30}$
C　$\sqrt{19}$　B
$\sqrt{6}$
F
底面積 $\triangle\mathrm{BCF} = \frac{1}{2}\cdot 6\cdot 19$

(ⅱ) 四面体 ABFC について

底面積を $\triangle\mathrm{AFC} = S = 6\sqrt{6}$

高さを BI とみると，体積 V は

$V = \frac{1}{3}\cdot S\cdot \mathrm{BI} = 2\sqrt{6}\cdot\mathrm{BI}$ ……②

①，②より，$2\sqrt{6}\cdot\mathrm{BI} = \sqrt{95}$

$\therefore \mathrm{BI} = \frac{\sqrt{95}}{2\sqrt{6}} = \frac{\sqrt{570}}{12}$ ……………(答)

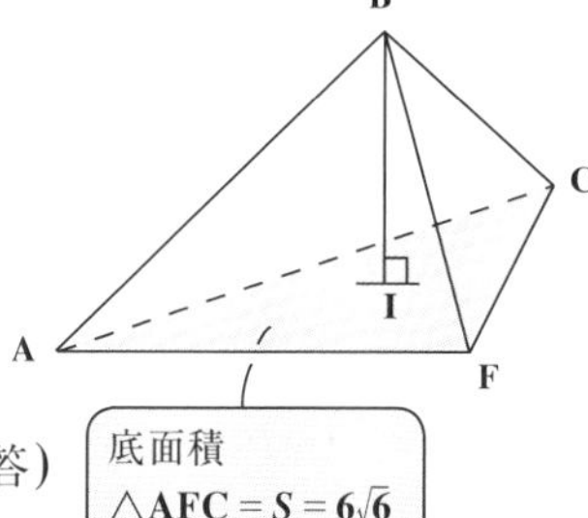

頻出問題にトライ・13　難易度 ★★★　CHECK 1　CHECK 2　CHECK 3

1 辺の長さが 3 の正四面体 ABCD がある。線分 AD を 2：1 に内分する点を E とおく。

(1) 辺 BE の長さを求めよ。　　(2) sin∠BEC の値を求めよ。

(3) △BEC の外接円の半径 R を求めよ。

解答は P247

講義 4 ● 図形と計量　公式エッセンス

1．半径 r の半円による三角比の定義

$\cos\theta = \dfrac{x}{r}$,　$\sin\theta = \dfrac{y}{r}$,　$\tan\theta = \dfrac{y}{x}$

$(x \neq 0)$

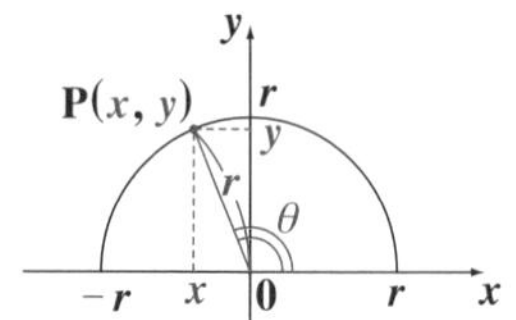

2．三角比の基本公式

(1) $\cos^2\theta + \sin^2\theta = 1$　(2) $\tan\theta = \dfrac{\sin\theta}{\cos\theta}$　(3) $1 + \tan^2\theta = \dfrac{1}{\cos^2\theta}$

3．正弦定理

$$\frac{a}{\sin A} = \frac{b}{\sin B} = \frac{c}{\sin C} = 2R$$

（R：$\triangle ABC$ の外接円の半径）

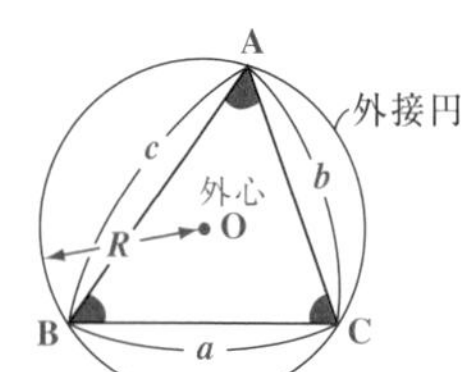

4．余弦定理

(ⅰ) $a^2 = b^2 + c^2 - 2bc\cos A$

(ⅱ) $b^2 = c^2 + a^2 - 2ca\cos B$

(ⅲ) $c^2 = a^2 + b^2 - 2ab\cos C$

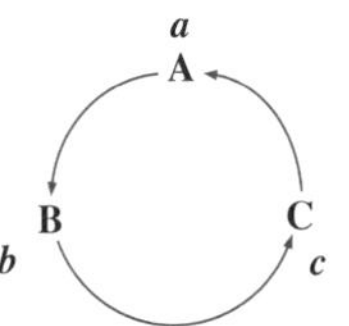

5．三角形の面積 S

$$S = \frac{1}{2}ab\sin C = \frac{1}{2}bc\sin A = \frac{1}{2}ca\sin B$$

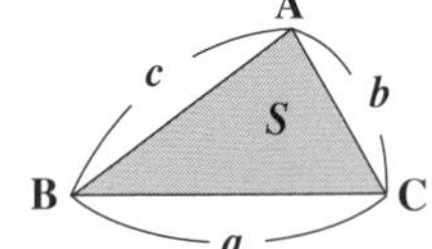

6．三角形の内接円の半径 r

$S = \dfrac{1}{2}(a + b + c)r$　（S：$\triangle ABC$ の面積）

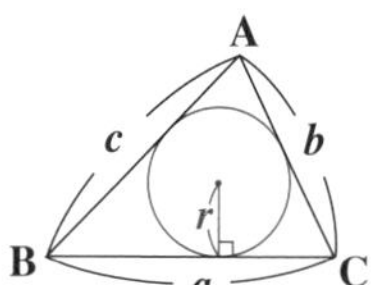

7．円すいや角すいの体積 V

$V = \dfrac{1}{3}S \cdot h$　（S：底面積，h：高さ）

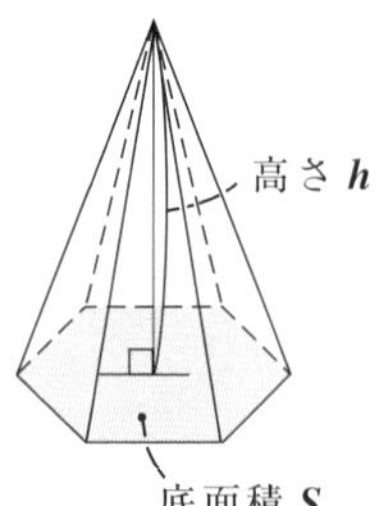

講義 Lecture

5 データの分析

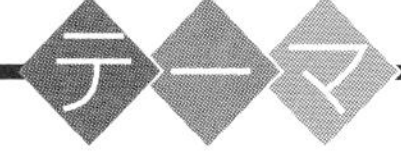

▶ データの代表値
(平均値, メジアン, モード)
箱ひげ図と四分位数

▶ 分散 (S^2) と標準偏差 (S)

▶ 相関係数 $\left(r_{XY} = \dfrac{S_{XY}}{S_X \cdot S_Y}\right)$

講義5 データの分析

1. データの整理と分析から始めよう！

ボク達のまわりには，クラス **20** 名の身長や体重，数学のテストの得点結果など…，数値で表されるデータが沢山存在する。これらのデータを処理して，より分かりやすい形にすることが大切なんだね。

具体的には，データを**度数分布表**（どすうぶんぷひょう）や**ヒストグラム**にまとめたり，その分布の**代表値**（だいひょうち）を求めたり，その分布の特徴を表す**箱ひげ図**（はこ・ず）を求めたりする。さらに，データ分布の散らばり具合を示す**分散**（ぶんさん）や**標準偏差**（ひょうじゅんへんさ）の求め方についても教えるつもりだ。

● データを処理してみよう！

数値データの例として，**12** 名のクラスの生徒達が受けたある数学のテストの得点結果を次に示す。このデータの処理をしてみよう。

74，43，61，92，51，21，64，75，32，83，52，72

(i) まず，この得点データの分布を調べるために，これらを小さい順に並べ替えると，

21，32，43，51，52，61，64，72，74，75，83，92 …①

x_1，x_2，x_3，x_4，x_5，x_6，x_7，x_8，x_9，x_{10}，x_{11}，x_{12}

となる。これらの数値データは変量（へんりょう）$X = x_1, x_2, x_3, \cdots, x_{12}$ と表したりする。

(ii) 次に，①のデータを $0 \leqq X < 10$，$10 \leqq X < 20$，$20 \leqq X < 30$，…，$80 \leqq X < 90$，$90 \leqq X \leqq 100$ のように，各**階級**（かいきゅう）に分類し，各階級毎のデータの個数（**度数**（どすう））を表にすると，表 **1** のようになる。これを，**度数分布表**というんだね。ここで，たとえば，$20 \leqq X < 30$ の階級を代表する値として，下限値 **20** と上限値 **30** の相加平均 $\dfrac{20+30}{2} = 25$ をとり，これを**階級値**（かいきゅうち）とする。他の各階級値も同様に計算して，以降，**35，45，…，95** とした。

度数の総和は，当然元のデータの個数の **12** と一致する。これに対し

て，相対度数とは，各階級の度数を全データの個数（度数の総和）**12** で割ったもののことなんだね。たとえば，$\mathbf{20 \leqq X < 30}$ の度数が **1** なので，これを **12** で割った $\frac{\mathbf{1}}{\mathbf{12}} \fallingdotseq$ **0.083** が，この階級の相対度数になるんだね。他の階級の相対度数についても同様に計算すればいい。そして，この相対度数の総和は当然 **1** になるはずなんだけれど，四捨五入の誤差のため，この例では，**0.999** になっているんだね。大丈夫？

表 1　度数分布表

得点 X	階級値	度数	相対度数
$20 \leqq X < 30$	25	1	0.083
$30 \leqq X < 40$	35	1	0.083
$40 \leqq X < 50$	45	1	0.083
$50 \leqq X < 60$	55	2	0.167
$60 \leqq X < 70$	65	2	0.167
$70 \leqq X < 80$	75	3	0.250
$80 \leqq X < 90$	85	1	0.083
$90 \leqq X \leqq 100$	95	1	0.083
総計		12	0.999

本来，これは 1 だ。（四捨五入の誤差が入った！）

この階級の分け方は，恣意的（しいてき）なもので，今回のように **10** 刻（きざ）みではなく，**20** 刻み，または，**5** 刻み…など，特に指定がない限り，自由に分類して構わない。

(iii) さらに，表 **1** の度数分布表を基に，横軸に変量（得点）X，縦軸に度数 f をとって，図 **1** のような棒グラフで表すことができる。この度数分布のグラフのことを，**ヒストグラム**と呼び，これでデータの分布の様子が一目瞭然（いちもくりょうぜん）に分かるようになるんだね。

度数は一般に f で表す。"***frequency***"（度数）の頭文字をとったものなんだね。

図 1　ヒストグラム

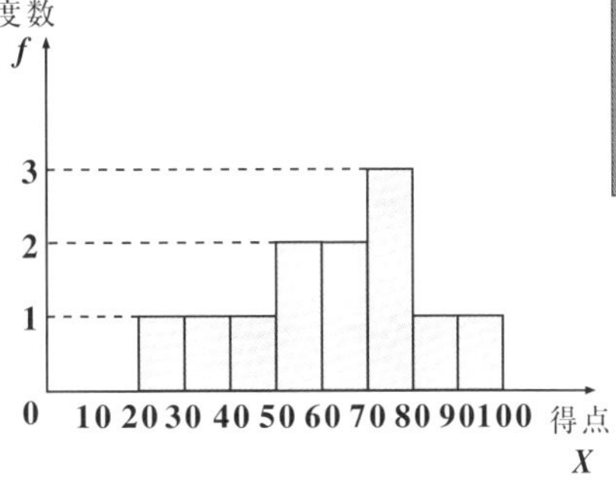

このように，(i) データを小さい順に並べ，(ii) 各階級を定めて度数分布表を作り，(iii) ヒストグラムを作る，この一連の流れが，データ処理の基本になるんだね。

● データ分布の代表値は3つある！

それでは，データ分布を1つの数値で代表させて表してみよう。これをデータ分布の**代表値**（だいひょうち）と呼ぶんだけれど，具体的には，(Ⅰ)**平均値**，(Ⅱ)**メジアン**（**中央値**（ちゅうおうち）），(Ⅲ)**モード**（**最頻値**（さいひんち））の3種類がある。

3種類の代表値

(Ⅰ) 平均値 $\overline{X}$ (または，m)

"*mean value*"（平均値）の頭文字をとったもの。

n 個のデータ x_1，x_2，x_3，…，x_n の平均値 $\overline{X}(=m)$ は，

$$\overline{X}=m=\frac{x_1+x_2+x_3+\cdots+x_n}{n}$$ で定義される。

(Ⅱ) メジアン（中央値）m_e (または，q_2 (P114参照))

"*median*"（中央値）の頭の2文字をとって作った。

(ⅰ) $2n+1$ 個（奇数個）のデータを小さい順に並べたものを，

x_1，x_2，…，x_n，x_{n+1}，x_{n+2}，x_{n+3}，…，x_{2n+1} とおくと，

（x_1～x_n：n 個のデータ，x_{n+1}：メジアン，x_{n+2}～x_{2n+1}：n 個のデータ）

メジアンは，x_{n+1} となる。

(ⅱ) $2n$ 個（偶数個）のデータを小さい順に並べたものを，

x_1，x_2，…，x_{n-1}，x_n，x_{n+1}，x_{n+2}，…，x_{2n} とおくと，

（x_1～x_{n-1}：$n-1$ 個のデータ，x_n，x_{n+1}：メジアン $\frac{x_n+x_{n+1}}{2}$，x_{n+2}～x_{2n}：$n-1$ 個のデータ）

メジアンは，$\dfrac{x_n+x_{n+1}}{2}$ となる。

(Ⅲ) モード（最頻値）m_o

"*mode*"（最頻値）の頭の2文字をとって作った。

モード m_o は，最も度数が大きい階級の階級値のことである。

それでは，先程の①の得点データを使って，これら3つの代表値を求めてみよう。

$X = \underbrace{21,\ 32,\ 43,\ 51,\ 52}_{5\text{個のデータ}},\ \underbrace{61,\ 64}_{\text{メジアン }m_e\ \frac{61+64}{2}},\ \underbrace{72,\ 74,\ 75,\ 83,\ 92}_{5\text{個のデータ}}$ …①

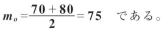

より，

(Ⅰ) 平均値 $\overline{X} = m$ は，

$$\overline{X} = m = \frac{21+32+43+\cdots+92}{12} = \frac{720}{12} = 60$$ である。

(Ⅱ) データの個数が $12(=2n)$ で偶数より，このメジアン m_e は，中央の 2 つの数値データ 61 と 64 の相加平均となる。よって，

$$m_e = \frac{61+64}{2} = 62.5$$ である。

(Ⅲ) モード m_o は，右のヒストグラムより，度数が最大の階級 $70 \leqq X < 80$ の階級値のことなので，

$$m_o = \frac{70+80}{2} = 75$$ である。

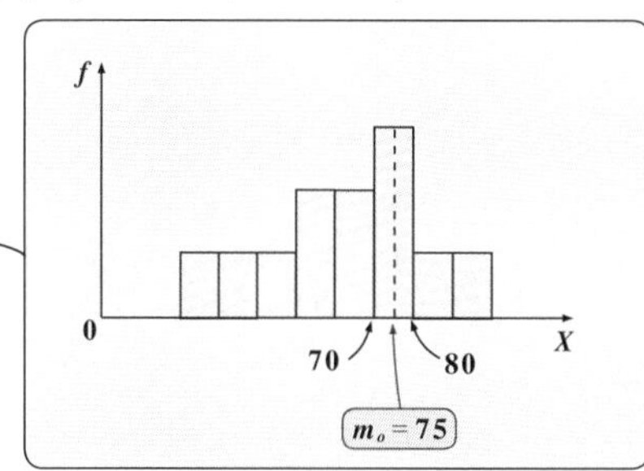

(Ⅰ) 平均値 $m = 60$，(Ⅱ) メジアン $m_e = 62.5$，(Ⅲ) モード $m_o = 75$ と，値は異なるけれど，それぞれの意味でこのデータ分布を代表する値になっているんだね。

● データ分布から箱ひげ図が作れる！

データ分布からメジアンを求めると，X 軸上の m_e の値を境に左右それぞれに半分 (50%) ずつの個数のデータが存在する。これは，ヒストグラムの棒グラフの面積がデータの個数と比例することを考えれば，$X = m_e$ によりヒストグラムの面積が丁度左右に半分ずつ分割されることになるんだね。

このメジアン (中央値)m_e も使って，より詳しく分布の特徴をヴィジュアルに表現するものが，**箱ひげ図**（はこひげず）と呼ばれるものなんだ。これは，数直線

上のデータの最小値から最大値までの線分に対して，データがそれぞれ **4** 等分されるように，**3** 点を取って作られる。最初の分割点は**第 1 四分位数**(または，**25**% 点)，**2** 番目の点は当然メジアン(中央値)だけど，これも**第 2 四分位数**と呼ぶ。そして，**3** 番目の分割点を**第 3 四分位数**(または **75**% 点)と呼ぶ。そして，これら **3** 点を総称して，**四分位数** (***quartile***) という。したがって，第 **1**，第 **2**，第 **3** の四分位数をこれから，q_1，q_2，q_3 と表すことにしよう。

(これは，メジアン m_e のこと)

図 **2**　箱ひげ図

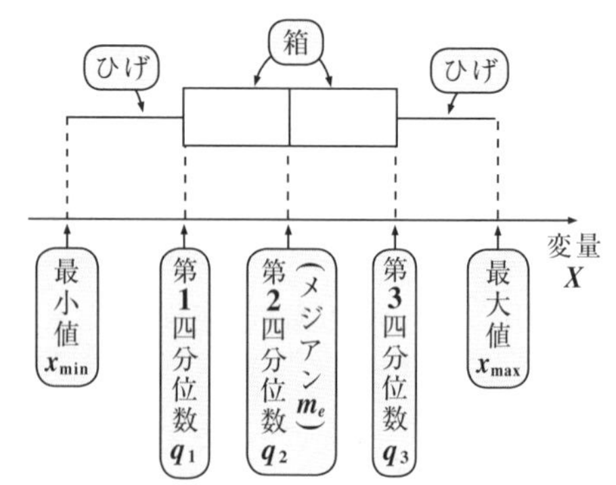

データの最小値，最大値と，これら四分位数 q_1，q_2，q_3 を用いることにより，図 **2** に示すように，箱ひげ図を描くことができるんだね。これによって，左側のひげ，左側の箱，右側の箱，右側のひげに，それぞれほぼ同数のデータが存在するので，データ分布の状態を直感的につかめるようになるということなんだね。

では，図 **3**(ⅰ)～(ⅳ)に，データの数 $n=8, 9, 10, 11$ のときの四分位数 q_1，q_2，q_3 の具体的な求め方を図示しておくので，シッカリ頭に入れておこう。

これから，$n=8$，**10** のようにデータの個数が

図 **3**　四分位数 q_1，q_2，q_3 の求め方

(ⅰ)　データ数 $n=8$ のとき

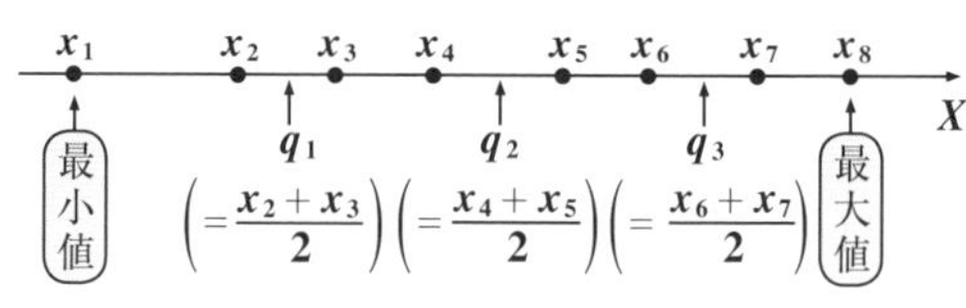

(ⅱ)　データ数 $n=9$ のとき

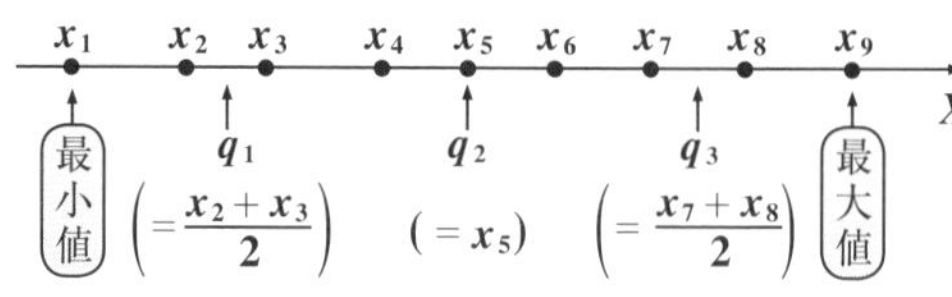

偶数のときは，q_1，q_2，q_3によって，キレイに等分されているけれど，$n = 9$，11のようにデータの個数が奇数の場合は，ほぼ4等分されていることに，注意しよう。

図3(続き) 四分位数q_1，q_2，q_3の求め方

(iii) データ数$n = 10$のとき

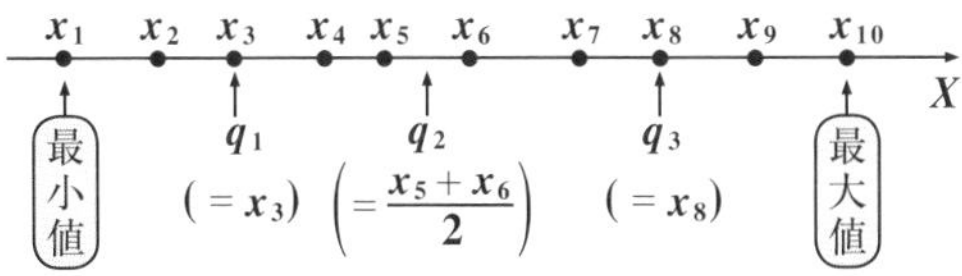

(iv) データ数$n = 11$のとき

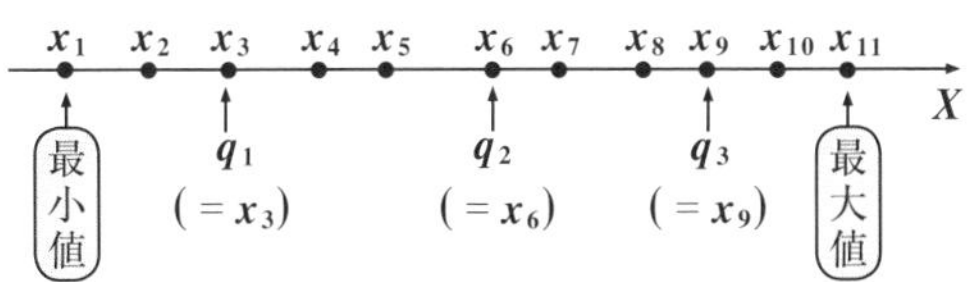

それでは，先程使った数学のテストの得点データを使って，最小値，最大値，四分位数q_1，q_2，q_3を求めて，箱ひげ図を作り，ヒストグラムと比較してみよう。

$$X = x_1,\ x_2,\ x_3,\ x_4,\ x_5,\ x_6,\ x_7,\ x_8,\ x_9,\ x_{10},\ x_{11},\ x_{12} \quad \cdots①$$
$$= 21,\ 32,\ 43,\ 51,\ 52,\ 61,\ 64,\ 72,\ 74,\ 75,\ 83,\ 92$$

最小値 (x_1)　$q_1\left(=\dfrac{x_3+x_4}{2}\right)$　$q_2\left(=\dfrac{x_6+x_7}{2}\right)$　$q_3\left(=\dfrac{x_9+x_{10}}{2}\right)$　最大値 (x_{12})

これから，最小値$x_1 = 21$，最大値$x_{12} = 92$，$q_1 = \dfrac{43+51}{2} = 47$，

$q_2 = m_e = \dfrac{61+64}{2} = 62.5$，

$q_3 = \dfrac{74+75}{2} = 74.5$

と求まるので，図4の下図に示すような箱ひげ図が描ける。図4の上図のヒストグラム(棒グラフ)の面積はデータの個数と比例するので四分位数

図4 ヒストグラムと箱ひげ図

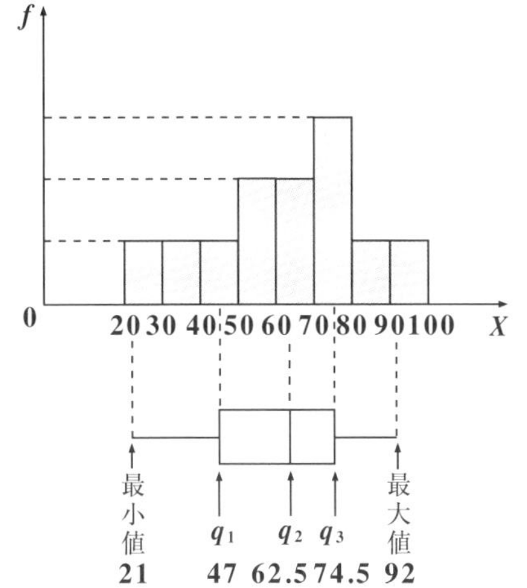

q_1, q_2, q_3 によって，ヒストグラムの面積がほぼ **4** 等分されていることが分かると思う。

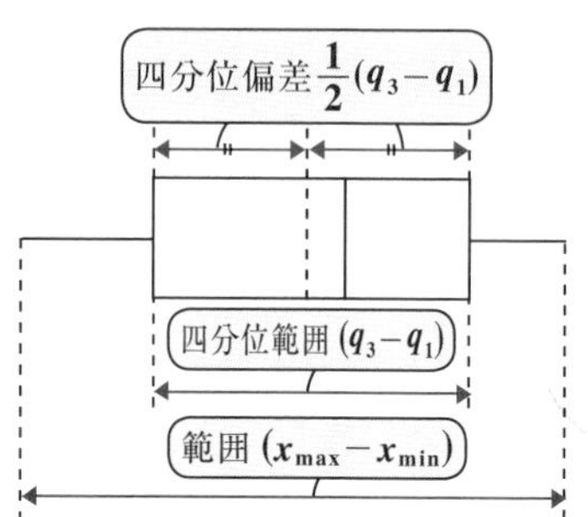

図 **5**　四分位範囲と四分位偏差

最後に，用語の説明をしておこう。図 **5** に示すように，データの最小値から最大値までの長さを**範囲**(はんい)といい，q_1 から q_3 までの箱の長さを**四分位範囲**(しぶんいはんい)という。そして，この四分位範囲の半分の長さを**四分位偏差**(しぶんいへんさ)というので覚えておこう。

● 箱ひげ図と外れ値(はずれち)

小さい順に並べた n 個のデータ $X=\underbrace{x_1}_{x_{min}}, x_2, \cdots, x_{n-1}, \underbrace{x_n}_{x_{max}}$ の箱ひげ図を描いたとき，大部分のデータと比べて，極端に小さなデータや大きなデータを "**外れ値**" という。ここでは，外れ値の定義として図 **6** に示すように，$q_1-1.5\underbrace{(q_3-q_1)}_{四分位範囲} \leqq x \leqq q_3+1.5\underbrace{(q_3-q_1)}_{四分位範囲}$ の範囲の外側に存在するデータを外れ値としよう。従って，図 **6** における最小値 x_{min} や最大値 x_{max} などは外れ値になる。

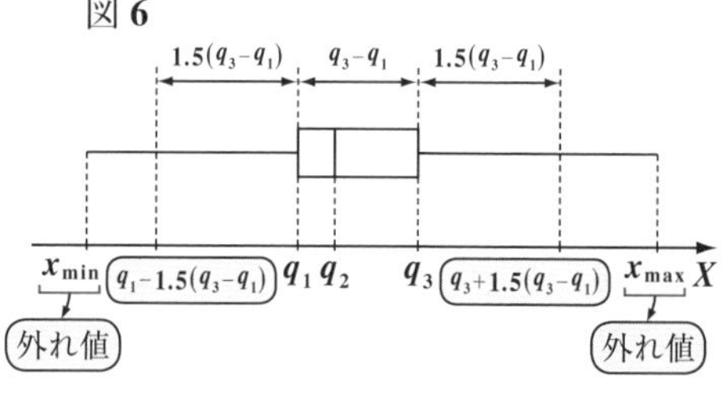

図 **6**

外れ値は，ミスにより誤入した場合もあるが，そうでない場合もある。ミスの場合は，外れ値を除いて考えればいいんだね。

(ex) 第 **1**，第 **3** 四分位数がそれぞれ $q_1=35$，$q_3=43$ で，データの最小値 $x_{min}=21$，最大値 $x_{max}=54$ であるとき，x_{min} と x_{max} が外れ値となるか，否か調べよう。

外れ値とならない x の範囲は，$\underbrace{q_1-1.5(q_3-q_1)}_{35-1.5(43-35)=23} \leqq x \leqq \underbrace{q_3+1.5(q_3-q_1)}_{43+1.5(43-35)=55}$ より，

$23 \leqq x \leqq 55$ となる。よって，$x_{min}=21$ は外れ値であるが，$x_{max}=54$ は外れ値ではないね。

● データの散らばり具合は分散と標準偏差で分かる！

図7(ⅰ)，(ⅱ)に示すように，同じ平均値 m をもつデータ分布でも，(ⅰ)のようにデータのほとんどが平均値 m 付近に存在して散らばりが小さいものと，(ⅱ)のように散らばりが大きいものとがあるんだね。

図7　データの散らばりの違い

(ⅰ)散らばりが小さい

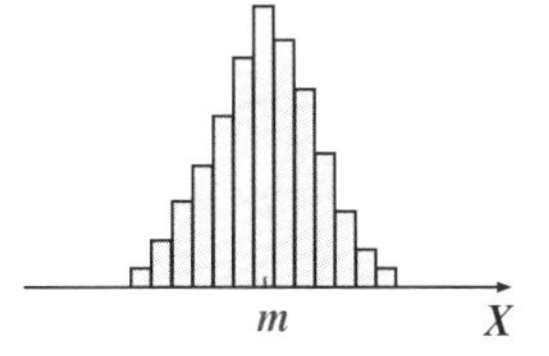

(ⅱ)散らばりが大きい

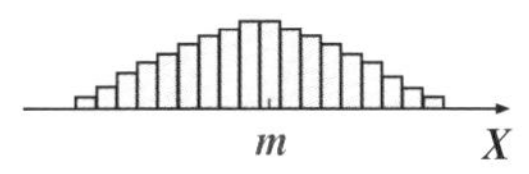

このようなデータの散らばりの度合の大小を数値で表す指標として，**分散** S^2 と**標準偏差** S がある。

まず，この分散 S^2 と標準偏差 S の定義を下に示そう。

分散 S^2 と標準偏差 S

平均値 m をもつ n 個のデータ x_1，x_2，…，x_n について

(ⅰ) 分散 $S^2=\dfrac{(x_1-m)^2+(x_2-m)^2+\cdots+(x_n-m)^2}{n}$ ……………(＊1)

(ⅱ) 標準偏差 $S=\sqrt{S^2}$ ……………………………………………(＊2)

平均値 $m=\dfrac{x_1+x_2+\cdots+x_n}{n}$ であることは大丈夫だね。ここで，x_1-m や x_2-m，…など，各データの値と平均値 m との差を**偏差**という。でも，この偏差の総和を求めても，⊕と⊖で打ち消し合って 0 になるだけなので散らばり具合の指標にはならない。したがって，これら偏差を 2 乗したものの和をとれば，散らばりの度合を示せる。つまり，
$(x_1-m)^2+(x_2-m)^2+\cdots+(x_n-m)^2$ のことで，これを**偏差平方和**という。しかし，これだと，データの数 n が大きいもの程，どんどん大きくなっていくので，本当の散らばり具合を調べる指標としては適さない。よって，これをデータの数 n で割れば，データ数が大きくても，小さくても，データ分布そのものの散らばり具合を表す指標となる。これが，(＊1)で示した**分散** S^2 の定義式(＊1)になる。これは，「偏差平方の平均」と覚えよう。

ただし，この分散 S^2 では，データの値 $x_i\ (i=1, 2, \cdots, n)$ を 2 乗した形になっているので，次元を x の 1 次に戻すために，これの正の平方根をとったもの，すなわち (*2) の標準偏差 $S=\sqrt{S^2}$ を，データ分布の散らばり具合の指標として用いることも多いんだね。

ここで，(*1) の計算式として，次式を使うこともあるので覚えておこう。

$$\text{分散 } S^2=\frac{1}{n}(x_1{}^2+x_2{}^2+\cdots+x_n{}^2)-m^2 \quad \cdots(*1)'$$ ← (S^2 の計算式)

(*1)′ は，次のように (*1) から導ける。

$$S^2=\frac{1}{n}\{(x_1-m)^2+(x_2-m)^2+\cdots+(x_n-m)^2\}$$

$$x_1{}^2-2mx_1+m^2+x_2{}^2-2mx_2+m^2+\cdots+x_n{}^2-2mx_n+m^2$$

(n 個の m^2 の和)

$$=(x_1{}^2+x_2{}^2+\cdots+x_n{}^2)-2m(x_1+x_2+\cdots+x_n)+(m^2+m^2+\cdots+m^2)$$

($n\cdot m$)　($n\cdot m^2$)

(平均値 m の定義より)

$$=(x_1{}^2+x_2{}^2+\cdots+x_n{}^2)-2n\cdot m^2+nm^2=(x_1{}^2+x_2{}^2+\cdots+x_n{}^2)-n\cdot m^2$$

$$\therefore\ S^2=\frac{1}{n}\{(x_1{}^2+x_2{}^2+\cdots+x_n{}^2)-nm^2\}=\frac{1}{n}(x_1{}^2+x_2{}^2+\cdots+x_n{}^2)-m^2 \quad \cdots(*1)'$$

が導けるんだね。納得いった？

● 新たな変量 $Y=aX+b$ の平均値や分散を求めよう！

変量 X の平均値 m_X，分散 $S_X{}^2$，標準偏差 S_X が与えられているとき，X を変換して新たな変量 $Y=aX+b$ (a, b：定数) を定義するとき，Y の平均値 m_Y，分散 $S_Y{}^2$，標準偏差 S_Y は，次の公式により求められるんだね。

m_Y, $S_Y{}^2$, S_Y の公式

平均値 m_X，分散 $S_X{}^2$，標準偏差 S_X の変量 X を用いて，新たな変量 $Y=aX+b$ (a, b：定数) を定義するとき，Y の平均値 m_Y，分散 $S_Y{}^2$，標準偏差 S_Y は，次のようになる。

(i) $m_Y=am_X+b$ ……(*3)　　(ii) $S_Y{}^2=a^2\cdot S_X{}^2$ ……(*4)

(iii) $S_Y=|a|S_X$ ………(*5)

(i) $m_Y=am_X+b$ ……(＊3) の証明をしよう。

$X=x_1,\ x_2,\ x_3,\ \cdots,\ x_n$ とすると，$Y=aX+b$ より，

$Y=y_1,\ y_2,\ y_3,\ \cdots,\ y_n$ となるんだね。よって，Y の平均値 m_Y を求めると，

($y_1=ax_1+b$, $y_2=ax_2+b$, $y_3=ax_3+b$, $y_n=ax_n+b$)

$$m_Y=\frac{1}{n}(y_1+y_2+y_3+\cdots+y_n)$$

$$=\frac{1}{n}\{(ax_1+b)+(ax_2+b)+(ax_3+b)+\cdots+(ax_n+b)\}$$

$$=\frac{1}{n}\{a(x_1+x_2+x_3+\cdots+x_n)+nb\}$$ (n 個の b の和)

$$=a\cdot\underbrace{\frac{x_1+x_2+x_3+\cdots+x_n}{n}}_{m_X}+b=am_X+b$$ となって，(＊3) が導けた。

(ii) $S_Y{}^2=a^2\cdot S_X{}^2$ ……(＊4) も証明しよう。

$$S_Y{}^2=\frac{1}{n}\{(y_1-m_Y)^2+(y_2-m_Y)^2+(y_3-m_Y)^2+\cdots+(y_n-m_Y)^2\}$$

($y_1-m_Y=ax_1+b-(am_X+b)=a(x_1-m_X)$, $y_2-m_Y=ax_2+b-(am_X+b)=a(x_2-m_X)$, $y_3-m_Y=ax_3+b-(am_X+b)=a(x_3-m_X)$, $y_n-m_Y=ax_n+b-(am_X+b)=a(x_n-m_X)$)

$$=\frac{1}{n}\{a^2(x_1-m_X)^2+a^2(x_2-m_X)^2+a^2(x_3-m_X)^2+\cdots+a^2(x_n-m_X)^2\}$$

(共通因数 a^2 をくくり出す。)

$$=a^2\cdot\underbrace{\frac{1}{n}\{(x_1-m_X)^2+(x_2-m_X)^2+(x_3-m_X)^2+\cdots+(x_n-m_X)^2\}}_{X\text{の分散}S_X{}^2}=a^2S_X{}^2$$

となって，(＊4) も導けた。

(iii) $S_Y=|a|S_X$ ……(＊5) は，(＊4) の両辺の正の平方根をとって，

$\sqrt{S_Y{}^2}=\sqrt{a^2S_X{}^2}$ より，$S_Y=|a|S_X$ となって，導ける。もちろん，$S_Y{}^2$ を使って

(S_Y: ⊕, S_X: ⊕)

$S_Y=\sqrt{S_Y{}^2}$ と求めても，同じことだね。

公式は証明よりも使うものだから，この後実際に利用していくことにしよう！

箱ひげ図と分散・標準偏差

絶対暗記問題 39　難易度 ★★　CHECK 1　CHECK 2　CHECK 3

小さい順に並べた次の 9 つの数値データ X がある。

x_1, 4, x_3, 5, x_5, 10, 11, x_8, x_9

右に示す箱ひげ図が，このデータのものであるとする。このとき，

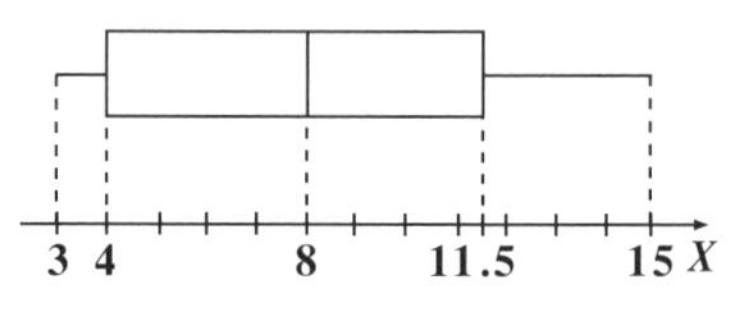

(1) x_1, x_3, x_5, x_8, x_9 の値を求めよ。

(2) このデータ X の平均値 m_X と分散 S_X^2 と標準偏差 S_X を求めよ。

(3) データ X を用いて新たな変量 Y を $Y=aX+b$ $(a, b$：定数，$a<0)$ と定義する。Y の平均値 $m_Y=0$，分散 $S_Y^2=4$ であるとき，定数 a, b の値を求めよ。

ヒント！ (1) 箱ひげ図から，最小値，最大値，第1，第2，第3 の四分位数 q_1, q_2, q_3 を読み取ればいいんだね。(2) 分散 S_X^2 は，分散の公式通り，

$S_X^2=\dfrac{(x_1-m)^2+(x_2-m)^2+\cdots+(x_9-m)^2}{9}$ で求めればいい。(3) では，公式：

$m_Y=am_X+b$，$S_Y^2=a^2S_X^2$ を利用すればいいんだね。頑張ろう！

解答＆解説

(1) 与えられた箱ひげ図より

$$\begin{cases} \text{最小値 } x_1=3 \\ \text{第 1 四分位数 } q_1=\dfrac{4+x_3}{2}=4 \\ \text{第 2 四分位数 } q_2=x_5=8 \\ \text{第 3 四分位数 } q_3=\dfrac{11+x_8}{2}=11.5 \\ \text{最大値 } x_9=15 \end{cases}$$

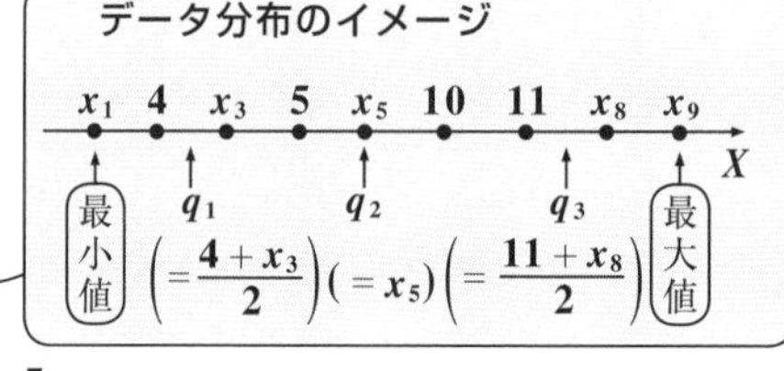

よって，$x_1=3$，$x_3=4$，$x_5=8$，$x_8=12$，$x_9=15$ ……………………(答)

(2) (1) の結果より，与えられた 9 個のデータ (変量) X は，

$X=x_1$, x_2, x_3, x_4, x_5, x_6, x_7, x_8, x_9

$=$ 3, 4, 4, 5, 8, 10, 11, 12, 15 である。

まず，平均値 m_X を求めると，

$m_X=\frac{1}{9}(3+4+4+5+8+10+11+12+15)=\frac{72}{9}=8$

よって，各データの偏差と偏差平方を表で示すと次のようになる。

従って，求める分散は

$S_X{}^2=\frac{(x_1-m_X)^2+(x_2-m_X)^2+\cdots+(x_9-m_X)^2}{9}$

$=\frac{(3-8)^2+(4-8)^2+\cdots+(15-8)^2}{9}$

$=\frac{(-5)^2+(-4)^2+\cdots+7^2}{9}$

$=\frac{144}{9}=16$ となる。………(答)

この正の平方根が標準偏差 S となるので，

$S_X=\sqrt{S_X{}^2}=\sqrt{16}=4$ …………(答)

$S_X{}^2$は，計算式：$S_X{}^2=\frac{1}{9}(x_1{}^2+x_2{}^2+\cdots+x_9{}^2)-m_X{}^2$ を用いて，

$S_X{}^2=\frac{1}{9}(3^2+4^2+\cdots+15^2)-8^2=\frac{720}{9}-64$

$=80-64=16$ と求めてもいい。

表

各 $x_i\ (i=1,2,\cdots,9)$ から m_X を引いたもの

偏差を2乗したもの

データ No	データ X	偏差 x_i-m_X	偏差平方 $(x_i-m_X)^2$
1	3	−5	25
2	4	−4	16
3	4	−4	16
4	5	−3	9
5	8	0	0
6	10	2	4
7	11	3	9
8	12	4	16
9	15	7	49
合計	72	0	144
平均	8		16

平均値 m_X　　分散 $S_X{}^2$

分散の計算には，このような表を用いると，間違いなく計算できる。

(3) 新たな変量(データ) $Y=aX+b\ (a<0)$

について，平均値 $m_Y=0$，分散 $S_Y{}^2=4$

より，$m_Y=am_X+b=$ $8a+b=0$，かつ $S_Y{}^2=a^2S_X{}^2=$ $16a^2=4$ となる。

よって，$8a+b=0$ ……①，$a^2=\frac{1}{4}$ ……② とおくと，

②より，$a=-\sqrt{\frac{1}{4}}=-\frac{1}{2}$ $(\because a<0)$ これを①に代入して，

$-4+b=0$ より，$b=4$

以上より，求める定数 $a,\ b$ の値は，$a=-\frac{1}{2}$，$b=4$ である。…………(答)

箱ひげ図と外れ値

絶対暗記問題 40	難易度 ★★	CHECK 1	CHECK 2	CHECK 3

小さい順に並べた次の **10** 個の数値データ X がある。

$X = 3,\ 4,\ 4,\ 5,\ 8,\ 10,\ 11,\ 12,\ 15,\ 28$

(1) このデータ X の箱ひげ図を描き，$x_{10} = 28$ が外れ値であるか，否かを調べよ。

(2) このデータ X の平均値 m_X と分散 $S_X{}^2$ と標準偏差 S_X の値を求めよ。

ヒント！ $X = x_1, x_2, \cdots, x_9$ までは，絶対暗記問題 **39 (P120)** のデータと同じだね。これに，極端に大きな数として，$x_{10} = 28$ を加えたものについて調べよう。**(1)** データの内，$q_1 - 1.5(q_3 - q_1) \leqq x \leqq q_3 + 1.5(q_3 - q_1)$ (q_1, q_3：第 **1**，第 **3** 四分位数) の範囲外のデータを外れ値というんだね。**(2)** では，この外れ値 $x_{10} = 28$ も含めた平均値 m_X，分散 $S_X{}^2$ を求める。**1** つの外れ値 x_{10} によって，分布のバラツキが大きくなり，$S_X{}^2$ が大きな値をとることも確認してみよう。

解答＆解説

(1) $X = x_1,\ x_2,\ x_3,\ x_4,\ x_5,\ x_6,\ x_7,\ x_8,\ x_9,\ x_{10}$

$= 3,\ 4,\ 4,\ 5,\ 8,\ 10,\ 11,\ 12,\ 15,\ 28$ について，

（$3 = x_{min}$，$4 = q_1$，$q_2 = \frac{8+10}{2} = 9$，$12 = q_3$，$28 = x_{max}$）

最小値 $x_{min} = 3$，最大値 $x_{max} = 28$，第 **1**，第 **2**，第 **3** 四分位数は順に，$q_1 = 4$，$q_2 = 9$，$q_3 = 12$ である。よって，このデータ X の箱ひげ図を示すと，右のようになる。……(答)

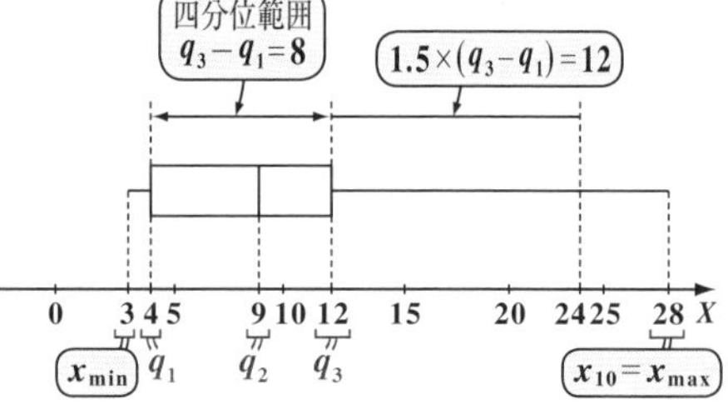

四分位範囲は，

$q_3 - q_1 = 12 - 4 = 8$ であるので，

このデータの外れ値は，

$4 - 1.5(12 - 4) \leqq x \leqq 12 + 1.5(12 - 4)$，すなわち $-8 \leqq x \leqq 24$ の範囲外の

$[q_1 - 1.5(q_3 - q_1) \leqq x \leqq q_3 + 1.5(q_3 - q_1)]$

データのことである。

よって，$x_{max} = x_{10} = 28 > 24$ より，$x_{10} = 28$ は外れ値である。…………(答)

$x_{min} = x_1 = 3$ は，$-8 \leqq x \leqq 24$ の範囲に入っているので，これは外れ値ではない。

(2) データ(変量) X の平均値 m_X と分散 S_X^2 の値を求めてみよう。

$$m_X=\frac{1}{10}(3+4+4+5+\cdots+28)$$

$$=\frac{100}{10}=10 \quad \cdots\cdots\cdots\cdots\cdots\cdots(\text{答})$$

よって，各データ $x_i(i=1,\ 2,\ 3,\ \cdots,\ 10)$ の偏差と偏差平方を表で示すと右のようになる。

従って，求める分散 S_X^2 と標準偏差 S_X は，

$$S_X^2=\frac{(x_1-m_X)^2+(x_2-m_X)^2+\cdots+(x_{10}-m_X)^2}{10}$$

$$=\frac{(3-10)^2+(4-10)^2+\cdots+(28-10)^2}{10}$$

$$=\frac{(-7)^2+(-6)^2+\cdots+18^2}{10}$$

$$=\frac{504}{10}=\frac{252}{5}\ (=50.4)\ \text{であり，}$$

$\cdots\cdots\cdots(\text{答})$

表

データ No	データ X	偏差 x_i-m_X	偏差平方 $(x_i-m_X)^2$
1	3	−7	49
2	4	−6	36
3	4	−6	36
4	5	−5	25
5	8	−2	4
6	10	0	0
7	11	1	1
8	12	2	4
9	15	5	25
10	28	18	324
合計	100	0	504
平均	10 (= 平均値 m_X)		50.4 (= 分散 S_X^2)

$$S_X=\sqrt{S_X^2}=\sqrt{\frac{252}{5}}=\sqrt{\frac{2^2\times3^2\times7}{5}}=\frac{6\sqrt{7}}{\sqrt{5}}=\frac{6\sqrt{35}}{5}\ \text{である。}\ \cdots\cdots\cdots\cdots\cdots(\text{答})$$

絶対暗記問題 39 の 9 個のデータ $X=x_1,\ x_2,\ \cdots,\ x_9$ に，$x_{10}=28$ (外れ値) が加わることにより，平均値 m_X は，8 から 10 に増加し，また，分散 S_X^2 は 16 から 50.4 へと大きく増加することになるんだね。これは，極端に大きなデータである $x_{10}=28$ が加えられることにより，データのバラツキの度合いが増大するからなんだね。

頻出問題にトライ・14　難易度 ★★　CHECK 1　CHECK 2　CHECK 3

3 個の数値データ 3，5，x がある。この分散 $S^2=\dfrac{8}{3}$ のとき，
x の値と，この平均値 m を求めよ。

解答は P247

2. データの相関係数を求めよう！

これまで解説したデータは $X = x_1, x_2, \cdots, x_n$ の形の **1** 変数のデータだったんだね。これに対して，今回は，(x_1, y_1)，(x_2, y_2)，…，(x_n, y_n) の形をした **2** 変数データの処理の仕方について解説しよう。

これら **2** 変数データは，座標平面上に**散布図**として表すことができ，これから，**正の相関**や**負の相関**などを読みとることができる。さらに，この **2** 変数のデータの関係は，**共分散** S_{XY} や**相関係数** r_{XY} といった指標で表すこともできる。シッカリ勉強しよう！

● 2 変数データの散布図から，正・負の相関が分かる！

たとえば，ある n 人のクラスの生徒の身長と体重とか，数学と英語の試験の得点結果とか，データが (x_1, y_1)，(x_2, y_2)，…，(x_n, y_n) の **2** 変数の形で表される場合もかなりある。この場合，変量 X，Y が，

$$\begin{cases} X = x_1, x_2, \cdots, x_n \\ Y = y_1, y_2, \cdots, y_n \end{cases}$$

の **2** 組のデータが与えられているわけだけれど，これら **2** 変数のデータ (x_1, y_1)，(x_2, y_2)，…，(x_n, y_n) を点の座標と見れば，図 **1** に示すように，XY 座標平面上の n 個の点として表すことができる。このように，n 組のデータの点が散りばめられているので，これを**散布図**と呼ぶんだね。

図 **1**　散布図と相関関係

(ⅰ) 正の相関がある

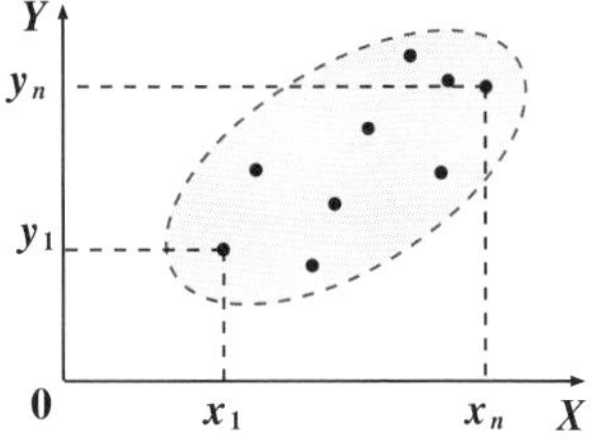

(ⅱ) 負の相関がある

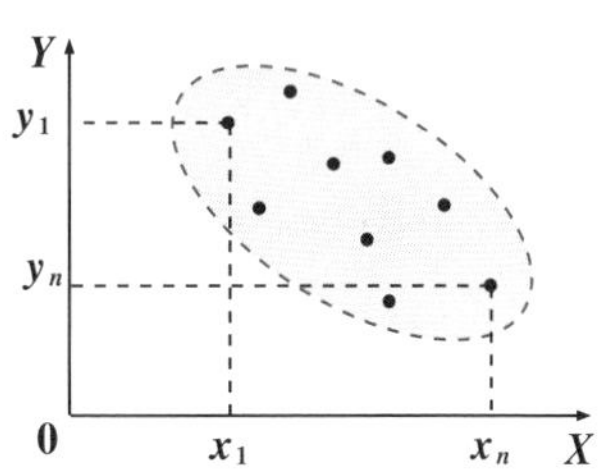

(ⅲ) 相関がない

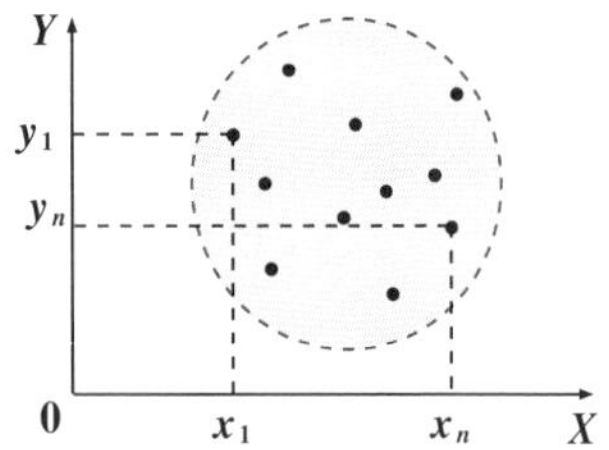

ここで，(Ⅰ) **正の相関**がある，(Ⅱ) **負の相関**がある，(Ⅲ) **相関**がない，の **3** つの場合を，図 **1** の (ⅰ)，(ⅱ)，(ⅲ) にそれぞれ示した。

(Ⅰ) 図 **1**(ⅰ) のように，X と Y の一方が増加すると他方も増加する傾向があるとき，「X と Y の間に正の相関がある」といい，

(Ⅱ) 図 **1**(ⅱ) のように，X と Y の一方が増加すると他方が減少する傾向があるとき，「X と Y の間に負の相関がある」という。そして，

(Ⅲ) 図 **1**(ⅲ) のように，正の相関も負の相関も認められないとき，「X と Y の間には相関がない」というんだね。

● 共分散 S_{XY} と相関係数 r_{XY} を求めよう！

では次，正の相関や負の相関を数値で表す指標として，**共分散** S_{XY} や **相関係数** r_{XY} があるので，これらの求め方について教えよう。

まず，変量 $X = x_1, x_2, \cdots, x_n$ の平均値を m_X，標準偏差を S_X とおき，変量 $Y = y_1, y_2, \cdots, y_n$ の平均値を m_Y，標準偏差を S_Y とおこう。

これらが，次のように計算できるのは大丈夫だね。

$$\begin{cases} X \text{ の平均値} \quad m_X = \dfrac{1}{n}(x_1 + x_2 + \cdots + x_n) \\ X \text{ の分散} \quad S_X{}^2 = \dfrac{1}{n}\{(x_1 - m_X)^2 + (x_2 - m_X)^2 + \cdots + (x_n - m_X)^2\} \\ X \text{ の標準偏差} \ S_X = \sqrt{S_X{}^2} \end{cases}$$

$$\begin{cases} Y \text{ の平均値} \quad m_Y = \dfrac{1}{n}(y_1 + y_2 + \cdots + y_n) \\ Y \text{ の分散} \quad S_Y{}^2 = \dfrac{1}{n}\{(y_1 - m_Y)^2 + (y_2 - m_Y)^2 + \cdots + (y_n - m_Y)^2\} \\ Y \text{ の標準偏差} \ S_Y = \sqrt{S_Y{}^2} \end{cases}$$

前に練習したから，この位はチョロイって!? いいね。よく練習してるね。それでは，この m_X，S_X，m_Y，S_Y を用いて，共分散 S_{XY} と相関係数 r_{XY} を求める公式を次に示そう。

共分散 S_{XY} と相関係数 r_{XY}

$\begin{cases} \text{変量 } X = x_1, x_2, \cdots, x_n \text{ の平均値を } m_X,\ \text{標準偏差を } S_X \text{ とおき,} \\ \text{変量 } Y = y_1, y_2, \cdots, y_n \text{ の平均値を } m_Y,\ \text{標準偏差を } S_Y \text{ とおく。} \end{cases}$

このとき，2 変数データ (x_1, y_1)，(x_2, y_2)，…，(x_n, y_n) の

(Ⅰ) 共分散 S_{XY} と (Ⅱ) 相関係数 r_{XY} は次式で求められる。

(Ⅰ) 共分散 $S_{XY} = \frac{1}{n}\{(x_1 - m_X)(y_1 - m_Y) + (x_2 - m_X)(y_2 - m_Y)$

$+ \cdots + (x_n - m_X)(y_n - m_Y)\}$ …………(＊1)

(Ⅱ) 相関係数 $r_{XY} = \frac{S_{XY}}{S_X \cdot S_Y}$ ……………………………………………(＊2)

(Ⅰ) の共分散の定義をみて，ヒェ〜！ってなってない？いいよ，これから解説しよう。(＊1) の { } 内には，n 個の

$(x_i - m_X)(y_i - m_Y)$ $(i = 1, 2, \cdots, n)$

これは，$i = 1, 2, \cdots, n$ と動かすことにより $(x_1 - m_X)(y_1 - m_Y)$，$(x_2 - m_X)(y_2 - m_Y)$，…，$(x_n - m_X)(y_n - m_Y)$ を表している。

があるけれど，この符号について考えよう。

図 2　$(x_i - m_X)(y_i - m_Y)$ の符号

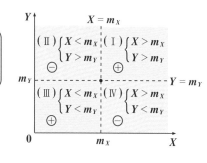

図 2 に示すように，XY 座標平面 $(X > 0,\ Y > 0)$ をさらに，直線 $X = m_X$ と直線 $Y = m_Y$ により，4 つの領域 (Ⅰ)，(Ⅱ)，(Ⅲ)，(Ⅳ) に分割して考えると，

(Ⅰ) $X > m_X$，$Y > m_Y$ の領域内に点 (x_i, y_i) があるとき，

$x_i > m_X$，$y_i > m_Y$ となるので，(＊1) の { } 内の項：

$\underbrace{(x_i - m_X)}_{\oplus}\underbrace{(y_i - m_Y)}_{\oplus} > 0$ となり，S_{XY} の値を⊕側に増やす。

(Ⅱ) $X < m_X$，$Y > m_Y$ の領域内に点 (x_i, y_i) があるとき，

$x_i < m_X$，$y_i > m_Y$ となるので，(＊1) の { } 内の項：

$\underbrace{(x_i - m_X)}_{\ominus}\underbrace{(y_i - m_Y)}_{\oplus} < 0$ となり，S_{XY} の値を⊖側に減らす。

(Ⅲ) $X < m_X$, $Y < m_Y$ の領域内に点 (x_i, y_i) があるとき，

$x_i < m_X$, $y_i < m_Y$ となるので，$(*1)$ の { } 内の項：

$\underbrace{(x_i - m_X)}_{\ominus}\underbrace{(y_i - m_Y)}_{\ominus} > 0$ となり，S_{XY} の値を⊕側に増やす。

(Ⅳ) $X > m_X$, $Y < m_Y$ の領域内に点 (x_i, y_i) があるとき，

$x_i > m_X$, $y_i < m_Y$ となるので，$(*1)$ の { } 内の項：

$\underbrace{(x_i - m_X)}_{\oplus}\underbrace{(y_i - m_Y)}_{\ominus} < 0$ となり，S_{XY} の値を⊖側に減らす。

以上より，データの点が，(Ⅰ)(Ⅲ) の領域にあるときは⊕に，(Ⅱ)，(Ⅳ) の領域にあるときは⊖に，S_{XY} の値が加減されるので，S_{XY} は，正または負の相関を表す指標になる。$(*1)$ の右辺で，{ } を n で割っているのは，データの個数の大小に左右されないようにするためなんだね。

そして，この共分散 S_{XY} を $S_X \cdot S_Y$ で割ったものが，相関係数 r_{XY} であり，$(*2)$ に示す。これは正または負の相関関係を示す指標として，さらに洗練されたものとなるんだね。この r_{XY} の値と散布図の関係を，図 3(ⅰ)～(ⅴ) に示す。

(ⅰ) $r_{XY} = -1$ のとき，すべてのデータ (x_i, y_i) は，点 (m_X, m_Y) を通る負の傾きの直線上に並ぶ。(最も負の相関が強い。)

(ⅱ) $-1 < r_{XY} < 0$ のとき，X と Y に負の相関がある。

(ⅲ) $r_{XY} = 0$ のとき，X と Y に相関が認められない。

(ⅳ) $0 < r_{XY} < 1$ のとき，X と Y に正の相関がある。

(ⅴ) $r_{XY} = 1$ のとき，すべてのデータ (x_i, y_i) は，点 (m_X, m_Y) を通る正の傾きの直線上に並ぶ。(最も正の相関が強い。)

図 3　相関係数 r_{XY} と散布図の関係

(ⅰ) $r_{XY} = -1$

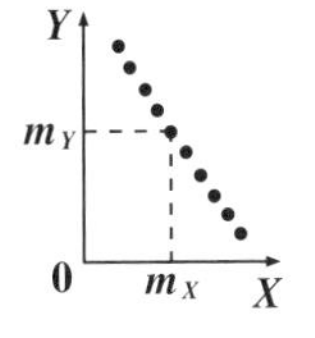

(ⅱ) $-1 < r_{XY} < 0$

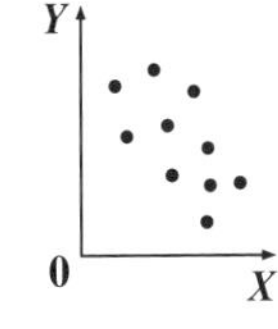

(ⅲ) $r_{XY} = 0$

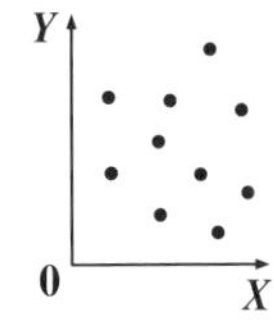

(ⅳ) $0 < r_{XY} < 1$

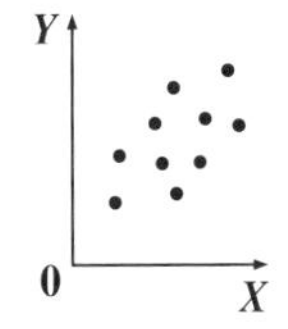

(ⅴ) $r_{XY} = 1$

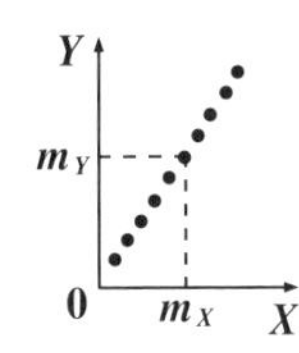

$r_{XY} = -1$ ←――→ $r_{XY} = 0$ ←――→ $r_{XY} = 1$

(強い) 負の相関 (弱い)　　(弱い) 正の相関 (強い)

講義 5 データの分析

相関係数と散布図

絶対暗記問題 41　難易度 ★★　CHECK 1　CHECK 2　CHECK 3

次の 7 組の 2 変数データがある。

(3, 5), (5, 3), (9, 9), (3, 6), (1, 4), (5, 7), (9, 8)

ここで，2 変数 X, Y を，

$X = 3,\ 5,\ 9,\ 3,\ 1,\ 5,\ 9$　　$Y = 5,\ 3,\ 9,\ 6,\ 4,\ 7,\ 8$ とおく。

(1) XY 座標平面上に，このデータの散布図を描け。

(2) X と Y の共分散 S_{XY} と相関係数 r_{XY} を求めよ。

ヒント！ (1) で描いた散布図から，正の相関があることが分かるはずだ。(2) 共分散 S_{XY} と相関係数 r_{XY} の計算には，表を利用すると便利だ。

解答&解説

(1) 与えられた 7 組の 2 変数データから散布図を描くと右図のようになる。

……(答)

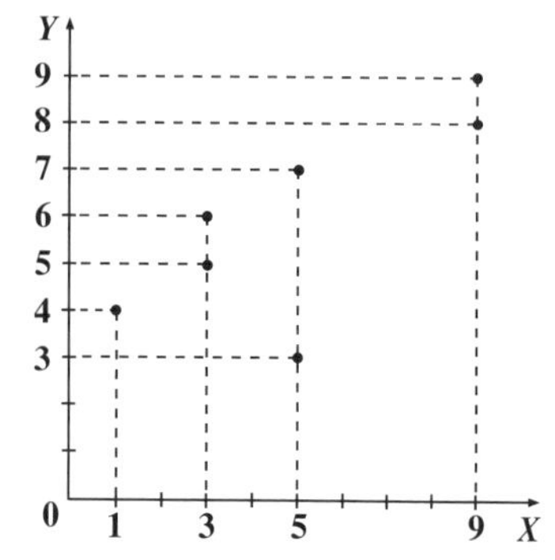

(2) $X = x_1,\ x_2,\ x_3,\ x_4,\ x_5,\ x_6,\ x_7$
$= 3,\ 5,\ 9,\ 3,\ 1,\ 5,\ 9$

$Y = y_1,\ y_2,\ y_3,\ y_4,\ y_5,\ y_6,\ y_7$
$= 5,\ 3,\ 9,\ 6,\ 4,\ 7,\ 8$

とおき，X と Y の平均をそれぞれ m_X, m_Y，分散をそれぞれ $S_X{}^2$, $S_Y{}^2$ また，標準偏差をそれぞれ S_X, S_Y とおく。

これらの値を基に，次の表を用いて，X と Y の共分散 S_{XY} と相関係数 r_{XY} を求める。

$$S_X{}^2 = \frac{1}{7}\{(x_1 - m_X)^2 + (x_2 - m_X)^2 + \cdots + (x_7 - m_X)^2\}$$

$$S_Y{}^2 = \frac{1}{7}\{(y_1 - m_Y)^2 + (y_2 - m_Y)^2 + \cdots + (y_7 - m_Y)^2\}$$

$$S_{XY} = \frac{1}{7}\{(x_1 - m_X)(y_1 - m_Y) + (x_2 - m_X)(y_2 - m_Y) + \cdots + (x_7 - m_X)(y_7 - m_Y)\}$$

これらの公式を利用する！

表

データNo	データ X	偏差 $x_i - m_X$	偏差平方 $(x_i - m_X)^2$	データ Y	偏差 $y_i - m_Y$	偏差平方 $(y_i - m_Y)^2$	$(x_i - m_X)(y_i - m_Y)$
1	3	−2	4	5	−1	1	2 (= −2 × (−1))
2	5	0	0	3	−3	9	0 (= 0 × (−3))
3	9	4	16	9	3	9	12 (= 4 × 3)
4	3	−2	4	6	0	0	0 (= −2 × 0)
5	1	−4	16	4	−2	4	8 (= −4 × (−2))
6	5	0	0	7	1	1	0 (= 0 × 1)
7	9	4	16	8	2	4	8 (= 4 × 2)
合計	35	0	56	42	0	28	30
平均	5 ($= m_X$)		8 ($= S_X{}^2$)	6 ($= m_Y$)		4 ($= S_Y{}^2$)	30／7 ($= S_{XY}$)

以上，表計算の結果より，

X と Y の共分散 $S_{XY} = \dfrac{30}{7}$ ……………………………………………………(答)

また，X の標準偏差 $S_X = \sqrt{S_X{}^2} = \sqrt{8} = 2\sqrt{2}$

Y の標準偏差 $S_Y = \sqrt{S_Y{}^2} = \sqrt{4} = 2$

よって，求める相関係数 r_{XY} は，

$$r_{XY} = \frac{\frac{30}{7}}{2\sqrt{2} \times 2} = \frac{30}{28\sqrt{2}} = \frac{15\sqrt{2}}{28} \quad (\fallingdotseq 0.758)$$ …………………(答)

（$30 = 15 \times (\sqrt{2})^2$）

（比較的強い正の相関がある。）

頻出問題にトライ・15　難易度 ★★★　CHECK 1　CHECK 2　CHECK 3

3 組の 2 変数データ (1, 4), (2, 2), (x, 6) がある。
ここで，変数 X, Y を $X = 1, 2, x$, $Y = 4, 2, 6$ とおくと，
X と Y の相関係数 $r_{XY} = \dfrac{1}{2}$ である。
このとき，x の値を求めよ。

解答は P247

講義5 ● データの分析　公式エッセンス

1. n 個のデータ $x_1,\ x_2,\ x_3,\ \cdots,\ x_n$ の平均値 $\overline{X}(=m)$

$$\overline{X}=m=\frac{x_1+x_2+x_3+\cdots+x_n}{n}$$

2. メジアン(中央値)

(ⅰ) $2n+1$ 個(奇数)個のデータを小さい順に並べたもの：

$x_1,\ x_2,\ \cdots,\ x_n,\ x_{n+1},\ x_{n+2},\ x_{n+3},\ \cdots,\ x_{2n+1}$　のメジアンは，

x_{n+1} となる。

(ⅱ) $2n$ 個(偶数)個のデータを小さい順に並べたもの：

$x_1,\ x_2,\ \cdots,\ x_{n-1},\ x_n,\ x_{n+1},\ x_{n+2},\ \cdots,\ x_{2n}$　のメジアンは，

$\dfrac{x_n+x_{n+1}}{2}$ となる。

3. 箱ひげ図作成の例(データ数 $n=10$)

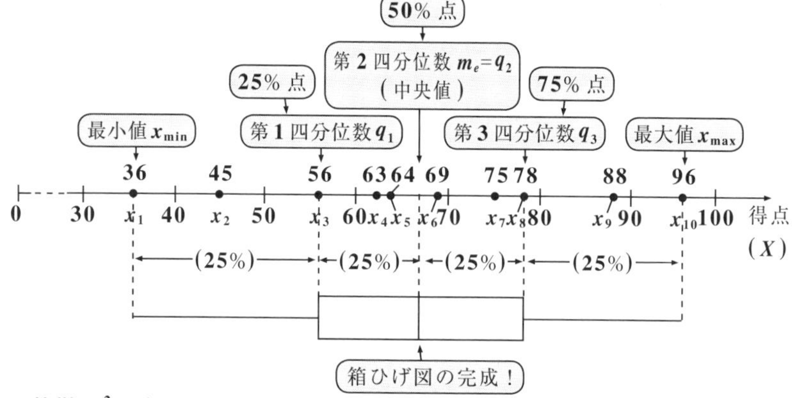

4. 分散 S^2 と標準偏差 S

(ⅰ) 分散 $S^2=\dfrac{(x_1-m)^2+(x_2-m)^2+\cdots+(x_n-m)^2}{n}$

(ⅱ) 標準偏差 $S=\sqrt{S^2}$

5. 共分散 S_{XY} と相関係数 r_{XY}

(ⅰ) 共分散 $S_{XY}=\dfrac{1}{n}\{(x_1-m_X)(y_1-m_Y)+(x_2-m_X)(y_2-m_Y)+\cdots+(x_n-m_X)(y_n-m_Y)\}$

(ⅱ) 相関係数 $r_{XY}=\dfrac{S_{XY}}{S_X\cdot S_Y}$　$\left(\begin{array}{l} m_X：X \text{ の平均},\ m_Y：Y \text{ の平均} \\ S_X：X \text{ の標準偏差},\ S_Y：Y \text{ の標準偏差} \end{array}\right)$

講義
Lecture

6 場合の数と確率

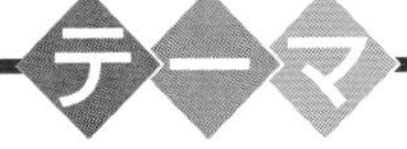

- ▶ 順列の数 ${}_n\mathrm{P}_r$，同じものを含む順列など
- ▶ 組合せの数 ${}_n\mathrm{C}_r$，最短経路と組分け問題
- ▶ 確率の加法定理と余事象の確率
- ▶ 独立な試行の確率と反復試行の確率
- ▶ 条件付き確率と確率の乗法定理

講義6 場合の数と確率

これから，まず“**場合の数**”の解説に入るよ。この場合の数の計算には，様々なテクニックがあるんだけれど，**1**つ**1**つていねいに教えよう。

1. 場合の数の計算では，“または”はたし算，“かつ”はかけ算だ！

集合 A の要素の個数を $n(A)$ と表したね。ここで，A を集合ではなく，ことがら(コレを**事象**ともいうよ)であると考えると，$n(A)$ は事象 A が起こる場合の数と考えることができる。たとえば，サイコロを**1**回投げて“偶数の目が出る”を事象 A とおくと，これは**2, 4, 6**の**3**つの目のいずれかが出ることだから，事象 A の場合の数は $n(A)=3$ となるんだね。

それでは，**2**つの事象 A, B について，**和の法則**と**積の法則**を書いておくよ。

図1

(i) 和の法則

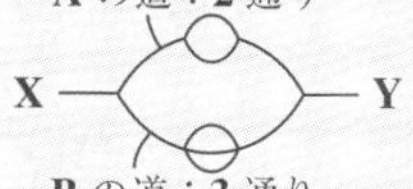

A または B の道を通って，X から Y へ行く場合の数：$2+3=5$ 通り

(ii) 積の法則

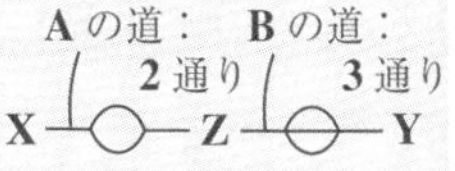

A の道：2通り　B の道：3通り

X ― Z ― Y

A かつ B の道を通って，X から Y へ行く場合の数：$2\times3=6$ 通り

和の法則と積の法則

2つの事象 A, B があり，それらの起こる場合の数がそれぞれ m 通り，n 通りとする。

(i) 和の法則

2つの事象 A, B が同時に起こらないとき，

A または B の起こる場合の数は $m+n$ 通り

(ii) 積の法則

2つの事象 A と B がともに起こる場合の数は，$m\times n$ 通り

つまり，(i) A または B の起こる場合の数が，$m+n$ 通りであり，(ii) A かつ B の起こる場合の数は $m\times n$ 通りになると覚えておくといいよ。

(i) は A, B が同時に起こらないので，$A\cap B=\phi$ といっているのと同じだね。このとき A または $B(A\cup B)$ の起こる場合の数は，$n(A\cup B)=n(A)+n(B)$ といってるんだ。これ，前回やったね。

例題で確認しよう。大小 2 つのサイコロを投げて出た目の数の和が 4 の倍数になる場合の数を求めるよ。2 つのサイコロの目を a, b とおくと，その和が 4 の倍数になるのは，$a+b=4$ または 8 または 12 なんだね。(ⅰ) $a+b=4$ となる場合の数は，$(a, b)=(1, 3)(2, 2)(3, 1)$ の 3 通りだね。同様に，

場合の数はこのように規則正しく並べて求めるといいよ。

図 2 で示すように，(ⅱ) $a+b=8$ となるのは 5 通り，そして (ⅲ) $a+b=12$ となるのは 1 通りで，これらは同時に起こることはなく，“または”の関係だからたし算をして，$a+b$ が 4 の倍数となる場合の数は，$3+5+1=9$ 通りが答えだ！

図 2 $a+b$ が 4 の倍数

(ⅰ) $a+b=4$ のとき
$(a, b)=(1, 3), (2, 2)$
$(3, 1)$ の 3 通り

(ⅱ) $a+b=8$ のとき
$(a, b)=(2, 6), (3, 5)$
$(4, 4), (5, 3)$
$(6, 2)$ の 5 通り

(ⅲ) $a+b=12$ のとき
$(a, b)=(6, 6)$ の 1 通り

● $n!$ は $n\times(n-1)\times(n-2)\times\cdots\cdots\times3\times2\times1$ のことだ！

まず，n 個の異なるものを 1 列に並べる並べ方の総数は，$n!$ (コレ，n の階乗(かいじょう)と読む) と表せることを覚えてくれ。この $n!$ の定義は次の通りだ。

$n!$ の計算

$$n!=n\times(n-1)\times(n-2)\times\cdots\cdots\times3\times2\times1 \quad (n:\text{自然数})$$

たとえば，3 つの数字 7, 5, 3 をすべて使って 3 桁の整数を作る場合の数は，図 3 より，3 つの異なるものを 1 列に並べる場合の数と同じなので，

$3!=3\times2\times1=6$ 通りとなるんだ。

また，$n!$ について，$1!=1$ はすぐわかるね。ここで，$n=0$ の場合も，$0!=1$ と定義するので覚えておいてくれ。つまり，$1!$ も $0!$ も，同じ 1 となるんだね。

図 3 7, 5, 3 で 3 桁の整数を作る

百位 十位 一位
○ ○ ○
$3\times2\times1$

7, 5, 3 のいずれか 3 通り
百位の数以外の 2 通り
百位と十位の数以外の 1 通り

$=3!=6$ 通り

● 順列と重複順列の数をマスターしよう！

次に，**順列の数** ${}_n\mathrm{P}_r$ と**重複順列の数** n^r について，その公式を書いておくよ。

順列の数 ${}_n\mathrm{P}_r$ と重複順列の数 n^r

(i) 順列の数：${}_n\mathrm{P}_r = \dfrac{n!}{(n-r)!}$ ：n 個の異なるものから**重複を許さず**に r 個を選び出し，それを 1 列に並べる並べ方の総数。

(ii) 重複順列の数：n^r ：n 個の異なるものから**重複を許して** r 個を選び出し，それを 1 列に並べる並べ方の総数。

たとえば，**a, b, c, d, e** の **5** つから，重複を許さないで **3** つを選び出し **1** 列に並べる場合の数は，$n=5$, $r=3$ を ${}_n\mathrm{P}_r$ の公式に代入して，

$${}_5\mathrm{P}_3 = \frac{5!}{(5-3)!} = \frac{5!}{2!} = \frac{5\cdot4\cdot3\cdot\cancel{2}\cdot\cancel{1}}{\cancel{2}\cdot\cancel{1}} = 60 \text{ 通りとなる。}$$

図 **4** のように，**3** つの席に **a, b, c, d, e** がすわる場合の数と考えて，$5\times4\times3=60$ 通りとしてももちろんいいよ。

図 4　${}_5\mathrm{P}_3$（重複を許さず）

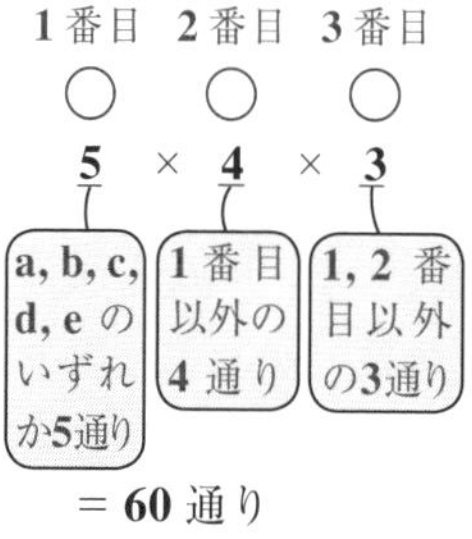

1 番目　2 番目　3 番目

○　○　○

5 × **4** × **3**

（a, b, c, d, e のいずれか5通り）（1 番目以外の 4 通り）（1, 2 番目以外の3通り）

= **60** 通り

次に，重複を許して並べる場合には，**aab** や **bbc** や **ccc** なども含まれるんだ。したがって，公式 n^r の n に **5**，r に **3** を代入して，$5^3=125$ 通りとなるんだ。図 **5** を参考にしてくれ。

図 5　n^r（重複を許す）

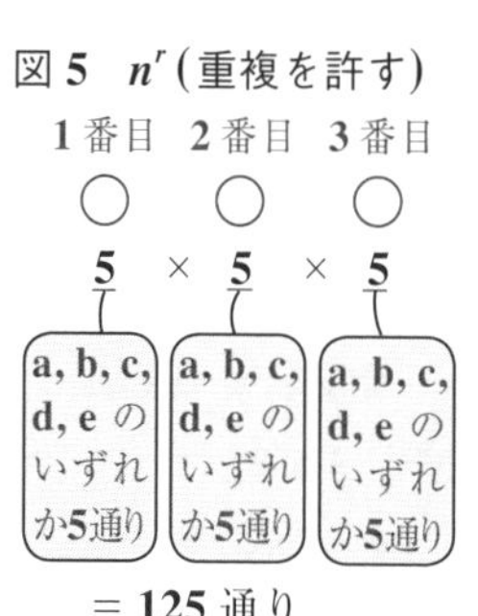

● 同じものを含む順列は同じものの階乗で割れ！

次に，**5** つの文字 **K, Y, O, T, O**（京都）の並べ替え（順列）の総数を求めてみよう。ポイントは，同じ **O** が **2** つ含まれていることだね。この場合，まず **2** つの **O** が O_1，O_2 と区別できるものとして計算するんだ。すると，**5** 文字の並べ替えだから，**5!** 通りだね。

ここでは，図6のように，K, Y, O_1, T, O_2 と K, Y, O_2, T, O_1 を区別しているが，実は O_1 と O_2 に区別があるわけじゃなく，同じものなんだね。これ以外も同様に，O_1 と O_2 の並べ替えの 2! 倍だけ余分に計算しているので，元の 5! を 2! で割って，

$$\frac{5!}{2!}=\frac{5\cdot4\cdot3\cdot2\cdot1}{2\cdot1}=60 \text{ 通り}$$

が求める K, Y, O, T, O の並べ替えの総数だ。

図6
$$\begin{cases} K, Y, O_1, T, O_2 \\ K, Y, O_2, T, O_1 \end{cases}$$
5! 通りでは，これらを別ものとして計算しているけれど，実は同じものだ！

一般に，次の公式が成り立つから，是非覚えてくれ。

同じものを含むものの順列の数

n 個のもののうち，p 個，q 個，r 個，…… がそれぞれ同じものであるとき，それらを1列に並べる並べ方の総数は，

$$\frac{n!}{p!q!r!\cdots\cdots} \text{ 通り}$$

● 円順列は1つのものを固定して考えよう！

次に，n 個の異なるものを円形に並べる場合の数は，次の公式で求まる。

円順列の数

n 個の異なるものを円形に並べる並べ方の総数は，

$(n-1)!$ 通り

図7 円順列ではクルクルまわってもみんな同じものと考える！

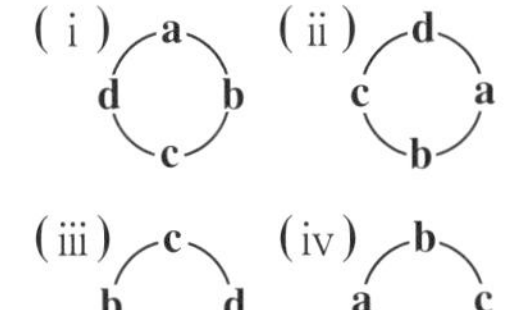

たとえば，a, b, c, d の4つを円形に並べる場合の数は，$(4-1)!=3!=3\times2\times1=6$ 通りとなるんだ。これは，図7の(i)が，クルクルまわって(ii)や(iii)や(iv)となっても同じものとみなすので，4! を，同じとみられる4通りで割って，

$$\frac{4!}{4}=\frac{4\cdot3\cdot2\cdot1}{4}=3! \text{ となる。}$$

それならば，クルクルまわれないように，たとえば文字 a のみを1番上の位置に固定してもいい。すると，3つの文字 b, c, d だけの並べ替えになるので，3! と，同じ結果になるんだね。(図8)

図8 円順列では特定の1つ(a)を固定してもよい。

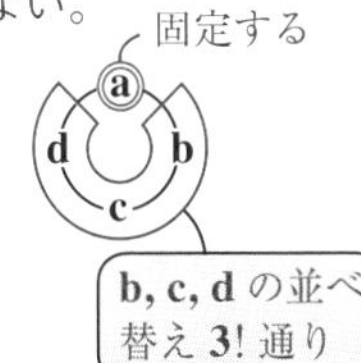

順列の数 $_nP_r$ と 3 桁の整数

絶対暗記問題 42　難易度 ★★　CHECK 1　CHECK 2　CHECK 3

0, 1, 2, 3, 4 から異なる **3** つの数字を選んで，**3** 桁の整数を作る。

(1) この **3** 桁の整数は全部で何個あるか。

(2) 奇数となる **3** 桁の整数は何個あるか。

(3) **3** の倍数となる **3** 桁の整数は何個あるか。　(福岡大＊)

ヒント！ **(1)** では，**3** 桁の整数の百の位には **0** がこないことがポイントだ。**(2)** では，一の位の数に，**1** か **3** のいずれかがくるんだね。**(3)** は，たとえば，**234** は **3** の倍数になるけど，これは $2+3+4=9$ が **3** の倍数だからだ。

解答＆解説

(1) **0, 1, 2, 3, 4** の **5** つの数字から異なる **3** つを選んで作る **3** 桁の数は，百の位に **0** がこないことに注意して，

$${}_4P_2=\frac{4!}{(4-2)!}=\frac{4!}{2!}=\frac{4\times3\times\cancel{2}\times\cancel{1}}{\cancel{2}\times\cancel{1}}$$

$4\times{}_4P_2=4\times4\times3=48$ 個 ……………………(答)

(1) 百の位　十の位　一の位
- 百の位：0 以外の 4 通り
- 十の位：百の位の数以外の 4 通り
- 一の位：百と十の位の数以外の 3 通り

(2) **3** 桁の整数が奇数となるとき，一の位にくる数は **1** または **3** だけである。また，百の位に **0** がくることはないので，

$3\times3\times2=18$ 個 ……………………(答)

(2) 百の位　十の位　一の位
- 百の位：0 と一の位の数以外の 3 通り
- 十の位：一と百の位の数以外の 3 通り
- 一の位：1 と 3 の 2 通り

(3) **3** の倍数となる **3** 桁の組合せは，次の **4** 通りである。（ⅰ）**(0, 1, 2)**　（ⅱ）**(0, 2, 4)**

（ⅲ）**(1, 2, 3)**　（ⅳ）**(2, 3, 4)**

(3) **3** ケタの数 **abc** が **3** の倍数となるための条件は $a+b+c$ が **3** の倍数となることだ！
たとえば，**312** は $3+1+2=6$ なので **3** の倍数だが，**310** は $3+1+0=4$ なので **3** の倍数じゃないんだ。

（ⅰ)(ⅱ）の場合，百の位に **0** がくることはないので，

- （ⅰ）のときの **3** 桁の数は，　$2\times2!=4$
- （ⅱ）のときの **3** 桁の数は，　$2\times2!=4$
- （ⅲ）のときの **3** 桁の数は，　$3!\ =6$
- （ⅳ）のときの **3** 桁の数は，　$3!\ =6$

以上（ⅰ)(ⅱ)(ⅲ)(ⅳ）より，**3** の倍数となる **3** 桁の整数の個数は，

$4+4+6+6=20$ 個 ……………………(答)

同じものを含むものの順列の数

絶対暗記問題 43　難易度 ★★　CHECK 1　CHECK 2　CHECK 3

(1) S, A, P, P, O, R, O の 7 つの文字を 1 列に並べる方法は何通りあるか。

(2) 6 個の赤い玉と 5 個の青い玉がある。これら同形の 11 個の玉を横 1 列に並べる並べ方の総数は何通りあるか。また，これらが左右対称となる場合の数は何通りあるか。

ヒント！ (1) では，S, A, P, P, O, R, O の 7 つの文字のうち，2 つの P と 2 つの O が同じものだね。(2) も，11 個の玉のうち，6 個の赤玉と 5 個の青玉が同じものだ。また，左右対称となる場合，中央は青玉になるハズだ。

解答＆解説

(1) S, A, P, P, O, R, O の 7 文字中，2 つの P と 2 つの O が同じものである。よって，この 7 文字を並べる並べ方の総数は，

$$\frac{7!}{2!\cdot 2!}=\frac{7\cdot 6\cdot 5\cdot 4\cdot 3}{2\cdot 1}=1260 \text{ 通り}$$ ……………………………(答)

(2) 6 個の赤い玉と，5 個の青い玉を横 1 列に並べるとき，11 個中，6 個の赤玉と 5 個の青玉はそれぞれ同じものだから，この並べ方の総数は，

$$\frac{11!}{6!\cdot 5!}=\frac{11\cdot 10\cdot 9\cdot 8\cdot 7}{5\cdot 4\cdot 3\cdot 2\cdot 1}=462 \text{ 通り}$$ ……………………………(答)

次に，赤玉 6 個と青玉 5 個を 1 列に並べたものが，左右対称となるとき，中央に青玉がきて，左右それぞれに，3 個の赤玉と 2 個の青玉が並ぶことになる。

この場合の数は，左右対称なので，片側だけの 3 個の赤玉と 2 個の青玉の並べ替え数に等しい。

$$\therefore \frac{5!}{3!2!}=\frac{5\cdot 4}{2\cdot 1}=10 \text{ 通り}$$ ……………………(答)

> 左右いずれかの片側だけを見ると，5 個中，3 個の赤玉と 2 個の青玉が同じものなので，この並べ替えは $\frac{5!}{3!2!}$ 通りある。左右対称なので，もう一方の並べ替えは考えなくていいんだね。

順列の数 $_n\mathbf{P}_r$ の応用

絶対暗記問題 44 難易度 ★★ CHECK 1 CHECK 2 CHECK 3

男 **3** 人，女 **4** 人が **1** 列に並ぶとき，次の場合の数を求めよ。

(1) 特定の男女 **2** 人が隣り合う。

(2) 男同士が隣り合わない。

ヒント！ **(1)** では，特定の男女が必ず隣り合うので，この **2** 人を **1** 人とみて順列計算するのがポイントだ。**(2)** では，男同士が隣り合わないようにするため，女と女のすきま，または外側に男を並べるようにすればいいんだね。

解答＆解説

(1) 隣り合う特定の男女を **1** 人と考えれば，下図のように，全部で **6** 人の順列となる。その並べ替え数は **6!** 通り。

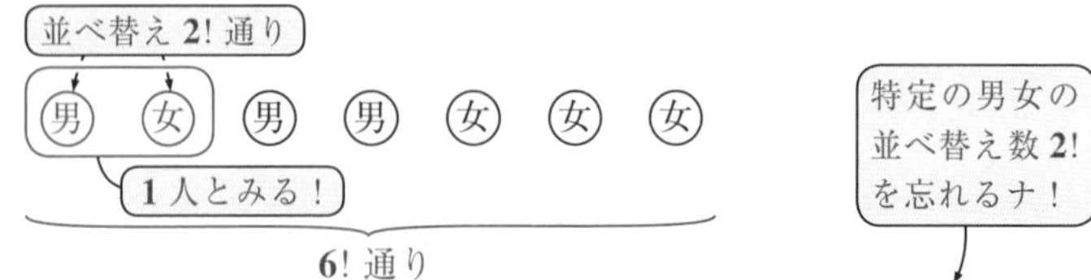

さらに，特定の隣り合う男女の並び方が **2!** 通りあるから，

$6! \times 2! = 1440$ 通り ……………………………………………(答)

(2) 男同士が隣り合わないためには次のようにすればよい。

(i) まず，**4** 人の女を，下図のように，**1** 人分の隙間を空けて並べる。女の並べ方は **4!** 通り。

(ii) 次に，両端の女の外側にも場所を設け，ⓐ，ⓑ，ⓒ，ⓓ，ⓔ の記号で示した **5** つの場所のいずれかに **3** 人の男を配置する。

その配置の仕方は，$_5\mathbf{P}_3$ 通り。

女の隙間や外側に男を配置すれば，男同士が隣り合うことはないんだね。

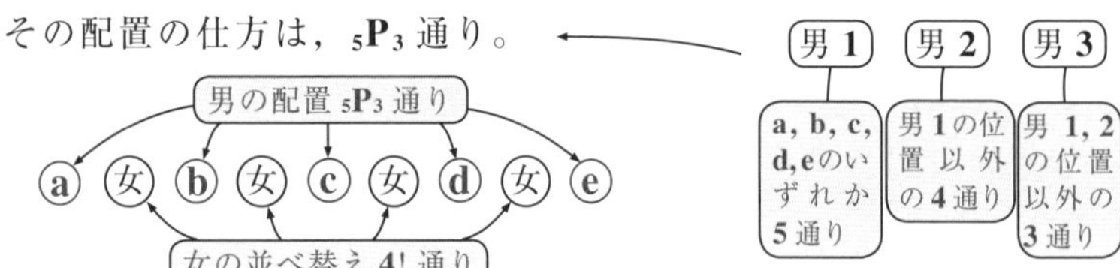

以上 (i)(ii) より

$4! \times {}_5\mathbf{P}_3 = 4! \times \dfrac{5!}{2!} = 24 \times 60 = 1440$ 通り ……………………(答)

円順列と場合の数

絶対暗記問題 45　難易度 ★★　CHECK 1　CHECK 2　CHECK 3

4 組の夫婦，合計 **8** 名の男女が次のように円形のテーブルにすわる場合の数を求めよ。

(1) 男女が交互にすわる。

(2) 男女が交互にすわるとは限らないが，どの夫婦も隣り合った席にすわる。

ヒント！ **(1), (2)** ともに円順列の問題だから，特定の **1** 人または **1** 組を **1** 番上の位置に固定し，残りの人 (組) の並び替えの問題と考えることが鍵だ！

解答＆解説

(1) 円順列より，男 **4** 人のうち特定の **1** 人を **1** 番上の位置に固定する。男女が交互にすわるので，男と女のすわる位置は確定する。

特定の男を固定

男　女　女　男　4!通り　男　女　女　男

3!通り

3 人の男の並べ替えが 3! 通り，4 人の女の並べ替えが 4! 通りだ。

よって，残り **3** 人の男と **4** 人の女のすわり方は，それぞれ **3!**，**4!** 通りより，

求める場合の数は，$3!\times4!=144$ 通り ……………………(答)

(2) どの夫婦も隣り合ってすわるので，各夫婦を **1** 人と考える。特定の夫婦を **1** 番上に固定すると，残り **3** 組の夫婦の並べ替えが **3!** 通り。また，**4** 組の夫婦の並べ替えが 2^4 通りより，

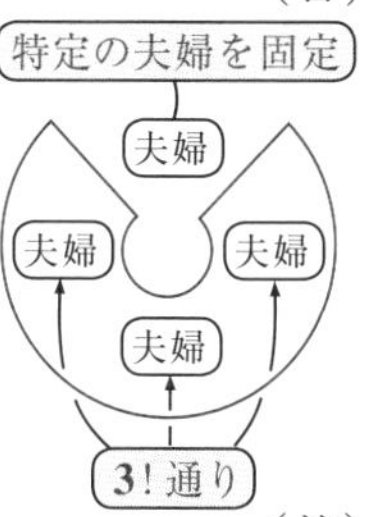

それぞれの夫婦の並び方が $2!=2$ 通り。よって 4 組の夫婦の並び方は，2^4 通りとなるんだね。

求める場合の数は，$3!\times2^4=96$ 通り ……………………(答)

頻出問題にトライ・16　難易度 ★★　CHECK 1　CHECK 2　CHECK 3

ある地域が，右図のように **6** 区画に分けられている。

A	
B	C
D	E
F	

(1) 境界を接している区画は異なる色で塗ることにして，赤・青・黄の **3** 色で塗り分ける方法は何通りあるか。

(2) 境界を接している区画は異なる色で塗ることにして，赤・青・黄・白の全色で塗り分ける方法は何通りあるか。(東北学院大)

解答は **P248**

2. 組合せの数 $_n\mathrm{C}_r$ は，最短経路・組分けにも応用できる！

前回勉強した順列の数 $_n\mathrm{P}_r$ に続いて，今回は，**組合せの数 $_n\mathrm{C}_r$** について解説する。これは，様々な問題を解く上で重要な鍵となるんだよ。**最短経路や組分け問題**にも，この組合わせの考え方が活かされているんだよ。さらに，"**重複組合せ**(じゅうふくくみあわせ)" についても教えよう！

● 組合せの数 $_n\mathrm{C}_r$ と順列の数 $_n\mathrm{P}_r$ の関係を押さえよう！

前回やった順列の数 $_n\mathrm{P}_r$ は，n 個の異なるものの中から重複を許さずに r 個を選び出し，それを並べ替える並べ方の総数で，$_n\mathrm{P}_r=\dfrac{n!}{(n-r)!}$ で計算出来たんだね。これに対して，**組合せの数 $_n\mathrm{C}_r$** の公式は，次のようになる。

組合せの数 $_n\mathrm{C}_r$

組合せの数：$_n\mathrm{C}_r=\dfrac{n!}{r!(n-r)!}$ ：n 個の異なるものの中から**重複を許さず**に r 個を選び出す選び方の総数。

図 **1** に示すように，この組合せの数 $_n\mathrm{C}_r$ は，順列の数 $_n\mathrm{P}_r$ を $r!$ で割ったことになる。これは，組合せが，n 個から r 個を選び出すだけで，並べ替えをしないことによるんだよ。

図 1 $_n\mathrm{C}_r$ と $_n\mathrm{P}_r$ の関係

$$_n\mathrm{C}_r=\frac{n!}{r!(n-r)!}=\frac{_n\mathrm{P}_r}{r!}$$

（$\dfrac{n!}{(n-r)!}$ は $_n\mathrm{P}_r$ のコト）

たとえば，**a, b, c, d, e** の **5** 個から **3** 個選び出す場合，**(a, b, c)** が選ばれたとするよ。この組について，順列では **1** 列に並べ替えをするので，**3!** 通りあるのに対して，組合せでは **(a, b, c)** の組が **1** 組あるだけだ。他の **3** つの文字が選ばれても，順列では，組合せの **3!** 倍だけ余分に計算しているので，$_5\mathrm{C}_3$ は $_5\mathrm{P}_3$ を逆に **3!** で割らないといけないね。(図 **2**)

図 2 組合せと順列

組合せ	順列
(a, b, c) の 1 通り	(a, b, c) (a, c, b) (b, a, c) (b, c, a) (c, a, b) (c, b, a) の 6 通り (3!)

このような並べ替えの方法を**辞書式**という。

$$\therefore\ _5\mathrm{C}_3=\frac{_5\mathrm{P}_3}{3!}=\frac{5!}{3!(5-3)!}=\frac{5!}{3!2!}=\frac{5\cdot4}{2\cdot1}=10$$ だ！

それでは，${}_nC_r$ の計算をいくつかやっておこう。

$${}_4C_3=\frac{4!}{3!(4-3)!}=\frac{4!}{3!\cdot 1!}=\frac{4}{1}=4$$

$${}_6C_2=\frac{6!}{2!(6-2)!}=\frac{6!}{2!\cdot 4!}=\frac{6\cdot 5}{2\cdot 1}=15$$

● ${}_nC_r$ の様々な公式をマスターしよう！

この ${}_nC_r$ には，いくつか重要な公式があるので，それをまず下に書いておくよ。シッカリ，マスターしてくれ。

${}_nC_r$ の公式

(1) ${}_nC_n={}_nC_0=1$　　(2) ${}_nC_1=n$

(3) ${}_nC_r={}_nC_{n-r}$　　(4) ${}_nC_r={}_{n-1}C_{r-1}+{}_{n-1}C_r$

(1) では，$0!=1$ に注意すると，

$${}_nC_n=\frac{n!}{n!(n-n)!}=\frac{n!}{n!\cdot 0!}=\frac{\cancel{n!}}{\cancel{n!}}=1$$ だね。

${}_nC_0$ も同様だ。

(2) は，$1!=1$ だから，

$n!=n\cdot\underbrace{(n-1)\cdots\cdots 2\cdot 1}_{(n-1)!}=n\cdot(n-1)!$

$${}_nC_1=\frac{n!}{1!(n-1)!}=\frac{n!}{(n-1)!}=\frac{n\times\cancel{(n-1)!}}{\cancel{(n-1)!}}=n$$ だね。

(3) の ${}_nC_r={}_nC_{n-r}$ について，左辺の ${}_nC_r$ は n 個中 r 個を選び出す場合の数で，これは n 個から残される $n-r$ 個を選ぶ場合の数と等しいはずだね。だから，${}_nC_r={}_nC_{n-r}$ だ。ナットクいった？

以上の (1), (2), (3) の計算例を出しておくよ。

(1) では，${}_5C_5$, ${}_7C_7$, ${}_{10}C_0$　はみんな 1 だ。

(2) ${}_7C_1=7$，${}_4C_1=4$，${}_{100}C_1=100$　だ。

(3) ${}_5C_3={}_5C_2$，${}_{10}C_7={}_{10}C_3$　だね。

最後の (4) の公式は，n 個のうちの特定の 1 個に着目すればいいよ。

たとえば，a, b, c, d, e の 5 個から 3 個を選ぶ場合の数は $_5C_3$ だね。このとき，特定の 1 つである a に着目すると，(i) a がこの 3 個に選ばれる場合，3 つの席のうちの 1 つは a のためにとっておいて，残り 4 個から 2 個を選べばいいから $_4C_2$ 通りだね。これに対して，(ii) a が選ばれない場合，a 以外の 4 個から 3 個を選ぶので，$_4C_3$ 通りだ。

実際に，5 個から 3 個を選び出す場合，(i) a は選ばれるか，または (ii) 選ばれないかのいずれかだから，和の法則を使って，$_⑤C_③ = {}_④C_② + {}_④C_③$ となるんだね。

（⑤：n，③：r，④：$n-1$，②：$r-1$，④：$n-1$，③：r）

$_5C_3 = \dfrac{5!}{2!\cdot 3!} = \dfrac{5\cdot 4}{2\cdot 1} = 10$

$_4C_2 = \dfrac{4!}{2!\cdot 2!} = \dfrac{4\cdot 3}{2\cdot 1} = 6$

$_4C_3 = {}_4C_1 = 4$ だ。

$_5C_3 = 10$，$_4C_2 = 6$，$_4C_3 = 4$ なので，$10 = 6 + 4$ となって，ウマクいっているだろう。

これを一般化したものを図 3 に示すので，意味をよく理解した上で覚えると，忘れないはずだ。

図 3

$_nC_r = {}_{n-1}C_{r-1} + {}_{n-1}C_r$

(i) 特定の 1 つが選ばれる。　(ii) 特定の 1 つが選ばれない。

● 最短経路も $_nC_r$ の公式で解ける！

図 4 のように横に 3 区間，たてに 2 区間の碁盤目状の町の P 地点から Q 地点に向かう最短経路は，上に行くか，右に行くかのいずれかなんだね。図 4 の最短経路の例を模式図的にかくと，

図 4　P から Q への最短経路

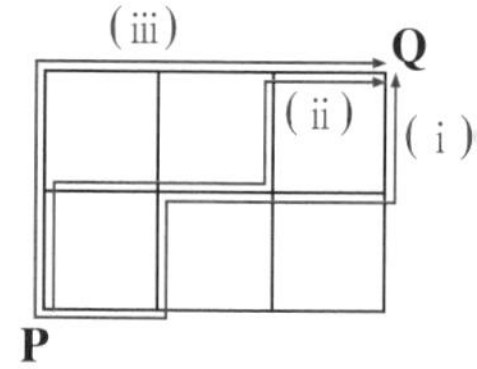

(i)　→ ↑ → → ↑

(ii)　↑ → → ↑ →

(iii)　↑ ↑ → → →

………………………………

となるだろう。したがって，これは，たて，横合わせて 5 つのうち，たてに行く 2 つ (または横に行く 3 つ) を選び出す場合の数，つまり $_5C_2$ (または $_5C_3$) と同じだってことがわかるだろう。よって，求める最短経路の数は，$_5C_2 = \dfrac{5!}{2!\cdot 3!} = 10$ 通りとなるんだね。

● 組分け問題では，組の区別の有無に注意しよう！

次，**組分け問題**に入ろう。例で説明するよ。ここに，a, b, c, d, e, f の 6 人の子供がいたとしよう。そして，この子供たちを 2 人ずつ，梅組，桃組，桜組の 3 組に組分けする場合の数を計算してみるよ。まず，(ⅰ) a から f までの 6 人のうち 2 人を選んで梅組にするのは，${}_6C_2$ 通りだ。次に，(ⅱ) 残り 4 人から 2 人を選んで桃組に入れるのは ${}_4C_2$ 通りで，さらに，(ⅲ) 残り 2 人を桜組にするのは，${}_2C_2=1$ 通りだね。

以上，(ⅰ), (ⅱ), (ⅲ) により，6 人の子供を梅，桃，桜の 3 組に分ける分け方は，

$$ {}_6C_2\times{}_4C_2\times{}_2C_2=\frac{6!}{2!4!}\times\frac{4!}{2!2!}\times 1=90 \text{ 通り} $$

となる。これは，梅，桃，桜と 3 つの組に名前がついていて区別ができる場合の話だったんだ。

ところが，6 人をただ 2 人ずつ 3 組に分け，組に区別がない場合，組に区別が有りとして出したさっきの 90 通りを 3! で割らないといけないんだ。したがって，組に区別がないときの分け方の総数は，

$$ \frac{{}_6C_2\times{}_4C_2\times{}_2C_2}{3!}=\frac{90}{6}=15 \text{ 通りとなるんだよ。} $$

これは，図 5 のように，(a, b)，(c, d)，(e, f) の 3 組に分けた場合，組に区別がなければこの 1 通りだけだが，組に区別がある場合，これを 3! 通り倍余分に計算しているからなんだね。だから，逆に，組に区別のない場合は，組に区別がある場合をこの 3! で割らないといけなかったんだ。

ナットクいった？

図 5　組分け問題

(i) 組に区別なし
(a, b), (c, d), (e, f) の 1 通り

(ii) 組に区別有り

梅	桃	桜
(a, b)	(c, d)	(e, f)
(a, b)	(e, f)	(c, d)
(c, d)	(a, b)	(e, f)
(c, d)	(e, f)	(a, b)
(e, f)	(a, b)	(c, d)
(e, f)	(c, d)	(a, b)

の 3! = 6 通り

● 重複を許して取る組合せの数 $_nH_r$ も押さえよう！

では，組合せの応用問題として，“**重複組合せ**（じゅうふくくみあわせ）”の数についても解説しておこう。まず，この公式を下に示すね。

重複組合せの数 $_nH_r$

重複組合せの数 $_nH_r$：n 個の異なるものの中から重複を許して，r 個を選び出す選び方の総数

これは，次のように計算できる。

$_nH_r = {}_{n+r-1}C_r$ ……(＊)

これだけでは，何のことか分からんって？当然だね，具体例で示そう。

(ex1) a, b, c, d の **4** つの異なるものから重複を許して **6** 個を選び出す場合の数を求めてみよう。選び出された **6** 個のものの順列は考える必要がないので，これを a, b, c, d の順にキレイに並べてもいいね。したがって，選ばれた **6** 個の例を下に示すと

（重複を許しているので，異なる **4** つよりもこれは大きくて構わない。）

$aabccd$，$abbcdd$，$aaabcd$，$aabbbb$，

$bbbccc$，$dddddd$，…などだね。

このように，順序正しく並べると，a と b，b と c，そして c と d の間に仕切り板“｜”をおくことに決めれば，文字 a, b, c, d は“○”で表しても構わないんだね。よって，上記の **6** つの例は次のように記号化して表現できるようになる。

・$aabccd$ ──→ ○○｜○｜○○｜○

・$abbcdd$ ──→ ○｜○○｜○｜○○

・$aaabcd$ ──→ ○○○｜○｜○｜○

・$aabbbb$ ──→ ○○｜○○○○｜｜

・$bbbccc$ ──→ ｜○○○｜○○○｜

・$dddddd$ ──→ ｜｜｜○○○○○○

…………………………………………………………

これから，**4** つの異なる a, b, c, d から重複を許して **6** 個を選び出す選び方の総数 $_4H_6$ は，

○と｜を併せた合計 **9** つの場所から，○を入れる **6** つの場所を選ぶ場合の数，すなわち $_9C_6$ で計算されることが分かるね。

（**9** = **4 + 6 − 1**）

もちろん，これは，**9** つの場所の内，｜（仕切り板）を入れる **3** つを選ぶ場合の数 $_9C_3$ と等しい。

よって，$_4H_6 = {}_9C_6 = \dfrac{9!}{6!\cdot 3!} = \dfrac{9\cdot 8\cdot 7}{3\cdot 2\cdot 1} = 84$ 通りとなるんだね。（$9 = 4+6-1$）

これを一般化して，n 個の異なるものから重複を許して r 個選び出す選び方の総数(重複組合せの数) $_nH_r$ は，$n+r-1$ の場所から，○を入れる r 個を選ぶ場合の数 $_{n+r-1}C_r$ と等しいんだね。

よって，$_nH_r = {}_{n+r-1}C_r$ …(＊) の公式が導けるんだね。納得いった？

では，次の例題を解いてみよう。

◆例題6◆

方程式 $\alpha+\beta+\gamma=10$ …①をみたす **0** 以上の整数 α，β，γ の値の組は何通りあるか。

たとえば，①をみたす α，β，γ が $\alpha=3$，$\beta=3$，$\gamma=4$ のとき

$\underbrace{\alpha\alpha\alpha}_{3個}\ \underbrace{\beta\beta\beta}_{3個}\ \underbrace{\gamma\gamma\gamma\gamma}_{4個}$ の列とみれば，これは，

○○○｜○○○｜○○○○と記号化できるわけだから，**3** つの異なるもの (α, β, γ) から重複を許して **10** 個を選び出す場合の数，すなわち $_3H_{10}$ と等しいんだね。よって，公式：$_nH_r = {}_{n+r-1}C_r$ を用いて，

$$_3H_{10} = {}_{3+10-1}C_{10} = {}_{12}C_{10} = {}_{12}C_2 = \frac{12!}{2!\cdot 10!} = \frac{12\cdot 11}{2\cdot 1} = 66$$

通りとなることが分かるんだね。大丈夫だった？

組合せと場合の数

絶対暗記問題 46　難易度 ★★　CHECK 1　CHECK 2　CHECK 3

男子 **6** 人，女子 **4** 人の計 **10** 人の中から **4** 人の委員を選ぶ。次の各場合の数を求めよ。

(1) 男女それぞれ **2** 人ずつの委員が選ばれる。

(2) **4** 人の委員のうち少なくとも **1** 人が女子である。

(3) 特定の **3** 人の男子が委員に選ばれない。

ヒント！ **(1)** は，**6** 人の男子から **2** 人，かつ **4** 人の女子から **2** 人選ばれる場合の数だ。**(2)** では，全場合の数から，女子が **1** 人も選ばれない場合の数を引くんだね。**(3)** は，特定の **3** 人以外の **7** 人から **4** 人の委員を選べばいいね。

解答＆解説

(1) (ⅰ) **6** 人の男子から **2** 人の委員を選び出し，かつ
(ⅱ) **4** 人の女子から **2** 人の委員を選び出すので，
積の法則を用いて，求める場合の数は，

(6 人の男子から 2 人選ぶ $_6C_2$ × 4 人の女子から 2 人選ぶ $_4C_2$)

$$_6C_2\times{}_4C_2=\frac{6!}{2!4!}\times\frac{4!}{2!2!}=\frac{6\cdot5}{2\cdot1}\times\frac{4\cdot3}{2\cdot1}=90\text{ 通り}$$ ……………………(答)

(2) まず，全場合の数 $n(U)$ は，**10** 人の男女から **4** 人の委員を選ぶので，$n(U)={}_{10}C_4$ 通り

事象 A：**4** 人の委員のうち少なくとも **1** 人は女子である。
余事象 $\overline{A}$：**4** 人の委員に **1** 人も女子はいない。(つまり，4 人の委員は全員男子)

とおくと，求める場合の数 $n(A)$ は，

$$n(A)=n(U)-n(\overline{A})$$
$$={}_{10}C_4-{}_6C_4=\frac{10!}{4!6!}-\frac{6!}{4!2!}$$
$$=210-15=195\text{ 通り}$$ ……………………(答)

(2) 事象 A の場合の数を直接求めようとすると，4 人中女子は 1 人，または 2 人，または…… と，メンドウだね。だから A の起こらない事象，すなわち，余事象 $\overline{A}$ を使って，$n(A)=n(U)-n(\overline{A})$ とする。$n(\overline{A})={}_6C_4$ は，男子 6 人から 4 人を選ぶ場合の数だ。

(3) 男女 **10** 人中特定の **3** 人の男子を除く **7** 人から **4** 人の委員を選び出す場合の数を求めて，

$$_7C_4=\frac{7!}{4!\cdot3!}=35\text{ 通り}$$ ……………………(答)

最短経路数の応用

絶対暗記問題 47　難易度 ★★　CHECK 1  CHECK 2　CHECK 3

右の図のような格子状の道がある。次の各場合の点 **P** から点 **Q** に向かう最短経路の数を求めよ。

(1) 全最短経路の数。　**(2)** 点 **A** を通る。

(3) 点 **B** を通る。

(4) 点 **A** または点 **B** を通る。

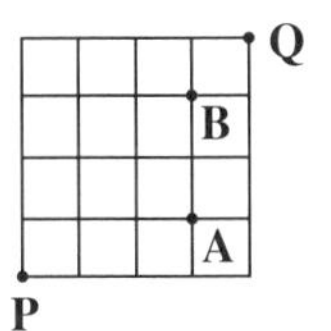

ヒント！ **(1)** たて・横合わせて **8** 区間のうち，上に行く **4** 区間を選び出す場合の数と同じだね。**(2)** は，**P → A** と **A → Q** の **2** つに分けて考えるんだ。**(3)** も同様だね。**(4)** は，$n(A\cup B)=n(\mathrm{A})+n(\mathrm{B})-n(A\cap B)$ を使う。

解答＆解説

(1) **P** から **Q** まで横に **4** 区間，たてに **4** 区間あるので，**P** から **Q** に行く全最短経路数は，

$$ {}_8C_4=\frac{8!}{4!4!}=\frac{8\cdot7\cdot6\cdot5}{4\cdot3\cdot2\cdot1}=70 \text{ 通り} $$ ……………………(答)

(2) **P** から **A** を通って **Q** に行く最短経路数を $n(\mathrm{A})$ とおくと，

(ⅰ) **P** から **A** まで，${}_4C_1$ 通り ← (ⅰ) **P → A** では，**1** 本の↑と **3** 本の→の計 **4** 本の並べ替え数を求める。

(ⅱ) **A** から **Q** まで，${}_4C_3$ 通り ← (ⅱ) **A → Q** では，**3** 本の↑と **1** 本の→の計 **4** 本の並べ替え数を求める。

より，

$$ n(\mathrm{A})={}_4C_1\times{}_4C_3=4\times4=16 \text{ 通り} $$ ……………………(答)

(3) **P** から **B** を通って **Q** に行く最短経路数を $n(\mathrm{B})$ とおくと，

(ⅰ) **P** から **B** まで，${}_6C_3$ 通り ← (ⅰ) **P → B** では，**3** 本の↑と **3** 本の→の並べ替え

(ⅱ) **B** から **Q** まで，${}_2C_1$ 通り ← (ⅱ) **B → Q** では，**1** 本の↑と **1** 本の→の並べ替え

$$ \therefore\ n(\mathrm{B})={}_6C_3\times{}_2C_1=\frac{6!}{3!3!}\times2=\frac{6\cdot5\cdot4}{3\cdot2\cdot1}\times2=40 \text{ 通り} $$ …………(答)

(4) $A\cap B$：**P** から **A** と **B** を経由して **Q** に行く，とおくと，

$$ n(A\cap B)={}_4C_1\times1\times{}_2C_1=4\times1\times2=8 \text{ 通り} $$ ← **P → A**：${}_4C_1$，**A → B**：**1**，**B → Q**：${}_2C_1$ 通り

よって，**A** または **B** を通る最短経路数 $n(A\cup B)$ は，

$$ n(A\cup B)=n(\mathrm{A})+n(\mathrm{B})-n(A\cap B) $$
$$ =16+40-8=48 \text{ 通り} $$ ……………………(答)

← **(2)** と **(3)** の結果を使った！

組分け問題

絶対暗記問題 48 難易度 ★★ CHECK 1 CHECK 2 CHECK 3

12 冊の異なる本を次のように分ける方法は何通りあるか。

(1) **5** 冊，**4** 冊，**3** 冊の **3** 組に分ける。

(2) **4** 冊ずつ **3** 人の子どもに分ける。

(3) **4** 冊ずつ **3** 組に分ける。

(4) **8** 冊，**2** 冊，**2** 冊の **3** 組に分ける。

ヒント！ **(1)** では，**5**，**4**，**3** 冊と各組に区別があるのは明らかだ。**(2)** も **3** 人の子どもを別々の組と考えると，組に区別有りだね。**(3)** は，組に区別がないので，**3**! で割るんだよ。**(4)** は，**2** つの **2** 冊の組に区別がないんだね。

解答＆解説

(1) **12** 冊の本を **5** 冊, **4** 冊 , **3** 冊の **3** 組に分ける場合，それぞれの組の本の冊数に差があるので，明らかに組に区別がある。

$$\therefore\ {}_{12}C_5\times{}_7C_4\times{}_3C_3=\frac{12!}{5!\cancel{7!}}\times\frac{\cancel{7!}}{4!3!}\times 1=27720\text{ 通り}$$ ……………………(答)

（${}_{12}C_5$：12 冊から 5 冊を選ぶ）（${}_7C_4$：残り 7 冊から 4 冊を選ぶ）（${}_3C_3$：残り 3 冊は 1 組に決まる！）

(2) **12** 冊の本を **4** 冊ずつ **3** 人の子どもに分けるので，組に区別があると考えて，

$${}_{12}C_4\times{}_8C_4\times{}_4C_4=\frac{12!}{4!\cancel{8!}}\times\frac{\cancel{8!}}{4!4!}\times 1=34650\text{ 通り}$$ ……………………(答)

（${}_{12}C_4$：1 番目の子ども用にまず 12 冊から 4 冊選ぶ）（${}_8C_4$：2 番目の子ども用に残り 8 冊から 4 冊選ぶ）（${}_4C_4$：残りの 4 冊は 3 番目の子ども用と決まる！）

(3) **4** 冊ずつ **3** つの組に分けるだけなので，この **3** 組に区別はない。

よって，**(2)** の結果を **3**! で割って，

（組に区別有りとしたときの 3 つの組の並べ替え数 3! で割る！）

$$\frac{{}_{12}C_4\times{}_8C_4\times{}_4C_4}{3!}=\frac{34650}{6}=5775\text{ 通り}$$ ……………………(答)

(4) **12** 冊を **8** 冊, **2** 冊, **2** 冊に分ける場合，**8** 冊の組と **2** 冊の組は明らかに区別できる。しかし，**2** つの **2** 冊の組に区別はないので，**2**! で割って，

（2 つの 2 冊の組に区別有りとしたときのこの 2 つの組の並べ替え数 2! で割る！）

$$\frac{{}_{12}C_8\times{}_4C_2\times{}_2C_2}{2!}=\frac{12!}{8!\cancel{4!}}\times\frac{\cancel{4!}}{2!2!}\times\frac{1}{2}=1485\text{ 通り}$$ ……………………(答)

重複組合せ ${}_n\mathrm{H}_r$ の問題

絶対暗記問題 49 難易度 ★★ CHECK 1 CHECK 2 CHECK 3

A, B, C, D の 4 種類の商品を，それぞれ a 個，b 個，c 個，d 個，合わせて 10 個買うものとする。ただし，$a \geqq 0,\ b \geqq 0,\ c \geqq 0,\ d \geqq 0$ とする。

(1) 買い方は全部で何通りあるか。

(2) $a = 3$ となる買い方は全部で何通りあるか。 （近畿大＊）

ヒント！ $a+b+c+d=10\ (a \geqq 0,\ b \geqq 0,\ c \geqq 0,\ d \geqq 0)$ より，(1) は 4 つの異なるもの (a, b, c, d) から，10 個を選び出す場合の数になるんだね。

解答＆解説

(1) 題意より，$a+b+c+d=10$ …①

$(a \geqq 0,\ b \geqq 0,\ c \geqq 0,\ d \geqq 0)$ より，①をみたす 0 以上の整数 (a, b, c, d) の値の組の総数は，異なる 4 つのもの (a, b, c, d) から重複を許して，10 個を選び出す場合の数 ${}_4\mathrm{H}_{10}$ と等しい。

> たとえば，$a=2,\ b=3,\ c=4,\ d=1$ のとき，
> $aa\ bbb\ cccc\ d$ とおけば，これは，
> ○○｜○○○｜○○○○｜○と
> 記号化できるので，重複組合せの数 ${}_4\mathrm{H}_{10}$ として計算できる。

$$\therefore\ {}_4\mathrm{H}_{10} = {}_{13}\mathrm{C}_{10} = \frac{13!}{10!\cdot 3!}$$

> 公式：${}_n\mathrm{H}_r = {}_{n+r-1}\mathrm{C}_r$ …(＊)

$$= \frac{13\cdot 12\cdot 11}{3\cdot 2\cdot 1} = 286 \text{ 通り}$$ ……（答）

(2) $a = 3$ のとき①は，$b+c+d=7$ …② $(b \geqq 0,\ c \geqq 0,\ d \geqq 0)$ となる。

よって，②をみたす 0 以上の整数 (b, c, d) の値の組の総数は，異なる 3 つのもの (b, c, d) から重複を許して 7 個を選び出す場合の数 ${}_3\mathrm{H}_7$ と等しい。

$$\therefore\ {}_3\mathrm{H}_7 = {}_9\mathrm{C}_7 = \frac{9!}{7!\cdot 2!} = \frac{9\cdot 8}{2\cdot 1} = 36 \text{ 通り}$$ ……（答）

頻出問題にトライ・17 難易度 ★★ CHECK 1 CHECK 2 CHECK 3

15 段の階段を 2 段または 3 段ずつ（たとえば，最初に 2 段，次に 3 段，そのあと 2 段，2 段，3 段，3 段で計 15 段というように）昇る方法は何通りあるか。 （日本大）

解答は P248

3. 確率計算の基本を，まずマスターしよう！

さァ，これから“**確率**”の講義に入るよ。この確率は，共通テスト，2次試験を問わず，受験数学の中心テーマの1つなので，完璧にマスターしてくれ。エッ，緊張するって？大丈夫。いつものようにわかりやすく解説するから，安心してついてらっしゃい。

● 確率計算の定義式は，コレだ！

正しく出来たコインを1回投げて表の出る確率は？って聞かれたら，当然キミは$\frac{1}{2}$と答えるだろうね。もちろん，これで正解だ。でも，この意味をこれから詳しく解説するよ。

まず，コインやサイコロを投げたり，袋から球を取り出すような，何度でも同じことを繰り返せる行為を**試行**と呼び，その結果，表や，1の目が出たり，白球が出たりすることがらを**事象**といい，これをA，B，C，X，Yなどの大文字で表すよ。

また，それ以上簡単なものに分けられない事象のことを，**根元事象**というんだ。たとえば，コインを投げる場合，“表が出る”，“裏が出る”の2つが根元事象なんだね。さらに，正しいコインであれば，この表と裏が出る割合は同じだね。このことを，**同様に確からしい**という。また，すべての根元事象の集合を**全事象** U というよ。

で，1回の試行によって事象Aの起こる確率を$P(A)$などと表し，次のようにこの確率を定義するんだ。

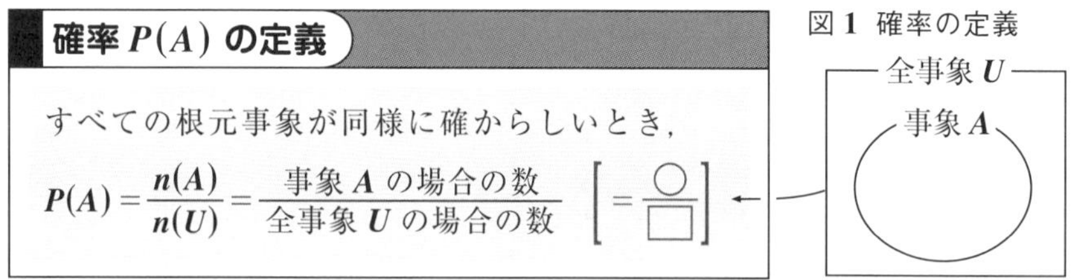

確率 P(A) の定義
すべての根元事象が同様に確からしいとき，
$P(A)=\frac{n(A)}{n(U)}=\frac{\text{事象}A\text{の場合の数}}{\text{全事象}U\text{の場合の数}}\left[=\frac{○}{□}\right]$
図1 確率の定義
全事象 U
事象 A

例題で解説しよう。コインを1回投げて(試行して)，表が出る事象をAとおく。そのコインが正しい場合，表が出るか裏が出るか(根元事象)は，同様に確からしい。また，全事象$U = \{表，裏\}$の場合の数は表，裏の2通りより，$n(U) = 2$だね。また，事象$A = \{表\}$の場合の数は$n(A) = 1$だ。よって，求める確率$P(A)$は，

$$P(A) = \frac{n(A)}{n(U)} = \frac{1}{2}$$ となるんだよ。

この$P(A)$の値から，2回に1回の割合で表が出ることがわかるけれど，実際に2回コインを投げてこのうち1回が必ず表になるといっているんじゃないよ。でも，コインを投げる回数を2000回，20000回と増やしていくと，そのうちほぼ1000回，10000回が表になるはずだといっているんだ。

ここで，“根元事象が同様に確からしい”の重要さをわかってもらうために，もう1つ例を出しておくよ。「クジを1回引いて，当たる確率を求めよ」っていわれたとしよう。クジを引いて，当たるかハズレるか，2つに1つだから，当たる確率は当然$\frac{1}{2}$になるとやっちゃった人，ブッブーだ。理由はわかるね。当たりクジを引くのと，ハズレを引くのとは同様に確からしいとは限らないからだ。もし10本中1本しか当たりクジが入ってなければ，当たりを引く確率は，

1本の当たりを引く

$$\frac{{}_1C_1}{{}_{10}C_1} = \frac{1}{10}$$ となるんだね。大丈夫だね。

10本のクジから1本を引く

● 確率$P(A)$は，$0 \leqq P(A) \leqq 1$をみたす！

サイコロを1回投げて，“$\sqrt{2}$の目が出る”事象をAとおくと，Aは決して起こらないから，$A = \phi$ (空事象)だね。よって，$n(A) = 0$より，$P(A) = 0$だ。また，サイコロを1回投げて，“1，2，3，4，5，6のいずれかの目が出る”事象をAとおくと，これは，全事象Uと一致するから，$n(A) = n(U)$　よって，$P(A) = 1$だ。

以上より，確率$P(A)$は，$0 \leqq P(A) \leqq 1$の範囲にあることもわかるね。

● 確率の加法定理は，模式図を使えば簡単だ！

集合(**P35**)のところで，和集合 $A \cup B$ や共通部分 $A \cap B$ を勉強したね。確率では，これに対応して，事象 A，B について

$A \cup B$：“A または B が起こる”を**和事象**，

$A \cap B$：“A と B がともに起こる”を**積事象**

と呼ぶんだよ。また，$A \cap B = \phi$（空事象）のとき，**2** つの事象 A と B は**互いに排反**であるというよ。

で，$A \cap B \neq \phi$，つまり A と B が互いに排反でない場合，図 **2** からわかるように，

図 2　確率の加法定理

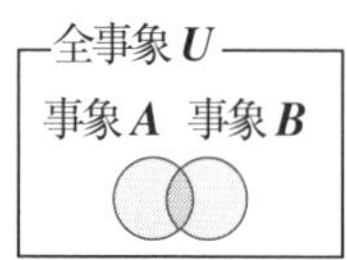

$$n(A \cup B) = n(A) + n(B) - n(A \cap B)$$

が成り立ち，この両辺を全事象 U の場合の数 $n(U)$ で割ると，次の**確率の加法定理**が成り立つんだ。

：$A \cup B$（和事象）

：$A \cap B$（積事象）

$$\frac{n(A \cup B)}{n(U)} = \frac{n(A)}{n(U)} + \frac{n(B)}{n(U)} - \frac{n(A \cap B)}{n(U)}$$

$$\therefore P(A \cup B) = P(A) + P(B) - P(A \cap B)$$

もちろん，$A \cap B = \phi$（A と B が互いに排反）のとき，$n(A \cap B) = 0$ より $P(A \cap B) = 0$　だね。これも含めて，確率の加法定理を次に示すよ。

確率の加法定理

(i) $A \cap B \neq \phi$（A と B が互いに排反でない）のとき

$$P(A \cup B) = P(A) + P(B) - P(A \cap B)$$

(ii) $A \cap B = \phi$（A と B が互いに排反）のとき

$$P(A \cup B) = P(A) + P(B)$$

● “少なくとも”がきたら余事象の確率 $P(\overline{A})$ を使え！

事象 A に対して，A の起こらない事象を**余事象** $\overline{A}$ で表すよ。すると，図 3 からわかるように $n(A)=n(U)-n(\overline{A})$ となるので，この両辺を $n(U)$ で割って，次式が成り立つんだね。

図 3　余事象

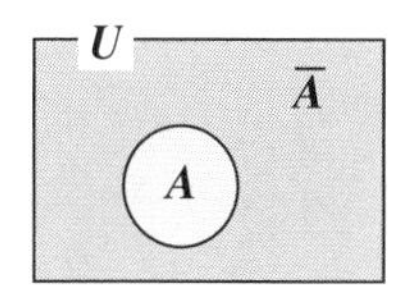

余事象の確率

$$P(A)=1-P(\overline{A})$$

$P(A)$ が求めづらく，$P(\overline{A})$ が求めやすいときは，$P(\overline{A})$ を計算して，$1-P(\overline{A})$ とすれば，$P(A)$ が求まるんだ。例題で解説しよう。

◆例題 7◆

赤球 4 個，白球 6 個の 10 個の球の入った袋から 3 個の球を取り出したとき，3 個中少なくとも 1 個の赤球が入っている確率を求めよ。

解答　3 個中少なくとも 1 個の赤球が入っている事象を A とおくと，赤球は 3 個中 1 個，または 2 個，または 3 個入っているということだから，計算がメンドウだよね。で，このような場合，この余事象："3 個中 1 個も赤球が入っていない，つまり 3 個とも白球となる" 確率を求める方が簡単だね。

(ⅰ) 全事象 U の場合の数は，10 個中 3 個の球を取り出すので，

$$n(U)={}_{10}C_3=\frac{10!}{3!7!}=\frac{10\cdot9\cdot8}{3\cdot2\cdot1}=120 \text{ 通り}$$

(ⅱ) 余事象 $\overline{A}$ の場合の数は，6 個の白球から 3 個を取り出すので，

$$n(\overline{A})={}_6C_3=\frac{6!}{3!3!}=\frac{6\cdot5\cdot4}{3\cdot2\cdot1}=20 \text{ 通り}$$

(ⅰ)(ⅱ) より，$P(\overline{A})=\dfrac{n(\overline{A})}{n(U)}=\dfrac{20}{120}=\dfrac{1}{6}$　　よって，求める確率 $P(A)$ は，

$P(A)=1-P(\overline{A})=1-\dfrac{1}{6}=\dfrac{5}{6}$ となって答だ！　ナットクいった？

“苦しいときの余事象だのみ！” と覚えておくといいんだよ。

じゃんけんの確率

絶対暗記問題 50	難易度 ★★	CHECK 1	CHECK 2	CHECK 3

4 人でじゃんけんを 1 回行う。このとき，4 人がグー，チョキ，パーを出す割合はすべて等しいものとする。次の確率を求めよ。

(1) 2 人が勝つ。　　(2) あいこになる。　　(中央大＊)

ヒント！ (2) 4 人中 k 人だけが勝ち残る確率を P_k $(k=1,\ 2,\ 3)$ とおくと，あいことなる確率は，$1-(P_1+P_2+P_3)$ だ。あいこは，全員が同じ手か，グー，チョキ，パーが出そろう場合で，メンドウだから余事象の確率を使う。

解答＆解説

4 人が 1 回じゃんけんをするとき，4 人がそれぞれグー，チョキ，パーのいずれかを出すので，出る手の全場合の数 $n(U)$ は，

$n(U)=3^4$ 通りである。

(1) 4 人中 2 人の勝者が決まる事象を A とおく。この場合，

(ⅰ) 4 人中 2 人の勝者を選ぶ：${}_4C_2$ 通り

(ⅱ) 2 人の勝者の勝つ手は，グー，チョキ，パーの 3 通り

(ⅰ)(ⅱ) より，事象 A の場合の数は，$n(A)={}_4C_2\times 3$ 通り

よって，事象 A の起こる確率 $P(A)$ は，

$$P(A)=\frac{n(A)}{n(U)}=\frac{{}_4C_2\times 3}{3^4}=\frac{6}{3^3}=\frac{2}{9}$$ ……………………………………(答)

(2) 4 人中 k 人の勝者の決まる確率を P_k $(k=1,\ 2,\ 3)$ とおくと，

(1) と同様に考えて，

$$P_k=\frac{{}_4C_k\times 3}{3^4}\quad (k=1,\ 2,\ 3)$$

（${}_4C_k$：4 人中 k 人の勝者を選ぶ，3：勝つ手はグー，チョキ，パーの 3 通り）

$$\therefore\ P_1=\frac{{}_4C_1\times 3}{3^4}=\frac{4}{27},\quad P_2=\frac{{}_4C_2\times 3}{3^4}=\frac{6}{27},\quad P_3=\frac{{}_4C_3\times 3}{3^4}=\frac{4}{27}$$

（$\frac{6}{27}$：$P(A)$）

以上より，4 人がじゃんけんをして，あいことなる確率は，

$$1-(P_1+P_2+P_3)$$

←あいことなる確率は，全確率 1 から，その余事象の確率 $(P_1+P_2+P_3)$ を引いて求める！

$$=1-\left(\frac{4}{27}+\frac{6}{27}+\frac{4}{27}\right)=\frac{13}{27}$$ ……………………………………(答)

確率の加法定理

絶対暗記問題 51　難易度 ★★　CHECK 1　CHECK 2　CHECK 3

袋の中に白球 **3** 個，赤球 **4** 個が入っている。この中から同時に **3** 個の球を取り出すとき，**3** 個とも同色である事象を A，また，**3** 個中少なくとも **2** 個が白球である事象を B とおく。このとき，確率 $P(A)$，$P(B)$，$P(A \cup B)$ を求めよ。

ヒント！ $P(A \cup B)$ では，$A \cap B \neq \phi$（**2** つの事象 A，B は排反でない）なので，場合の数の等式：$n(A \cup B) = n(A) + n(B) - n(A \cap B)$ を使うことに注意してくれ。後は，各場合の数を全事象の場合の数 $n(U)$ で割るんだね。

解答&解説

計 **7** 個の球から **3** 個の球を取り出す場合の数 $n(U)$ は，

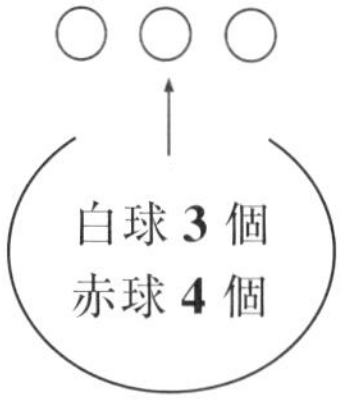

$$n(U) = {}_7C_3 = \frac{7!}{3!4!} = \frac{7 \cdot 6 \cdot 5}{3 \cdot 2 \cdot 1} = 35 \text{ 通り}$$

事象 A：“**3** 個とも白球または赤球”の場合の数 $n(A)$ は，

（3 個の白から 3 個）（4 個の赤から 3 個）

$$n(A) = {}_3C_3 + {}_4C_3 = 1 + 4 = 5 \text{ 通り}$$

事象 B：“**3** 個中少なくとも **2** 個が白球”の場合の数 $n(B)$ は，

（3 個の白から 2 個，4 個の赤から 1 個）（3 個の白から 3 個）

$$n(B) = {}_3C_2 \times {}_4C_1 + {}_3C_3 = 3 \times 4 + 1 = 13 \text{ 通り}$$

積事象 $A \cap B$：“**3** 個とも白球”の場合の数は，（3 個の白から 3 個）$n(A \cap B) = {}_3C_3 = 1$ 通り

$\therefore\ n(A \cup B) = n(A) + n(B) - n(A \cap B) = 5 + 13 - 1 = 17$ 通り

以上より，求める確率は，

$$P(A) = \frac{n(A)}{n(U)} = \frac{5}{35} = \frac{1}{7},\ P(B) = \frac{n(B)}{n(U)} = \frac{13}{35},\ P(A \cup B) = \frac{n(A \cup B)}{n(U)} = \frac{17}{35} \cdots (\text{答})$$

頻出問題にトライ・18　難易度 ★★★　CHECK 1　CHECK 2　CHECK 3

赤球 **4** 個，白球 **4** 個，青球 **2** 個の入った袋から，一度に **4** 個の球を取り出す。

(1) **4** 個中少なくとも **1** 個は赤球である確率を求めよ。

(2) **4** 個の球の色が **2** 種類である確率を求めよ。

(3) **4** 個の球の色が **3** 種類である確率を求めよ。

解答は **P249**

4. 反復試行の確率 ${}_nC_r p^r q^{n-r}$ は，${}_nC_r$ の意味に要注意！

前回で，確率の基本を話したので，今回はさらに，その応用に入る。**独立試行**と**反復試行の確率**だ。これらの考え方をマスターすると，解ける問題の範囲がグッと広がって，確率計算がさらに面白くなるんだよ。

● 独立な試行の確率は，かけ算で求めよう！

サイコロを **1** 回振って偶数の目の数が出ることと，トランプのカードを **1** 枚引いてハートが出ることとは，全く関係ないね。サイコロの **2** の目の数が出たからといって，トランプのハートが特に出やすくなったりしないからね。

このように，サイコロを振る，トランプを引くなどという **2** つ以上の試行の結果が，互いに他に全く影響を与えないとき，それらの試行を互いに**独立な試行**というんだ。この独立な試行の確率の定理を下に書いておくよ。

独立な試行の確率

独立な試行 T_1，T_2 があり，T_1 における事象 A，T_2 における事象 B を考えるとき，試行 T_1 で A が起こり，かつ試行 T_2 で B が起こる確率は，

$P(A) \times P(B)$ 　である。

上の例では，サイコロを **1** 回振って (試行 T_1)，偶数の目の出る (事象 A) 確率を $P(A)$，また，トランプ (ただし，ジョーカーは除く) **52** 枚から **1** 枚のカードを引いて (試行 T_2)，ハートが出る (事象 B) 確率を $P(B)$ とおくと，

$$P(A) = \frac{3}{6} = \frac{1}{2}, \qquad P(B) = \frac{13}{52} = \frac{1}{4}$$ だね。

（3：2, 4, 6 の目　13：13 枚のハート）

ここで，T_1 と T_2 は明らかに互いに独立な試行なので，A が起こり，かつ B が起こる確率は，

$$P(A) \times P(B) = \frac{1}{2} \times \frac{1}{4} = \frac{1}{8}$$ となって，答えだ！

次に，もう 1 つ例題をやっておこう。

20 本中 5 本の当たりの入っているクジを 2 回引いて，2 回とも当たりとなる確率を，次の 2 つの場合に分けて計算してみよう。

(1) 1 本目を引いた後，それを元に戻してまた引く。

(2) 1 本目を引いた後，それを戻さずに次を引く。

どう？ 違いはわかる？ (1) では，1 回目に引いたクジを戻すので，2 回目にクジを引くとき，1 回目に引いた結果は影響しないね。よって，2 回クジを引く試行は互いに独立より，2 回とも当たりクジを引く確率は，

$\frac{5}{20}\times\frac{5}{20}=\frac{1}{4}\times\frac{1}{4}=\frac{1}{16}$ となる。

ところが，(2) では，1 回目に引いたクジを元に戻さないワケだから，1 回目にクジを引く試行の結果が，2 回目の試行の結果に影響するだろう。つまり，この 2 回の試行は互いに独立ではないんだ。したがって，2 本とも当たりとなる確率は，2 回目が，19 本中 4 本の当たりクジになっていることに注意して，

$\frac{5}{20}\times\frac{4}{19}=\frac{1}{19}$ が，答えだ。

この場合も，1 回目が当たりで，かつ 2 回目も当たりなので，確率はかけ算の形になるんだ。

このように，1 回目に当たりクジを引くという条件の下で，2 回目も当たりクジを引く確率のことを“**条件付き確率**(じょうけんつき)”と呼び，独立な試行の確率とは区別して考えないといけない。この条件付き確率については，次の講義で詳しく解説しよう。

● 反復試行の確率は，${}_nC_r$ の意味を理解しよう！

5 回サイコロを振って，そのうち **2** 回だけ **3** の倍数の目が出る確率を求めよ，っていわれたらどうする？ **3** の倍数の目って，具体的には **3** と **6** の **2** 通りだから，**1** 回サイコロを振って **3** か **6** の目の出る確率を p とおくと，$p=\frac{2}{6}=\frac{1}{3}$（2：3か6の目）だね。じゃ，**3** と **6** の目の出ない確率 q は

$q=1-p=1-\frac{1}{3}=\frac{2}{3}$ だ。で，**5** 回サイコロを振る試行は，互いに独立で，**5** 回中 **2** 回だけ **3** の倍数の目が出て，**3** 回はそうじゃないワケだから，求める確率は，かけ算の形で，$p\times p\times q\times q\times q=p^2\times q^3=\left(\frac{1}{3}\right)^2\times\left(\frac{2}{3}\right)^3=\frac{8}{243}$ だ！ とやっちゃった人。残念ながら間違いだ。

これは，**反復試行の確率**と呼ばれるもので，今回の答えは，

${}_5C_2\,p^2q^3=10\cdot\frac{8}{243}=\frac{80}{243}$ だったんだ。

ここで，この ${}_5C_2$ って何？ と思っている人のために解説するよ。**1** 回サイコロを振って **3** の倍数の目が出たら○，そうでない場合を × とするよ。**5** 回サイコロを振って，そのうち **2** 回だけ○となる場合は，次のように複数あるでしょう。

(i) ○ ○ × × ×
(ii) ○ × × ○ ×
(iii) × × ○ × ○
………………………………

} **5** 回中 **2** 回だけ○となる場合の数は ${}_5C_2$ 通りだ！

(i)，(ii)，(iii)，… それぞれの確率はみんな等しく，$p^2\times q^3$ だね。そして，この確率をとる場合が，**5** 回中 **2** 回○となる場合だから，${}_5C_2$ 通りあるんだね。

(i)，または(ii)，または(iii)，…… の関係で，これらは，互いに排反（**1** つの場合が起これば他の場合は決して起こらない）だから，確率のたし算となり，$p^2\times q^3$ を ${}_5C_2$ 回たさないといけないんだね。よって，求める確率は，${}_5C_2\cdot p^2\cdot q^3$ となったんだ。ナットクいった？

このように，独立な同じ試行を繰り返し行うことを**反復試行**というんだ。この反復試行の確率計算の公式を，次に書いておくよ。

反復試行の確率

1 回の試行で，事象 A の起こる確率を p とおくと，事象 A の起こらない確率 q は，$q=1-p$ となる。
この試行を n 回行って，そのうち r 回だけ事象 A の起こる確率は，
$_nC_r\,p^rq^{n-r}$　$(r=0,\ 1,\ 2,\ \cdots\cdots,\ n)$ である。

言葉は難しいけれど，言っている意味は，さっきの例題からよくわかったでしょう。それじゃ，もう 1 つ例題をやっておこう。

◆例題8◆

コインを 6 回投げて，そのうち 2 回だけ表の出る確率を求めよ。

解答　“1 回コインを投げて表が出る”事象を A とおくと，
事象 A の起こる確率は，

$$p=\frac{1}{2}$$

事象 A の起こらない確率 q は，

$$q=1-p=\frac{1}{2}$$

で，$n=\boxed{6}$（6 回の試行），$r=\boxed{2}$（2 回だけ表） だね。よって，求めるこの反復試行の確率は，

$$_nC_r\,p^rq^{n-r}={}_6C_2\left(\frac{1}{2}\right)^2\left(\frac{1}{2}\right)^4=\frac{6!}{2!\cdot4!}\cdot\frac{1}{2^6}=\frac{6\cdot5}{2\cdot1}\cdot\frac{1}{64}=\frac{15}{64}$$ ……………(答)

どう，確率計算にも慣れてきた？ ウン，いいね。それじゃ，さらに絶対暗記問題と頻出問題にトライで，練習を重ねてくれ。

独立試行の確率

絶対暗記問題 52　難易度 ★　CHECK 1　CHECK 2　CHECK 3

ある試験に A, B, C が合格する確率はそれぞれ $\frac{2}{5}$, $\frac{3}{4}$, $\frac{1}{3}$ である。

(1) 3 人とも合格する確率を求めよ。

(2) 3 人とも不合格となる確率を求めよ。

(3) 3 人中何人合格する確率が最も大きいか。

ヒント！ (1), (2) の 3 人とも合格するか, または, 3 人とも不合格になるのは 1 通りしかないけれど, (3) の 1 人だけ, または, 2 人だけ合格する場合の確率計算では, それぞれ 3 通りの場合分けが必要だ。注意してくれ。

解答＆解説

合格を○, 不合格を × で表す。

(1) $(A, B, C)=(○, ○, ○)$ となる確率は,

$$\frac{2}{5}\times\frac{3}{4}\times\frac{1}{3}=\frac{1}{10}$$ ……(答)

(2) $(A, B, C)=(\times, \times, \times)$ となる確率は,

$$\left(1-\frac{2}{5}\right)\times\left(1-\frac{3}{4}\right)\times\left(1-\frac{1}{3}\right)=\frac{3}{5}\times\frac{1}{4}\times\frac{2}{3}=\frac{1}{10}$$ ……(答)

(3) 3 人中 k 人 $(k=0, 1, 2, 3)$ が○となる確率を P_k とおくと, (1), (2) より, $P_0=P_3=\frac{1}{10}=\frac{6}{60}$

・1 人だけ合格する確率 P_1 は,

$$P_1=\frac{2}{5}\times\frac{1}{4}\times\frac{2}{3}+\frac{3}{5}\times\frac{3}{4}\times\frac{2}{3}+\frac{3}{5}\times\frac{1}{4}\times\frac{1}{3}=\frac{25}{60}$$

← (○, ×, ×) + (×, ○, ×) + (×, ×, ○) の計算だ！

・2 人だけ合格する確率 P_2 は,

$$P_2=\frac{2}{5}\times\frac{3}{4}\times\frac{2}{3}+\frac{2}{5}\times\frac{1}{4}\times\frac{1}{3}+\frac{3}{5}\times\frac{3}{4}\times\frac{1}{3}=\frac{23}{60}$$

← (○, ○, ×) + (○, ×, ○) + (×, ○, ○) の計算だ！

以上, $P_0=\frac{6}{60}$, $P_1=\frac{25}{60}$, $P_2=\frac{23}{60}$, $P_3=\frac{6}{60}$ より, 3 人中 1 人だけ合格する確率が最も大きい。 ……(答)

独立試行の確率と加法定理の応用

絶対暗記問題 53　難易度 ★★★　CHECK 1　CHECK 2　CHECK 3

サイコロを **3** 回投げて，出た目の数をかけ合わせた積を X とおく。
次の各場合の確率を求めよ。

(1) X が **2** で割り切れる。　**(2)** X が **3** で割り切れる。

(3) X が **6** で割り切れる。　（京都大＊）

ヒント！ **3** 回投げたサイコロの目を a, b, c とおくと，$X = a \times b \times c$ だね。よって，**(1)** の X が **2** の倍数になるということは，a, b, c のうち少なくとも **1** つが **2** の倍数ということだから，余事象を考えるといいんだね。頑張れ！

解答＆解説

X が **2**，**3**，**6** で割り切れる事象をそれぞれ A_2，A_3，A_6 とおく。

(1) 余事象 $\overline{A_2}$：**3** 回とも **2** の倍数が出ない。（3 回とも 1，3，5 の奇数の目のいずれかが出る）

よって，求める確率 $P(A_2)$ は，

$$P(A_2) = 1 - P(\overline{A_2}) = 1 - \left(\frac{3}{6}\right)^3 = 1 - \frac{1}{8} = \frac{7}{8} \quad \text{……（答）}$$

（1，3，5 の目の 3 通り）

(2) 余事象 $\overline{A_3}$：**3** 回とも **1**，**2**，**4**，**5** の目のいずれかが出る。←（3，6 以外の目）

よって，求める確率 $P(A_3)$ は，

$$P(A_3) = 1 - P(\overline{A_3}) = 1 - \left(\frac{4}{6}\right)^3 = 1 - \frac{8}{27} = \frac{19}{27} \quad \text{……（答）}$$

（1，2，4，5 の目）

(3) 事象 A_6：**2** かつ **3** で割り切れる。　よって，$A_6 = A_2 \cap A_3$

$$\therefore P(A_6) = P(A_2 \cap A_3) = P(A_2) + P(A_3) - P(A_2 \cup A_3)$$

確率の加法定理：
$P(A_2 \cup A_3) = P(A_2) + P(A_3) - P(A_2 \cap A_3)$
の 〰〰 と ═══ を入れ換えたものだね。

$$= P(A_2) + P(A_3) - \{1 - P(\overline{A_2 \cup A_3})\}$$

（$P(\overline{A_2 \cup A_3}) = P(\overline{A_2} \cap \overline{A_3})$　コレ，ド・モルガン！）

（2 でも 3 でも割り切れない，つまり 3 回とも 1 か 5 の目が出る。）

（1 か 5 の目の 2 通り）

$$= \frac{7}{8} + \frac{19}{27} - \left\{1 - \left(\frac{2}{6}\right)^3\right\}$$

$$= \frac{7}{8} + \frac{19}{27} - 1 + \frac{1}{27} = \frac{133}{216} \quad \text{……（答）}$$

反復試行の確率の応用

絶対暗記問題 54　難易度 ★★　CHECK 1　CHECK 2　CHECK 3

A，B 2人が，それぞれコインを5回ずつ投げる。

(1) A のコインの表の出る回数が2回以上となる確率を求めよ。

(2) A と B のコインの表の出る回数が同じである確率を求めよ。

ヒント！ コインの表と裏の出る確率はともに等しいので，5回コインを投げてそのうち k 回だけ表の出る確率は，反復試行の確率 ${}_5C_k\left(\frac{1}{2}\right)^k\cdot\left(\frac{1}{2}\right)^{5-k}$ と計算できるよね。後は，この応用だ。

解答＆解説

A，B いずれについても，5回コインを投げて，そのうち k 回だけ表の出る確率 P_k は，（$\frac{1}{2^k}\times\frac{1}{2^{5-k}}=\frac{1}{2^{k+5-k}}$）

$$P_k={}_5C_k\left(\frac{1}{2}\right)^k\left(\frac{1}{2}\right)^{5-k}={}_5C_k\cdot\frac{1}{2^5}\quad(k=0,\ 1,\ 2,\ 3,\ 4,\ 5)$$

(1) A のコインの表が2回以上出る確率 $P_2+P_3+P_4+P_5$ は，

余事象の確率を用いて，

$$1-(P_0+P_1)=1-\left\{{}_5C_0\frac{1}{2^5}+{}_5C_1\frac{1}{2^5}\right\}$$

（余事象：表が0回，または1回出る）（${}_5C_0=1$，${}_5C_1=5$）

$$=1-\frac{1+5}{32}=\frac{26}{32}=\frac{13}{16}\quad\cdots\cdots\cdots\text{（答）}$$

(2) A と B のコインの表の出る回数がともに k 回で等しくなる確率は，

$$P_k\times P_k=\left({}_5C_k\times\frac{1}{2^5}\right)\times\left({}_5C_k\times\frac{1}{2^5}\right)=\frac{1}{2^{10}}\times({}_5C_k)^2$$

（A の表が k 回）（B の表が k 回）

k は0，1，2，…，5のいずれかの値をとるので，求める確率は

$$\frac{({}_5C_0)^2}{2^{10}}+\frac{({}_5C_1)^2}{2^{10}}+\frac{({}_5C_2)^2}{2^{10}}+\frac{({}_5C_3)^2}{2^{10}}+\frac{({}_5C_4)^2}{2^{10}}+\frac{({}_5C_5)^2}{2^{10}}$$

（$k=0$ のとき）（$k=1$ のとき）（$k=2$ のとき）（$k=3$ のとき）（$k=4$ のとき）（$k=5$ のとき）

（${}_5C_0=1$，${}_5C_1=5$，${}_5C_2={}_5C_3=10$，${}_5C_4=5$，${}_5C_5=1$）

$$=\frac{1^2+5^2+10^2+10^2+5^2+1^2}{2^{10}}=\frac{63}{256}\quad\cdots\cdots\cdots\text{（答）}$$

優勝決定と反復試行の確率

絶対暗記問題 55

難易度 ★★ CHECK 1 CHECK 2 CHECK 3

A と B が試合をして，先に **3** 勝した方を優勝とする。A が B に勝つ確率を $\frac{2}{3}$ とするとき，A が優勝する確率を求めよ。ただし，引き分けはないものとする。 (中部大)

ヒント！ A が **4** 試合目に勝って優勝する場合，その前の **3** 試合は **2** 勝 **1** 敗のはずだ。これは **3** 回中 **2** 回だけ勝つ確率だから反復試行の確率が使える。

解答＆解説

A が優勝するのは，(i) **3** 勝 **0** 敗，(ii) **3** 勝 **1** 敗，(iii) **3** 勝 **2** 敗のいずれかの場合である。

(i) **3** 勝 **0** 敗で優勝する確率 P_1 は，$P_1=\left(\frac{2}{3}\right)^3=\frac{8}{27}$

(ii) **3** 勝 **1** 敗で優勝する確率 P_2 は，

$$P_2={}_3C_2\left(\frac{2}{3}\right)^2\cdot\left(\frac{1}{3}\right)^1\times\frac{2}{3}=3\times\frac{4}{3^3}\times\frac{2}{3}=\frac{8}{27}$$

（${}_3C_2=3$，はじめの **3** 試合を **2** 勝 **1** 敗）（$\frac{2}{3}$：**4** 試合目に勝って優勝）

(iii) **3** 勝 **2** 敗で優勝する確率 P_3 は，

$$P_3={}_4C_2\left(\frac{2}{3}\right)^2\cdot\left(\frac{1}{3}\right)^2\times\frac{2}{3}=6\times\frac{4}{3^4}\times\frac{2}{3}=\frac{16}{81}$$

（${}_4C_2=6$，はじめの **4** 試合を **2** 勝 **2** 敗）（$\frac{2}{3}$：**5** 試合目に勝って優勝）

以上 (i)(ii)(iii) は互いに排反より，A の優勝する確率 P は，

$$P=P_1+P_2+P_3=\frac{8}{27}+\frac{8}{27}+\frac{16}{81}=\frac{64}{81}$$ ……………………(答)

頻出問題にトライ・19

難易度 ★★★ CHECK 1 CHECK 2 CHECK 3

図のような正方形から成る格子状の道がある。A は P から Q へ，B は Q から P へ共に最短距離を等しい速さで進む。各分岐点での進む方向を等確率で選ぶとき，A と B の出会う確率を求めよ。 (法政大＊)

Q

P

解答は **P249**

5. 条件付き確率と確率の乗法定理も押さえよう！

では，確率の次のテーマとして，“**条件付き確率**（じょうけんつきかくりつ）”と“**確率の乗法定理**（かくりつのじょうほうていり）”について解説しよう。これらを理解することによって，より応用度の高い確率の問題も解けるようになるので，面白くなると思う。頑張ろう！

● 条件付き確率は，ベン図で考えよう！

まず，2つの事象 A，B について，条件付き確率 $P_A(B)$ の基本事項を下に示そう。

（これは“ピーのエー・ビー”とでも読めばいい）

条件付き確率 $P_A(B)$

2つの事象 A，B に対して，事象 A が起こったという条件の下で，事象 B が起こる条件付き確率 $P_A(B)$ は，次式で表される。

$$P_A(B)=\frac{P(A\cap B)}{P(A)}\quad\cdots\cdots(*1)$$

図1　条件付き確率とベン図

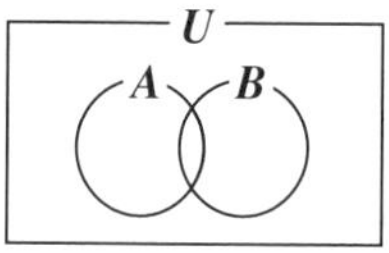

この $(*1)$ の意味について解説しよう。一般に事象 A の起こる確率 $P(A)$ は，図1のベン図より，

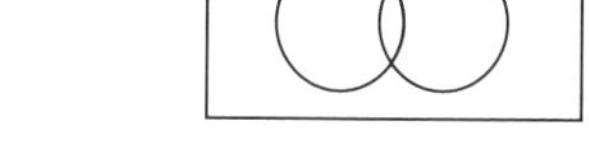

$$P(A)=\frac{n(A)}{n(U)}\quad\cdots\cdots①$$

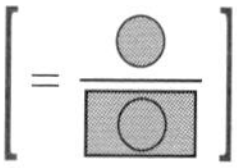

（これはベン図のイメージ）

となるんだけれど，条件付き確率 $P_A(B)$ の場合，事象 A は既に起こっているという条件があるため，分母は①の $n(U)$ の代わりに $n(A)$ が入る。また，この条件下で B が起こる確率なので，分子には当然 $n(A\cap B)$ が入ることになる。よって，

$$P_A(B)=\frac{n(A\cap B)}{n(A)}\quad\cdots\cdots②$$

となるんだね。

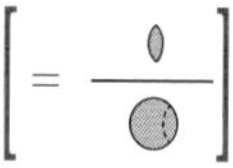

ここで，②の右辺の分子・分母を $n(U)$ で割ると，

$$P_A(B)=\frac{\dfrac{n(A\cap B)}{n(U)}}{\dfrac{n(A)}{n(U)}}=\frac{P(A\cap B)}{P(A)}$$

となって，$(*1)$ が導ける。

同様に考えれば，$P_A(\overline{B})$，$P_{\overline{A}}(B)$，$P_{\overline{A}}(\overline{B})$ も次のように表せる。

・$P_A(\overline{B})=\dfrac{P(A\cap\overline{B})}{P(A)}$ ……$(*1)'$ ← A が起こったという条件の下で，B が起こらない条件付き確率

・$P_{\overline{A}}(B)=\dfrac{P(\overline{A}\cap B)}{P(\overline{A})}$ ……$(*1)''$ ← A が起こらなかったという条件の下で，B が起こる条件付き確率

・$P_{\overline{A}}(\overline{B})=\dfrac{P(\overline{A}\cap\overline{B})}{P(\overline{A})}$ ……$(*1)'''$ ← A が起こらなかったという条件の下で，B が起こらない条件付き確率

さらに，3つの事象 A，B，C に対して，例えば，A と B が共に起こったという条件の下で，C が起こる条件付き確率も，

$P_{A\cap B}(C)=\dfrac{P(A\cap B\cap C)}{P(A\cap B)}$ ……③ などと表せることも大丈夫だね。同様に考えればいいだけだからだ。

● 確率の乗法定理は，条件付き確率から導ける！

条件付き確率 $P_A(B)=\dfrac{P(A\cap B)}{P(A)}$ ……$(*1)$ の両辺に $P(A)$ をかけたものが，次の**確率の乗法定理**になる。

確率の乗法定理

$$P(A\cap B)=P(A)\cdot P_A(B) \quad\cdots\cdots(*2)$$

$P(A\cap B)$：A と B が共に起こる確率
$P(A)$：A が起こる確率
$P_A(B)$：A が起こったという条件の下で，B が起こる確率

このように，$P(A\cap B)$ は，A が起こり，かつその後 B が起こる確率の積 $P(A)\cdot P_A(B)$ で表すことができるんだね。$(*1)'$，$(*1)''$，$(*1)'''$ から，同様に，次のように乗法公式が自動的に導くことができるのも大丈夫だね。

・$P(A\cap\overline{B})=P(A)\cdot P_A(\overline{B})$ ……$(*2)'$

・$P(\overline{A}\cap B)=P(\overline{A})\cdot P_{\overline{A}}(B)$ ……$(*2)''$

・$P(\overline{A}\cap\overline{B})=P(\overline{A})\cdot P_{\overline{A}}(\overline{B})$ ……$(*2)'''$

また，③からも，両辺に $P(A\cap B)$ をかければ，次の乗法公式

$P(A\cap B\cap C)=P(A\cap B)\cdot P_{A\cap B}(C)$ ……③′ が導けるので，

③′に$(*2)$を代入すれば，次のような$P(A\cap B\cap C)$についての乗法公式：

$P(A\cap B\cap C)=P(A\cap B)\cdot P_{A\cap B}(C)$ ……③′
$P(A\cap B)=P(A)\cdot P_A(B)$ ……………$(*2)$

$\underline{P(A\cap B\cap C)}=\underline{P(A)}\cdot\underline{P_A(B)}\cdot\underline{P_{A\cap B}(C)}$ ……③″ が導けることも大丈夫だね。

（AとBとCが共に起こる確率）（Aが起こる確率）（Aが起こったという条件の下で，Bが起こる確率）（AとBが起こったという条件の下で，Cが起こる確率）

このように乗法公式は慣れれば次々に展開していくことも可能なんだ。エッ，難しすぎるって!? …，そうでもないよ。次の例題をやれば，この程度のことは自然にやれることが分かるはずだ。

◆例題9◆

20本中5本の当たりクジが入ったクジがある。これをa，b，cの3人が順に1本ずつクジを引いていくものとする。ただし，引いたクジは元に戻さないものとする。このとき，a，b，cそれぞれが当たりクジを引く確率を求めよ。

3つの事象A，B，Cを次のようにおく。

事象A：aが当たりクジを引く。
事象B：bが当たりクジを引く。
事象C：cが当たりクジを引く。

では，a，b，cが当たりクジを引く確率を順に求めてみよう。

(Ⅰ) aが当たりクジを引く確率$P(A)$は，簡単だね。

$$P(A)=\frac{5}{20}=\frac{1}{4}$$

（20本中5本の当たりクジのいずれかをaが引く。）

(Ⅱ) 次，bが当たりクジを引く確率$P(B)$は，初めに引いたaが(ⅰ)当たりクジを引くか，(ⅱ)ハズレを引くかで場合分けが必要となるので，

$$P(B)=\underline{\frac{5}{20}\times\frac{4}{19}}+\underline{\frac{15}{20}\times\frac{5}{19}}=\frac{20+75}{380}=\frac{1}{4}$$

（(ⅰ) aが20本中5本の当たりのいずれかを引くので，bが残り19本中4本の当たりのいずれかを引く。）

（(ⅱ) aが20本中15本のハズレのいずれかを引くので，bは残り19本中5本の当たりのいずれかを引く。）

となる。これを，確率の乗法定理の形式で書くと，

$$P(B) = \underbrace{P(A)\cdot P_A(B)}_{(\mathrm{i})} + \underbrace{P(\overline{A})\cdot P_{\overline{A}}(B)}_{(\mathrm{ii})}$$ となることは，大丈夫？

(Ⅲ) 最後に，c が当たりクジを引く確率 $P(C)$ も求めよう。これは，前に引く a と b が，(ⅰ) 共に当たりクジを引くか，(ⅱ) a が当たりクジを引いて，b はハズレを引くか，(ⅲ) a がハズレを引いて，b が当たりを引くか，または，(ⅳ) a，b が共にハズレを引くかの 4 つに場合分けして計算しないといけないね。よって，

$$P(C) = \frac{5}{20}\times\frac{4}{19}\times\frac{3}{18} + \frac{5}{20}\times\frac{15}{19}\times\frac{4}{18}$$

(ⅰ) a が当たりを引き，b も当たりを引き，c も当たりを引く。

(ⅱ) a が当たりを引き，b がハズレを引き，c が当たりを引く。

$$+ \frac{15}{20}\times\frac{5}{19}\times\frac{4}{18} + \frac{15}{20}\times\frac{14}{19}\times\frac{5}{18}$$

(ⅲ) a がハズレを引き，b が当たりを引き，c が当たりを引く。

(ⅳ) a がハズレを引き，b もハズレを引き，c が当たりを引く。

$$= \frac{1}{4}\times\frac{4}{19}\times\frac{1}{6} + \frac{1}{4}\times\frac{15}{19}\times\frac{2}{9} + \frac{3}{4}\times\frac{5}{19}\times\frac{2}{9} + \frac{3}{4}\times\frac{14}{19}\times\frac{5}{18}$$

$$= \frac{12+60+60+210}{4\times19\times18} = \frac{342}{4\times19\times18} = \frac{1}{4}$$ となる。

これも，(ⅰ)～(ⅳ) までを確率の乗法定理の形式で書くと，

$$P(C) = \underbrace{P(A)\cdot P_A(B)\cdot P_{A\cap B}(C)}_{(\mathrm{i})} + \underbrace{P(A)\cdot P_A(\overline{B})\cdot P_{A\cap\overline{B}}(C)}_{(\mathrm{ii})}$$

$$+ \underbrace{P(\overline{A})\cdot P_{\overline{A}}(B)\cdot P_{\overline{A}\cap B}(C)}_{(\mathrm{iii})} + \underbrace{P(\overline{A})\cdot P_{\overline{A}}(\overline{B})\cdot P_{\overline{A}\cap\overline{B}}(C)}_{(\mathrm{iv})}$$ となる

ことも理解できるだろう？上の具体的な計算式と照らし合わせてみるといいよ。このように，乗法公式の考え方は，実際の確率計算をするときに，自然に使っているんだね。

そして，この $P(A)$，$P(B)$，$P(C)$ がいずれも同じ $\frac{1}{4}$ になることも面白いだろう？これは，クジを引く順番に関わらず，当たりクジを引く確率は同じであることを示しているんだね。納得いった？

6. 確率分布と期待値もマスターしよう！

では，最後のテーマとして，“確率分布(かくりつぶんぷ)”と“期待値(きたいち)”について解説しよう。

確率分布と期待値

確率変数 $X = x_1, x_2, \cdots, x_n$ に対して，それぞれ確率 $P = P_1,\ P_2,\ \cdots,\ P_n$ が与えられているとき，

・「確率変数 X は，確率分布が与えられている。」または，

・「確率変数 X は，この確率分布に従う。」という。

このとき，この確率分布の中心的な代表値として，期待値 $E(X)$（または，平均値 m）を，次のように定義する。

$$m = E(X) = x_1 \cdot P_1 + x_2 \cdot P_2 + \cdots + x_n \cdot P_n$$

確率変数 X の確率分布表

確率変数 X	x_1	x_2	x_3	……	x_n
確率 P	P_1	P_2	P_3	……	P_n

（ただし，$P_1 + P_2 + P_3 + \cdots + P_n = 1$（全確率））

確率分布のグラフと期待値

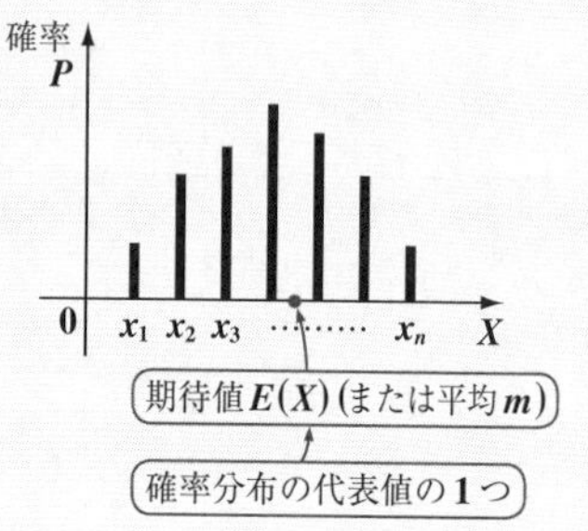

それでは，例題で練習しておこう。

（例題3）右の確率分布に従う確率変数 X の期待値が $E(X) = \dfrac{32}{5}$ であるとき，確率 P_1 と P_3 の値を求めよ。

確率分布表

変数 X	2	4	6	8	10
確率 P	P_1	$\frac{3}{20}$	P_3	$\frac{1}{4}$	$\frac{1}{10}$

・$P_1 + \dfrac{3}{20} + P_3 + \dfrac{1}{4} + \dfrac{1}{10} = 1$（全確率）より， ← 確率分布の確率の総和は，必ず1だね。

$P_1 + P_3 = 1 - \dfrac{3+5+2}{20} = \dfrac{1}{2}$ ……①

・$E(X) = 2 \times P_1 + 4 \times \dfrac{3}{20} + 6 \times P_3 + 8 \times \dfrac{1}{4} + 10 \times \dfrac{1}{10} = \dfrac{32}{5}$ より，

$P_1 + 3P_3 = \dfrac{1}{2}\left(\dfrac{32}{5} - \dfrac{12+40+20}{20}\right) = \dfrac{1}{2} \times \dfrac{56}{20} = \dfrac{7}{5}$ ……②

①，②より，P_1 と P_3 の値は，$P_1 = \dfrac{1}{20}$，$P_3 = \dfrac{9}{20}$ である。

$\begin{cases} P_1 + P_3 = \dfrac{1}{2} & \cdots\cdots ① \\ P_1 + 3P_3 = \dfrac{7}{5} & \cdots ② \end{cases}$

②－①より，

$2P_3 = \dfrac{7}{5} - \dfrac{1}{2} = \dfrac{9}{10}$

$P_3 = \dfrac{9}{20}$

①より，$P_1 = \dfrac{1}{2} - \dfrac{9}{20} = \dfrac{1}{20}$

(例題4) サイコロを3回投げて，その内 r 回 $(r=0,\ 1,\ 2,\ 3)$ だけ1の目が出る確率を P_r とおく。確率変数 X を $X=r=0,\ 1,\ 2,\ 3$ とおいて，X の確率分布と，X の期待値 $E(X)$ を求めよ。

3回サイコロを投げて，その内 r 回だけ1の目が出る確率を $P_r\ (r=0,\ 1,\ 2,\ 3)$ とおくと，反復試行の確率より，

$$\cdot\ P_0={}_3C_0\cdot\left(\frac{1}{6}\right)^0\cdot\left(\frac{5}{6}\right)^3=1\cdot1\cdot\frac{5^3}{6^3}=\frac{125}{216}$$

$$\cdot\ P_1={}_3C_1\cdot\left(\frac{1}{6}\right)^1\cdot\left(\frac{5}{6}\right)^2=3\cdot\frac{5^2}{6^3}=\frac{75}{216}$$

$$\cdot\ P_2={}_3C_2\cdot\left(\frac{1}{6}\right)^2\cdot\left(\frac{5}{6}\right)^1=3\cdot\frac{5}{6^3}=\frac{15}{216}$$

$$\cdot\ P_3={}_3C_3\cdot\left(\frac{1}{6}\right)^3\cdot\left(\frac{5}{6}\right)^0=1\cdot\frac{1}{6^3}\cdot1=\frac{1}{216}$$

サイコロを1回投げて，1の目が出る確率 $p=\dfrac{1}{6}$ であり，1の目が出ない確率 q は，$q=1-p=\dfrac{5}{6}$ である。
この試行を $n=3$ 回行って，r 回だけ1の目が出る確率を P_r とおくと，反復試行の確率より，
$P_r={}_3C_r\left(\frac{1}{6}\right)^r\cdot\left(\frac{5}{6}\right)^{3-r}$
$(r=0,\ 1,\ 2,\ 3)$ となる。

以上より，確率変数 $X=r=0,\ 1,\ 2,\ 3$ の確率分布は右の表のようになるんだね。

確率分布表 (二項分布(にこうぶんぷ))

変数 X	0	1	2	3
確率 P	$\frac{125}{216}$	$\frac{75}{216}$	$\frac{15}{216}$	$\frac{1}{216}$

$\left(P_0+P_1+P_2+P_3=\dfrac{125+75+15+1}{216}=1\ (\text{全確率})\right)$

また，この X の期待値 $E(X)$ は，

$$m=E(X)=x_0\cdot P_0+x_1\cdot P_1+x_2\cdot P_2+x_3\cdot P_3$$

$$=0\times\frac{125}{216}+1\times\frac{75}{216}+2\times\frac{15}{216}+3\times\frac{1}{216}=\frac{75+30+3}{216}=\frac{108}{216}=\frac{1}{2}\ \text{となる。}$$

一般に，反復試行の確率 $P_r={}_nC_r\,p^r\cdot q^{n-r}\ (q=1-p)\ (r=0,\ 1,\ 2,\ \cdots,\ n)$ について，確率変数 X を，$X=r=0,\ 1,\ 2,\ \cdots,\ n$ とおいて，各 X の値に確率 P_r を与えることにより得られる確率分布のことを，"**二項分布**(にこうぶんぷ)" と呼び，これを $B(n,\ p)$ と表す。そして，この確率分布の期待値 $m=E(X)$ と，分布のバラツキの度合いを表す分散 σ^2 については，次の公式が成り立つことも覚えておくといいよ。

("シグマの2乗"と読む)

$$m=E(X)=np\ \cdots\cdots(*1)\qquad \sigma^2=npq\ \cdots\cdots(*2)$$

今回の (例題4) において，$n=3$，$p=\dfrac{1}{6}$ より，平均値 $m=E(X)$ の値は，$(*1)$ の公式を使って，$m=E(X)=n\cdot p=3\times\dfrac{1}{6}=\dfrac{1}{2}$ と求めることもできるんだね。

条件付き確率

絶対暗記問題 56	難易度 ★★	CHECK 1	CHECK 2	CHECK 3

3 つのサイコロを同時に投げたとき，すべて異なる目が出る事象を A，**3** つのサイコロのうち少なくとも **1** つは **1** の目である事象を B とする。

(1) 事象 A が起こる確率を求めよ。

(2) 事象 B が起こる確率を求めよ。

(3) 事象 A と事象 B が同時に起こる確率を求めよ。

(4) 事象 B が起こったときの事象 A の起こる条件付き確率を求めよ。

(5) 事象 B が起こらなかったときの事象 A の起こる条件付き確率を求めよ。

(東京理科大＊)

ヒント！ **(1)**, **(2)**, **(3)** で，$P(A)$，$P(B)$，$P(A\cap B)$ を求め，**(4)**, **(5)** の条件付き確率は公式 $P_B(A)=\dfrac{P(A\cap B)}{P(B)}$ と $P_{\overline{B}}(A)=\dfrac{P(A\cap\overline{B})}{P(\overline{B})}$ を使って求めればいいよ。

解答＆解説

事象 A：**3** つのサイコロの目がすべて異なる。
事象 B：**3** つのサイコロの目のうち，少なくとも **1** つは **1** の目である。

(1) 事象 A の起こる確率を $P(A)$ とおくと，

右図より，

$$P(A)=\frac{6\times5\times4}{6^3}=\frac{20}{6^2}=\frac{5}{9}\quad\cdots\cdots\cdots\cdots(答)$$

（異なる **3** つの目：$6\times5\times4$ 通り）

(2) 事象 B の余事象 $\overline{B}$ は，

余事象 $\overline{B}$：**3** つのサイコロの目がいずれも **1** でない。

（“少なくとも **1** つ”であれば余事象から攻略する！公式：$P(B)=1-P(\overline{B})$ を利用する。）

よって，余事象 $\overline{B}$ が起こる確率を $P(\overline{B})$ とおくと，

$$P(\overline{B})=\left(\frac{5}{6}\right)^3$$ となる。

（**2**, **3**, **4**, **5**, **6** の目）

これから，事象 B が起こる確率を $P(B)$ とおくと，

$$P(B)=1-P(\overline{B})=1-\left(\frac{5}{6}\right)^3=1-\frac{125}{216}$$

$$=\frac{216-125}{216}=\frac{91}{216}\quad\cdots\cdots①\cdots\cdots\cdots\cdots\cdots\cdots\cdots\cdots(答)$$

(3) 事象 A と事象 B が同時に起こるとき，3 つのサイコロの目のうちの 1 つは 1 の目で，それ以外の 2 つは 1 の目以外の異なる目になる。よって，この確率を $P(A\cap B)$ とおくと，右図より，

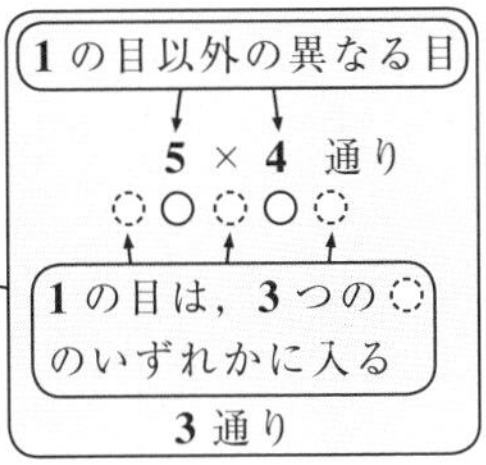
1の目以外の異なる目
5 × 4 通り
1の目は，3つの◌のいずれかに入る
3通り

$$P(A\cap B)=\frac{(5\times4)\times3}{6^3}$$

$$=\frac{10}{6^2}=\frac{5}{18}\quad\cdots\cdots②\cdots\cdots\cdots\cdots(答)$$

(4) 以上①，②より，事象 B が起こったという条件の下で，事象 A が起こる条件付き確率を $P_B(A)$ とおくと，

$$P_B(A)=\frac{P(A\cap B)}{P(B)}=\frac{\ \frac{5}{18}\ }{\ \frac{91}{216}\ }=\frac{5\times\overset{12}{\cancel{216}}}{91\times\cancel{18}}=\frac{60}{91}\quad\cdots\cdots\cdots\cdots\cdots\cdots\cdots\cdots(答)$$

(5) (2)より，$P(\overline{B})=\left(\frac{5}{6}\right)^3=\frac{125}{216}$ ……③ であり，

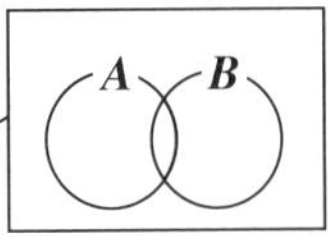
A
B

$\underline{P(A)}=\underline{P(A\cap B)}+P(A\cap\overline{B})$ より，$\underbrace{\frac{5}{9}}_{(1)より}=\underbrace{\frac{5}{18}}_{(3)の②より}+P(A\cap\overline{B})$

$$\therefore P(A\cap\overline{B})=\frac{5}{9}-\frac{5}{18}=\frac{10-5}{18}=\frac{5}{18}\quad\cdots\cdots④\ となる。$$

以上③，④より，事象 B が起こらなかったという条件の下で，事象 A が起こる条件付き確率を $P_{\overline{B}}(A)$ とおくと，

$$P_{\overline{B}}(A)=\frac{P(A\cap\overline{B})}{P(\overline{B})}=\frac{\ \frac{5}{18}\ }{\ \frac{125}{216}\ }=\frac{\cancel{5}\times\overset{12}{\cancel{216}}}{\underset{25}{\cancel{125}}\times\cancel{18}}=\frac{12}{25}\quad\cdots\cdots\cdots\cdots\cdots\cdots\cdots\cdots(答)$$

確率分布と期待値

絶対暗記問題 57　難易度 ★★　CHECK 1　CHECK 2　CHECK 3

1 から **7** までの数字の中から，重複しないように **3** つの数字を無作為に選び出し，その中の最大の数字を X とする。

(1) $X=n$ $(n=3,\ 4,\ 5,\ 6,\ 7)$ となる確率を $P(X=n)$ とおいて，X の確率分布表を示せ。

(2) 確率変数 X の期待値 $E(X)$ を求めよ。　(鳥取大)

Babaのレクチャー **3** つの数字の最大値 X が，$X=n(n=3,\ 4,\ 5,\ 6,\ 7)$ となる確率 $P(X=n)$ を求めたかったら，右図のような，タマネギの断面を思い描きながら，次の式を利用すればいいんだね。

$$P(X=n)=\underline{P(X\leqq n)-P(X\leqq n-1)}$$

$X=3,\ 4,\ \cdots,\ n-1,\ n$ となる確率から，$X=3,\ 4,\ \cdots,\ n-1$ となる確率を引けば，$X=n$ となる確率 $P(X=n)$ が求められる。

タマネギ型確率

$P(X\leqq n)$

$P(X=n)$

$P(X\leqq n-1)$

ボクは，これを "タマネギ型確率" と読んでいる。面白いだろう？

解答＆解説

(1) 確率変数 $X=3,\ 4,\ 5,\ 6,\ 7$ となる確率を順に求めると，

・全場合の数 $n(U)$ は **7** つの数字から **3** つを選び出す場合の数より，

$$n(U)={}_7C_3=\frac{7!}{3!\cdot 4!}=\frac{7\cdot 6\cdot 5}{3\cdot 2\cdot 1}=35$$

数字 **1, 2, 3** から **3** つ選ぶ

$$\cdot\ P(X=3)=\frac{{}_3C_3}{n(U)}=\frac{{}_3C_3}{{}_7C_3}=\frac{1}{35}\ \cdots\cdots\cdots\cdots(\text{答})$$

1, 2, 3, 4 から **3** つ　**1, 2, 3** から **3** つ

$$\cdot\ P(X=4)=P(X\leqq 4)-P(X\leqq 3)=\frac{{}_4C_3}{n(U)}-\frac{{}_3C_3}{n(U)}$$

$$=\frac{4}{35}-\frac{1}{35}=\frac{3}{35}$$

タマネギ型確率

$$\cdot\ {}_5C_3=\frac{5!}{3!\cdot 2!}=\frac{5\cdot 4}{2\cdot 1}=10$$

$$\cdot\ {}_6C_3=\frac{6!}{3!\cdot 3!}=\frac{6\cdot 5\cdot 4}{3\cdot 2\cdot 1}=20$$

1, 2, 3, 4, 5 から **3** つ　**1, 2, 3, 4** から **3** つ

$$\cdot\ P(X=5)=P(X\leqq 5)-P(X\leqq 4)=\frac{{}_5C_3}{n(U)}-\frac{{}_4C_3}{n(U)}=\frac{10}{35}-\frac{4}{35}=\frac{6}{35}$$

1, 2, 3, 4, 5, 6 から **3** つ　**1, 2, 3, 4, 5** から **3** つ

$$\cdot\ P(X=6)=P(X\leqq 6)-P(X\leqq 5)=\frac{{}_6C_3}{n(U)}-\frac{{}_5C_3}{n(U)}=\frac{20}{35}-\frac{10}{35}=\frac{10}{35}=\frac{2}{7}$$

（1, 2, …, 7 から 3 つ）（1, 2, …, 6 から 3 つ）

$$\cdot P(X=7)=P(X\leqq 7)-P(X\leqq 6)=\frac{{}_7C_3}{n(U)}-\frac{{}_6C_3}{n(U)}=\frac{35}{35}-\frac{20}{35}=\frac{15}{35}=\frac{3}{7}$$

以上より，変数 X の確率分布表を示すと右のようになる。 ………(答)

X の確率分布表

変数 X	3	4	5	6	7
確率 P	$\frac{1}{35}$	$\frac{3}{35}$	$\frac{6}{35}$	$\frac{2}{7}$	$\frac{3}{7}$

（この和は 1（全確率））

(2) 次に，この確率分布表より，変数 X の期待値 $E(X)$ を求めると，

$$E(X)=3\times\frac{1}{35}+4\times\frac{3}{35}+5\times\frac{6}{35}+6\times\frac{10}{35}+7\times\frac{15}{35}=\frac{3+12+30+60+105}{35}$$

$=\frac{210}{35}=6$ である。 ……………………………………………(答)

参考

タマネギ型確率を使わずに，$X=n$ となる確率 $P(X=n)$ は，最大値の n は選ぶことは分かっているので，残りの 2 つの数字を 1, 2, …, $n-1$ から選ぶ確率となるので，

（1, 2, 3, …, $n-1$ から 2 つ）

$P(X=n)=\frac{{}_{n-1}C_2}{n(U)}=\frac{{}_{n-1}C_2}{35}$ $(n=3, 4, 5, 6, 7)$ として，求めてもいい。

だとすると，これとタマネギ型確率 $P(X=n)=P(X\leqq n)-P(X\leqq n-1)=\frac{{}_nC_3}{n(U)}-\frac{{}_{n-1}C_3}{n(U)}$

とは等しいことになる。つまり，$\frac{{}_{n-1}C_2}{n(U)}=\frac{{}_nC_3-{}_{n-1}C_3}{n(U)}$ より，${}_{n-1}C_2={}_nC_3-{}_{n-1}C_3$ となり，

これから等式 ${}_nC_3={}_{n-1}C_2+{}_{n-1}C_3$ が導かれるんだね。これって，P141 の (4) の公式 ${}_nC_r={}_{n-1}C_{r-1}+{}_{n-1}C_r$ の $r=3$ のときのものだったんだね。どう？数学って，理解が深まると，様々なものがつながっていくことが分かって，とても面白いでしょう!?

頻出問題にトライ・20 難易度 ★★★ CHECK 1 CHECK 2 CHECK 3

同じ形の赤球 3 個と白球 5 個の入った箱 X と，同じ形の赤球 2 個と白球 6 個が入った箱 Y がある。確率 $\frac{1}{3}$ で箱 X を，また確率 $\frac{2}{3}$ で箱 Y を選択し，その箱の中から 1 つだけ球を取り出す試行を行った結果，その球が赤球であった。このとき，選択した箱が X であった確率を求めよ。

解答は P250

講義6 ● 場合の数と確率　公式エッセンス

1. **順列の数** ${}_n\mathrm{P}_r = \dfrac{n!}{(n-r)!}$

2. **同じものを含む順列の数** $\dfrac{n!}{p!\cdot q!\cdot r!\cdots}$

3. **円順列の数** $(n-1)!$

4. **組合せの数** ${}_n\mathrm{C}_r = \dfrac{n!}{r!(n-r)!}$

5. **組合せの数の公式** ${}_n\mathrm{C}_r = {}_n\mathrm{C}_{n-r}$，${}_n\mathrm{C}_r = {}_{n-1}\mathrm{C}_{r-1} + {}_{n-1}\mathrm{C}_r$　など。

6. **確率の加法定理**

(ⅰ) $A\cap B=\phi$ (A と B が互いに排反) のとき，

$$P(A\cup B) = P(A) + P(B)$$

(ⅱ) $A\cap B\neq\phi$ (A と B が互いに排反でない) のとき，

$$P(A\cup B) = P(A) + P(B) - P(A\cap B)$$

7. **余事象の確率** $P(A)+P(\overline{A})=1$

8. **独立な試行の確率** $P(A)\times P(B)$

9. **反復試行の確率**

ある試行を 1 回行って事象 A の起こる確率を p とおくと，この独立な試行を n 回行って，その内 r 回だけ事象 A の起こる確率は，

${}_n\mathrm{C}_r p^r q^{n-r}$　$(r=0,\ 1,\ 2,\ \cdots,\ n)$ (ただし，$q=1-p$)

10. **条件付き確率**

事象 A が起こったという条件の下で，事象 B が起こる条件付き確率 $P_A(B)$ は，　$P_A(B) = \dfrac{P(A\cap B)}{P(A)}$

11. **確率の乗法定理** $P(A\cap B) = P(A)\cdot P_A(B)$

12. **確率分布と期待値**

・$P_1+P_2+P_3+\cdots+P_n=1$ (全確率)

・$E(X)=x_1P_1+x_2P_2+x_3P_3+\cdots+x_nP_n$

(二項分布 $B(n,\ p)$ の期待値 $E(X)=np$)

確率分布表

変数 X	x_1	x_2	x_3	……	x_n
確率 P	P_1	P_2	P_3	……	P_n

講義
Lecture

7 図形の性質

- 中点連結の定理，三角形の重心，外心，内心，垂心，傍心
- 中線定理，チェバの定理，メネラウスの定理
- 接弦定理，方べきの定理，トレミーの定理
- 三垂線の定理，オイラーの多面体定理

講義7 図形の性質

1. 三角形の重心，外心，内心，垂心，傍心をマスターしよう！

さァ，これから"**図形の性質**"について解説するよ。中学校でも，三角形の合同条件や相似条件，平行四辺形の性質，円周角と中心角など，さまざまな内容を習ってきたはずだ。ここでは，これをさらに発展させて，三角形の**五心(重心，外心，内心など)**や，**チェバの定理**，**メネラウスの定理**などについても教えるつもりだ。内容は盛り沢山だけど，わかりやすく解説するから，心配はいらないよ。

● 線分の内分点・外分点からスタートしよう！

まず，線分 **AB** が与えられたとき，それを $m:n$ に**内分**(ないぶん)する点と，**外分**(がいぶん)する点について解説しよう。

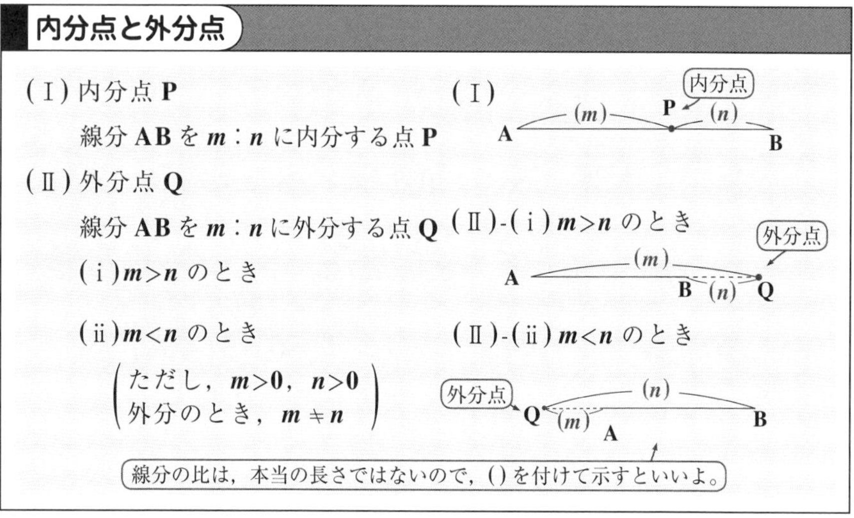

内分点と外分点
(Ⅰ) 内分点 P
線分 AB を m：n に内分する点 P
(Ⅱ) 外分点 Q
線分 AB を m：n に外分する点 Q
(ⅰ) m>n のとき
(ⅱ) m<n のとき
(ただし，m>0，n>0
外分のとき，m≠n)
(Ⅰ)
内分点
A (m) P (n) B
(Ⅱ)-(ⅰ) m>n のとき
外分点
A (m) B (n) Q
(Ⅱ)-(ⅱ) m<n のとき
外分点
Q (m) A (n) B
線分の比は，本当の長さではないので，()を付けて示すといいよ。

内分点は問題ないと思う。外分点は，(ⅰ) $m>n$ のとき線分 **AB** の **B** 側の延長上に，また (ⅱ) $m<n$ のときは線分 **AB** の **A** 側の延長上にくることに注意しよう。

また，これから，三角形を中心に解説を進めるので，ここで $\triangle$**ABC** の

3 辺 a, b, c の関係を示しておこう。
図 1 に示すように，3 辺の長さが a, b, c の△ABC が成立するための条件は次のようになる。

$|b-c|<a<b+c$ ……(＊)

これは，「1 辺の長さは，他の 2 辺の長さの和 $(b+c)$ より小さく，差 $(|b-c|)$ より大きい」と覚えておこう。

図 1　三角形の成立条件

$|b-c|<a<b+c$

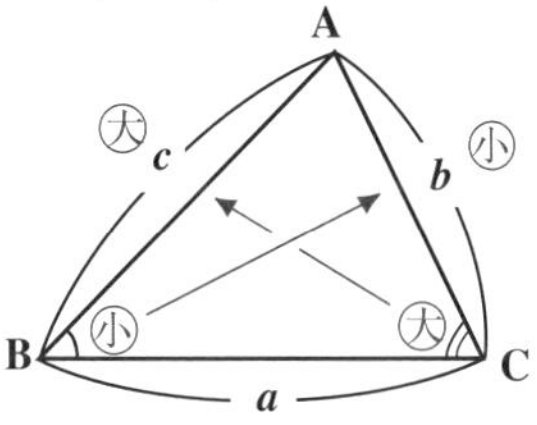

たとえば，もし，$a \geqq b+c$ ならば右図のようになって，三角形が出来ないからなんだね。

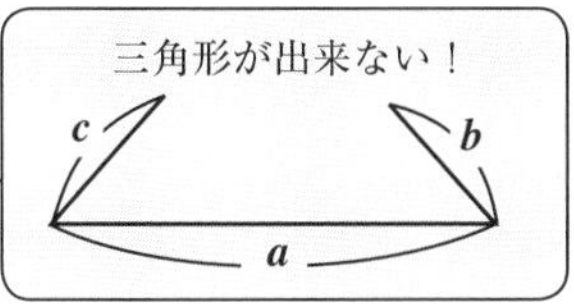

三角形が出来ない！

さらに，図に示すように，∠B<∠C のときそれぞれの対辺も $b<c$ となる。そして，この逆も成り立つので，次の命題：

「∠B<∠C $\iff$ $b<c$」が成り立つ。

頂角 (内角) と対辺との大小関係は一致する！

● 中点連結の定理を押さえよう！

△ABC の辺 AB と辺 AC の中点を，それぞれ M，N とおくと，次の"**中点連結の定理**"が成り立つ。

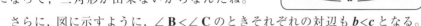

中点連結の定理

△ABC の 2 辺 AB と AC の中点をそれぞれ M, N とおくと

$$\begin{cases} MN /\!/ BC \\ \text{かつ} \\ MN = \dfrac{1}{2}BC \end{cases}$$

平行の意味

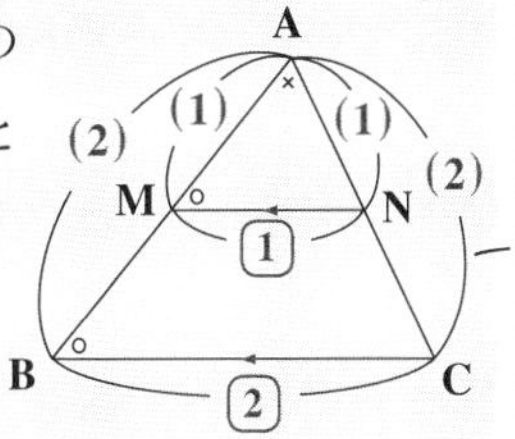

辺の比は，本当の長さではないので，( ) や○をつけて示すとよい。

△AMN と△ABC について，
∠A が共通で，
AM：AB＝AN：AC＝1：2
より，△AMN∽△ABC（相似）
∴ "∘" の角 (同位角) が等しいので，
MN//BC
また，相似比が 1：2 より
MN：BC＝1：2
∴ $MN = \dfrac{1}{2}BC$

これは，△AMN と△ABC が，相似比 1：2 の相似な三角形であることに気付けば，当たり前の結果なんだね。相似比 1：2 に限らず，図形問題では相似な三角形を見つけるのがポイントなんだね。

● △ABC の重心 G は 3 本の中線の交点だ！

△ABC の 1 つの頂点とその対辺の中点とを結ぶ線分を "**中線**" という。3 つの頂点から出る 3 本の中線は 1 点で交わり，その交点が△ABC の重心 G になる。さらに，重心 G は，各中線をそれぞれ 2：1 に内分する。

△ABC の重心 G

△ABC の重心 G は，3 つの頂点から出る 3 本の中線の交点である。
（各中線は，重心 G により，右図のように 2：1 の比に内分される。）

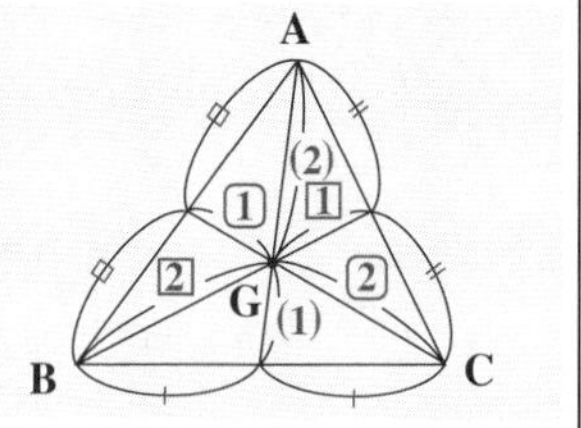

図形の性質では，論証が中心になるので，先にやった中点連結の定理を使って，「なぜ，こうなるのか？」調べていくことにしよう。

◆例題 10◆

△ABC において，その 3 本の中線が 1 点 (重心 G) で交わることを示し，その点が，各中線を 2：1 に内分することを示せ。

解答

図 2 に示すように，△ABC の辺 AB と辺 AC の中点を，それぞれM，N とおき，2 つの中線 BN と CM の交点を G とおく。さらに，図に示すように，線分 AG の G 側の延長線上に，AG = GQ となる点 Q をとる。GQ と BC の交点を P とおく。

（ i ）△ABQ に中点連結の定理を用いると，

MG//BQ　∴ GC//BQ ……㋐

（ ii ）△ACQ にも中点連結の定理を用いて，

NG//CQ　∴ GB//CQ ……㋑

以上 ㋐，㋑より，四角形 GBQC は平行四辺形となる。

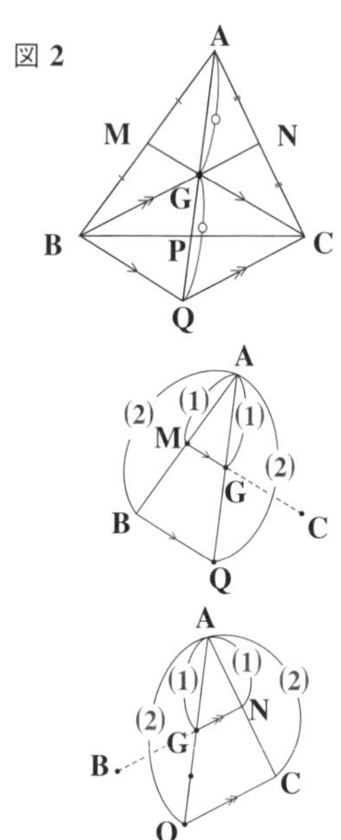

平行四辺形の対角線は，互いに他を 2 等分するので，

$BP = PC$ $\therefore$ AP も△ABC の中線となる。

以上より，△ABC の 3 本の中線は一点 (重心 G) で交わる。……………(終)

また，$GP = PQ$ より，

$$AG : GP = AG : \frac{1}{2}\underset{\text{AG}}{\boxed{GQ}} = AG : \frac{1}{2}AG = 2 : 1$$

$\therefore$ 交点 (重心 G) は，中線 AP を 2 : 1 に内分する。

同様に，他の中線 BN，CM もこの点 G によって 2 : 1 に内分される。…(終)

重心 G とは，物理的には，クルッと回転することなしに (回転のモーメントが働かずに) 1 点で支えることの出来る点のことなんだよ。

● 外心は , △ABC の外接円の中心になる！

△ABC の**外心**は O で表し，△ABC の外接円の中心になる。

△ABC の外心 O

△ABC の外心 O は，3 辺 AB，BC，CA の垂直二等分線の交点で，△ABC の外接円の中心になる。

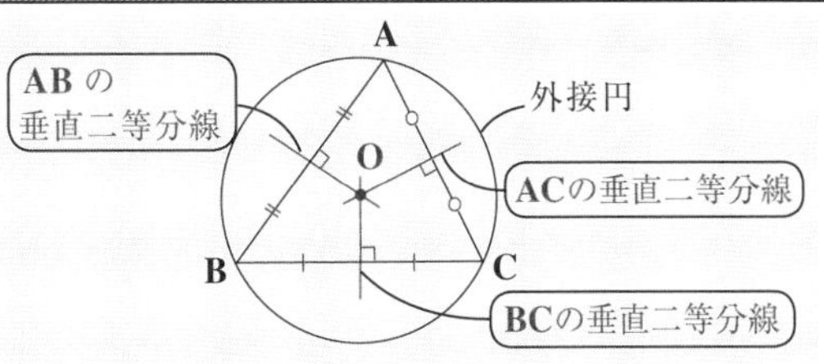

図 3 に示すように，線分 MN の垂直二等分線上に点 P をとると，△PMN は二等辺三角形になって，必ず，$PM = PN$ となる。これから，図 4 で，△ABC の外心 O について考えると，BC の垂直二等分線上に外心 O はあるので，△OBC は二等辺三角形。

$\therefore OB = OC = R$(外接円の半径) ……㋐

同様に，△OCA は二等辺三角形より，

$OC = OA = R$(外接円の半径) ……㋑

図 3　線分の垂直二等分線

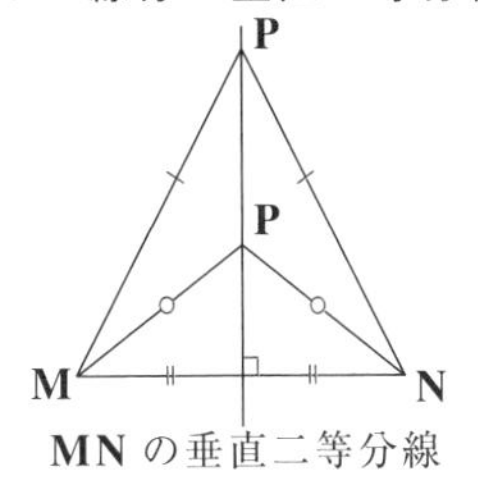

図 4　△ABC の外心 O

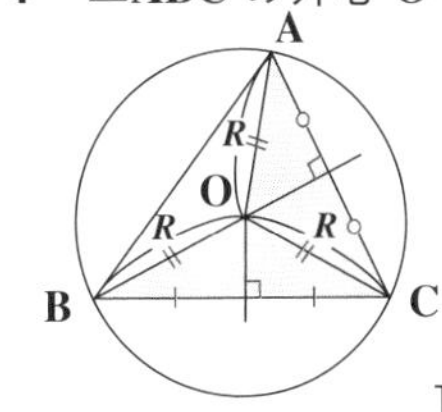

㋐，㋑より，OB = OA となるので，△OAB は二等辺三角形となり，線分 AB の垂直二等分線上に外心 O は存在する。

以上より，3 辺 BC，CA，AB の垂直二等分線は必ず一点で交わり，その交点が外心 O で，△ABC の外接円の中心になることも，理解できたね。

● 内心は，△ABC の内接円の中心だ！

△ABC の**内心**は I で表し，△ABC の内接円の中心のことなんだ。

△ABC の内心 I

△ABC の内心 I は，3 つの頂角∠A，∠B，∠C の二等分線の交点で，△ABC の内接円の中心になる。

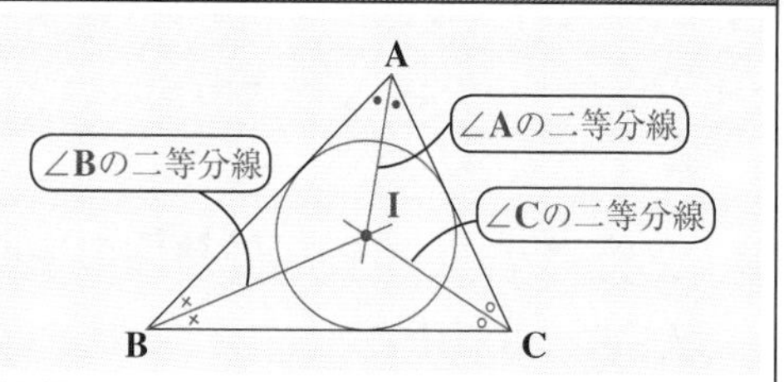

図 5　角の二等分線と内接円

図 5 に示すように，点 P から出た 2 本の半直線 PX，PY に内接する円の中心を Q，半径を r とおく。Q から，PX，PY におろした垂線の足をそれぞれ R，S とおくと，2 つの直角三角形△PQR と△PQS は，斜辺が共通で，他の 1 辺が，QS = QR(= r) と等しいので，合同になる。

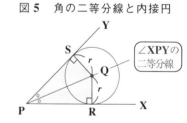

よって，∠QPR = ∠QPS

これより，P と円の中心 Q を結ぶ直線は，∠XPY を二等分する。

以上より，図 5 の点 P を，△ABC の各頂点に置き換えて考えれば，△ABC の 3 つの頂角の二等分線の交点が内接円の中心 (内心 I) になることがわかるだろう。

● 3 本の垂線の交点が垂心になる！

△ABC の**垂心**は H で表す。△ABC の各頂点からそれぞれの対辺に下した垂線は必ず 1 点で交わる。この交点が垂心 H なんだ。何故そうなるか？についても解説しよう。

△ABC の垂心 H

△ABC の垂心 H は，3 つの頂点 A，B，C から各対辺に下した垂線の交点のことだ。

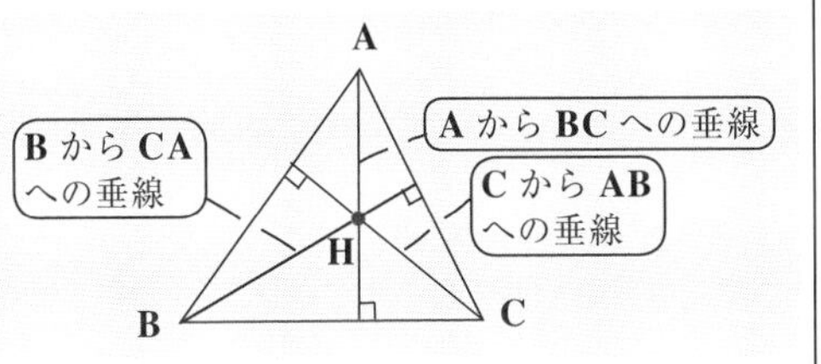

図 6　角の二等分線と内接円

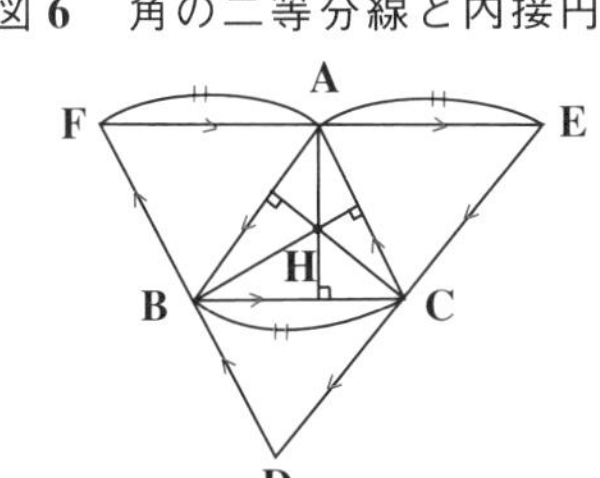

図**6**に示すように，△**ABC**の各頂点を通り，それぞれの対辺と平行な**3**直線を引いて，△**DEF**を作る。

ここで，**2**つの四角形**FBCA**と**ABCE**は**2**組の対辺が共に平行なので，いずれも平行四角形になる。よって，対辺の長さは等しいので，**BC＝FA**かつ**BC＝AE**だね。これから，点**A**は辺**FE**の中点になる。また，**AH⊥FE**でもあるので，直線**AH**は，△**DEF**の辺**FE**の垂直**2**等分線になるんだね。

同様に，直線**BH**も△**DEF**の辺**FD**の垂直**2**等分線と言えるので，

同様に，直線 **CH** も△**DEF** の辺 **DE** の垂直 **2** 等分線と言える。

△**ABC**の垂心**H**は，△**DEF**の外心と一致する。よって，△**ABC**のこの**3**つの垂線は**1**点で交わり，垂心**H**となることが分かった。

● 傍心は 3 つある！

次，△**ABC**の**A**に対する**傍心E_A**についても示そう。

△ABC の A に対する傍心

△**ABC** の **A** に対する傍心 E_A は，右図に示すように，∠**B** と∠**C** の外角の **2** 等分線の交点で，辺 **BC** と，辺 **AB**，**AC** の延長に接する**傍接円 C_A** の中心になる。

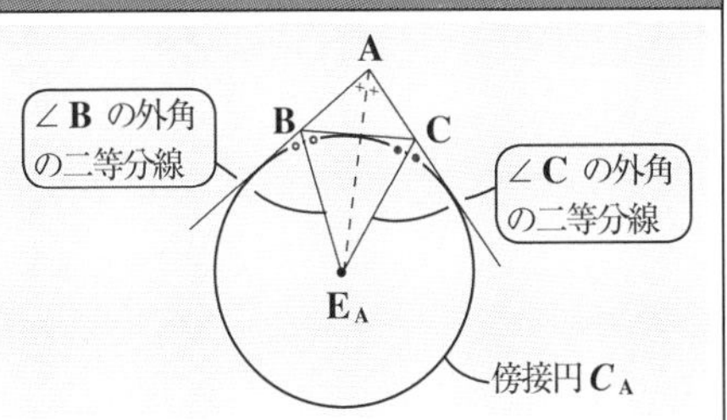

傍接円C_Aは，辺**AB**と辺**AC**の延長と接するので，直線AE_Aが，

頂角(内角)∠Aの二等分線となることも大丈夫だね。

同様にして，図7に示すように点Aに対する傍心E_Aと傍接円C_A以外に，点Bに対する傍心E_Bと傍接円C_B，点Cに対する傍心E_Cと傍接円C_Cが存在することもわかるはずだ。

図7　3つの傍心 E_A, E_B, E_C

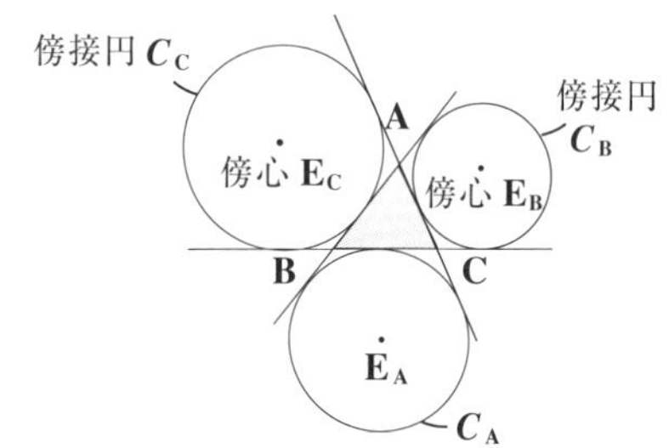

● 頂角と外角の二等分線の定理も重要だ！

では次，頂角(内角)と外角の二等分線の定理についても解説しよう。

頂角の二等分線の定理

△ABCの頂角∠Aの二等分線と辺BCの交点をPとおく。
AB = c，AC = b とおくと，
BP : PC = c : b が成り立つ。

点Pは線分BCをc : bに内分する。

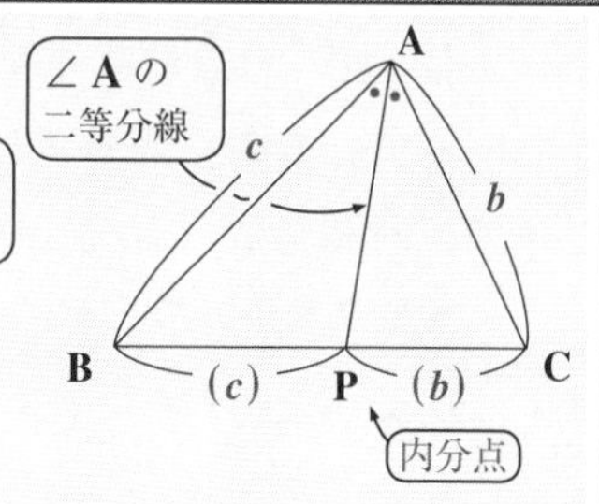

この証明を示す。図8のようにAPと平行な直線をCから引き，辺ABの延長線との交点をDとおくと，同位角と錯角の関係から，△ACDはAC = AD = bの二等辺三角形。
よって，AP//DCより，
BP : PC = BA : AD = c : b が成り立つ。

図8　∠Aの二等分線の定理

外角の二等分線の定理

△ABCの∠Aの外角の二等分線と辺BCの延長との交点をQとおく。
AB = c，AC = b とおくと，
BQ : QC = c : b が成り立つ。

点Qは線分BCをc : bに外分する。

この証明も示す。図9のように**AQ**と平行な直線を**C**から引き，辺**AB**との交点を**D**とおくと，同位角と錯角の関係から，△**ACD**は**AC**＝**AD**＝bの二等辺三角形。よって，**AQ**//**DC**より，**BQ**：**QC**＝**BA**：**AD**＝c：bが成り立つんだね。大丈夫？

図9 ∠Aの外角の二等分線の定理

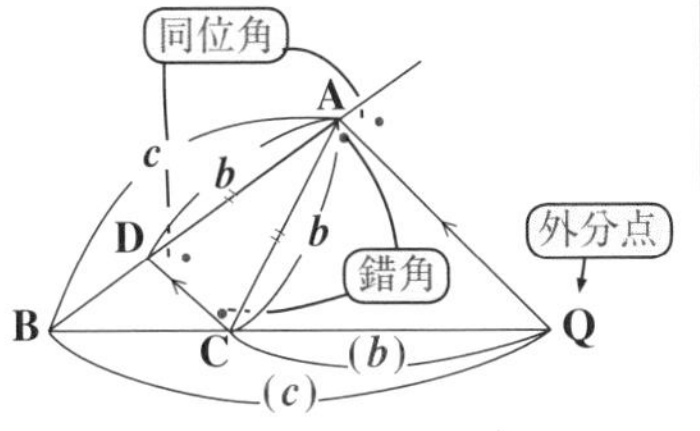

● チェバの定理・メネラウスの定理もマスターしよう！

公式が多くてウンザリしてるって？ でも，平面図形の公式は，マスターすると，他の様々な図形問題に応用が効くんだよ。これから解説する **“チェバの定理”**，**“メネラウスの定理”** も非常に役に立つ公式だ。

チェバの定理

△**ABC**の**3**頂点から**3**本の直線が出て，**1**点で交わるものとする。この**3**本の直線と各辺との交点を図のように，**D**, **E**, **F**とおく。ここで，**3**辺**BC**, **CA**, **AB**が，**3**点**D**, **E**, **F**によって，①：②，③：④，⑤：⑥の比に内分されるものとすると，次式が成り立つ。

$$\frac{②}{①}\times\frac{④}{③}\times\frac{⑥}{⑤}=1$$

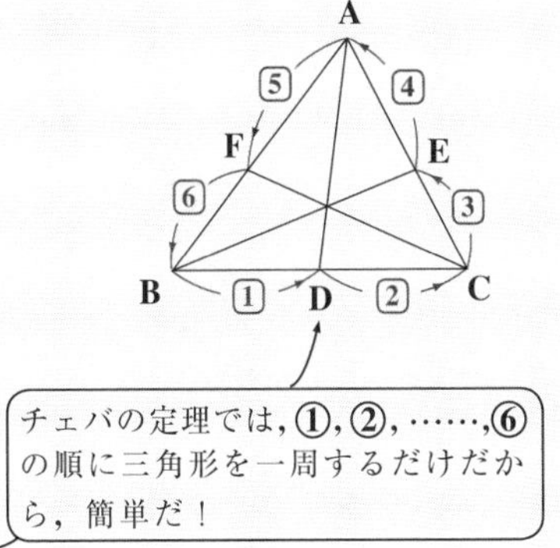

図**10**に示すように，内心**I**は，**3**つの頂角∠**A**，∠**B**，∠**C**の**2**等分線の交点で，これらの**2**等分線と**3**辺の交点は，**3**辺**BC**，**CA**，**AB**をそれぞれ，c：b，a：c，b：aに内分することは既に知っているね。

(**BC**＝a，**CA**＝b，**AB**＝c)

図**10**　内心**I**とチェバの定理

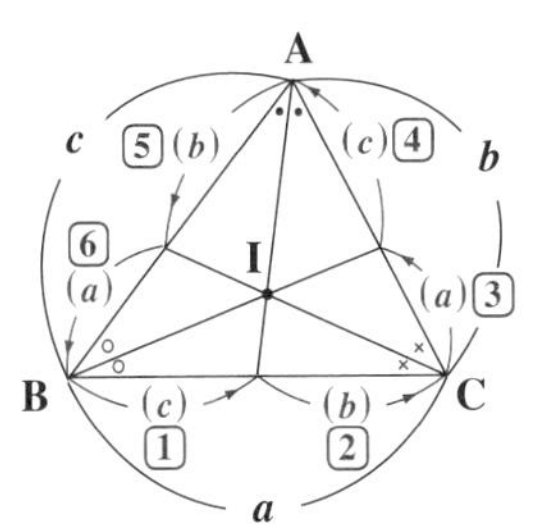

この各比を割り算の形にして，その積をとると，

$\frac{b}{c}\times\frac{c}{a}\times\frac{a}{b}=1$　となって，チェバの定理が成り立っているのがわかるね。

$\frac{②}{①}\times\frac{④}{③}\times\frac{⑥}{⑤}=1$ ：チェバの定理

次，**メネラウスの定理**も，チェバと同様の公式になるんだけれど，①，②，……，⑥の比の取り方が，少し複雑なので，注意が必要だ。

メネラウスの定理

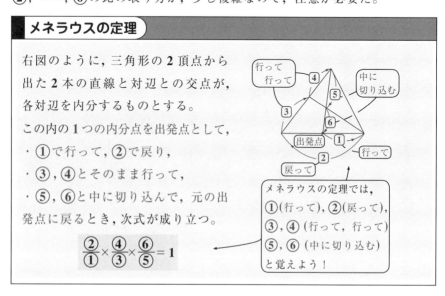

右図のように，三角形の**2**頂点から出た**2**本の直線と対辺との交点が，各対辺を内分するものとする。

この内の**1**つの内分点を出発点として，

・①で行って，②で戻り，

・③，④とそのまま行って，

・⑤，⑥と中に切り込んで，元の出発点に戻るとき，次式が成り立つ。

$$\frac{②}{①}\times\frac{④}{③}\times\frac{⑥}{⑤}=1$$

行って
行って
中に
切り込む
出発点
行って
戻って

メネラウスの定理では，
①(行って)，②(戻って)，
③，④ (行って，行って)
⑤，⑥ (中に切り込む)
と覚えよう！

メネラウスの定理の①～⑥の取り方に慣れてもらうために，図 **11** に他の内分比の取り方も示すから，その要領をつかんでくれ。

図 **11**　メネラウスの定理の①～⑥の取り方

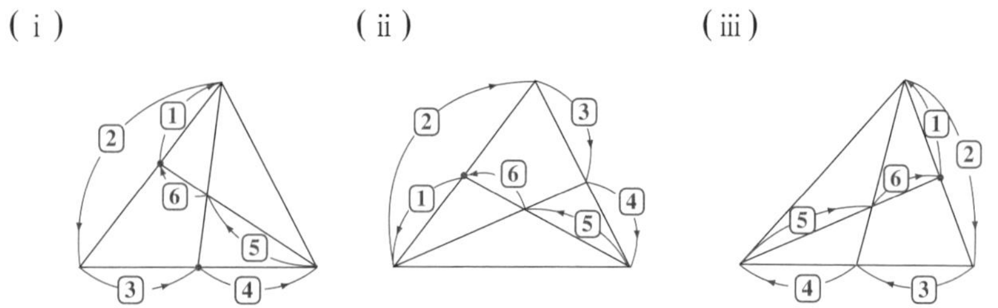

どう？　これ位やれば，もう大丈夫だね。

メネラウスの定理が使えるのは，図 **12** のように **2** つの三角形△**ABD** と△**EBC** が重なった形になったときだと，考えてもいいよ。このとき，メネラウスの定理：

$\frac{②}{①}\times\frac{④}{③}\times\frac{⑥}{⑤}=1$ ……($*$)が成り立つことを示す。

図 12

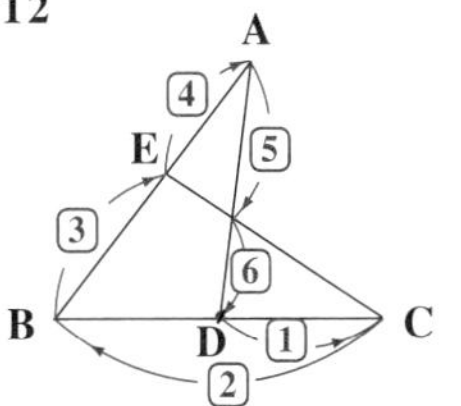

図 **13** のように点 **D** から，**EC** と平行な直線を引き，これと辺 **AB** との交点を **F** とおく。そして，

BF：**FE**：**EA** $= x : y : z$ とおく。

図 13

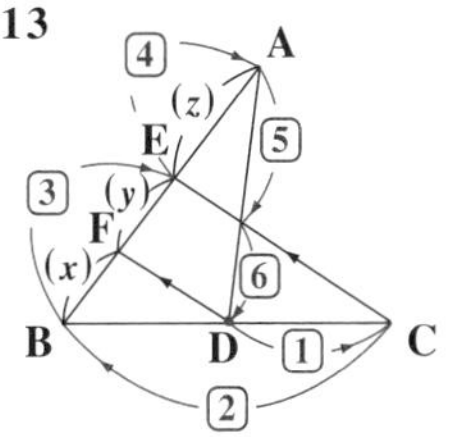

このとき，

$\frac{②}{①}=\frac{x+y}{y}$ …㋐，　$\frac{④}{③}=\frac{z}{x+y}$ …㋑，　$\frac{⑥}{⑤}=\frac{y}{z}$ …㋒

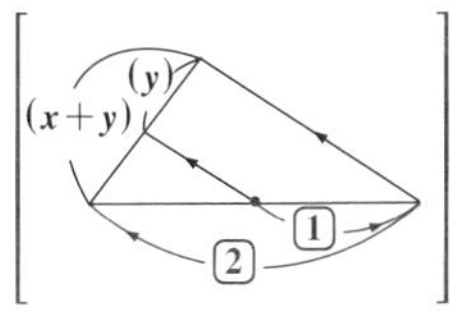

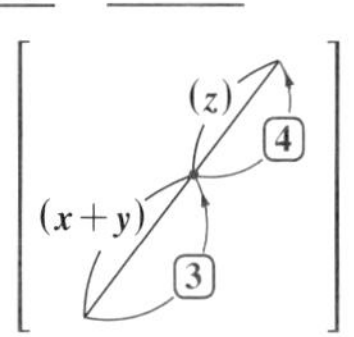

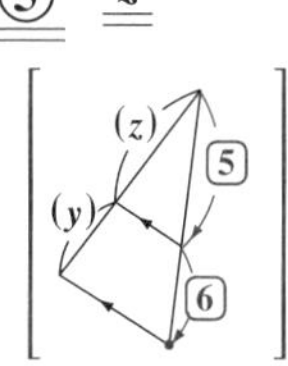

以上，㋐，㋑，㋒を ($*$) の左辺に代入して，

$$(*)\text{ の左辺}=\frac{②}{①}\times\frac{④}{③}\times\frac{⑥}{⑤}=\frac{x+y}{y}\times\frac{z}{x+y}\times\frac{y}{z}$$

$$=1=(*)\text{ の右辺}$$　となる。

∴メネラウスの定理 ($*$) は成り立つ。

こんな証明法，自分では思いつかないって？当然だよ。証明って，相当難しいものなんだよ。でも，これも，試験で問われる可能性が大だから，この証明法を丸ごと覚えてしまえばいいんだよ。

“**チェバの定理**”の証明は，この“**メネラウスの定理**”を **2** つ使うことによって示せるよ。これについては，次の絶対暗記問題 **58** でやろう！

チェバの定理の証明

絶対暗記問題 58	難易度 ★★	CHECK 1	CHECK 2	CHECK 3

右図(i)(ii)に従って，メネラウスの定理を使うことにより，チェバの定理が成り立つことを示せ。

(i)

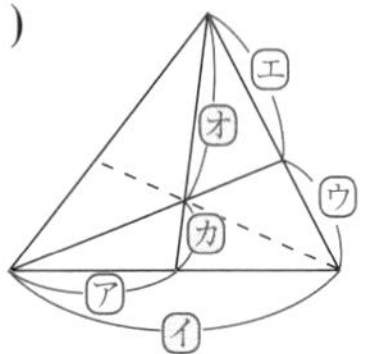

(ii)

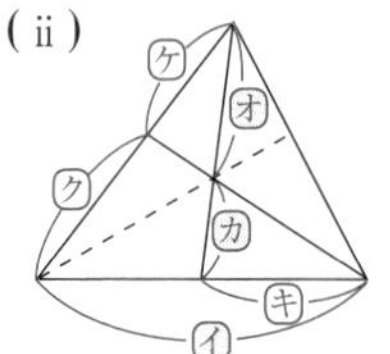

ヒント！ (i)(ii)にメネラウスの定理を使うと

(i) $\frac{㋑}{㋐}\times\frac{㋓}{㋒}\times\frac{㋕}{㋔}=\mathbf{1}$，(ii) $\frac{㋑}{㋖}\times\frac{㋘}{㋗}\times\frac{㋕}{㋔}=\mathbf{1}$ となる。

解答＆解説

図(i)に従って，メネラウスの定理を用いると，

$$\frac{㋑}{㋐}\times\frac{㋓}{㋒}\times\frac{㋕}{㋔}=\mathbf{1}\quad\cdots\cdots\cdots\cdots①$$

図(ii)に従って，メネラウスの定理を用いると，

$$\frac{㋑}{㋖}\times\frac{㋘}{㋗}\times\frac{㋕}{㋔}=\mathbf{1}$$ この両辺の逆数をとると，

$$\frac{㋖}{㋑}\times\frac{㋗}{㋘}\times\frac{㋔}{㋕}=\mathbf{1}\left(\frac{1}{1}\right)\quad\cdots\cdots\cdots\cdots②$$

①と②の辺々をかけて，

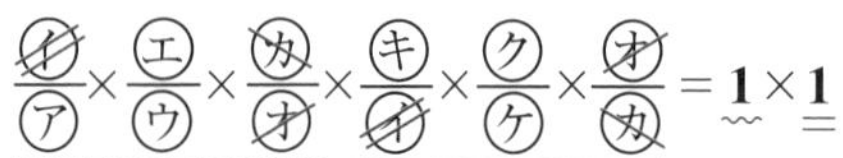

$$\frac{㋑}{㋐}\times\frac{㋓}{㋒}\times\frac{㋕}{㋔}\times\frac{㋖}{㋑}\times\frac{㋗}{㋘}\times\frac{㋔}{㋕}=\mathbf{1}\times\mathbf{1}$$

図(i)(ii)より

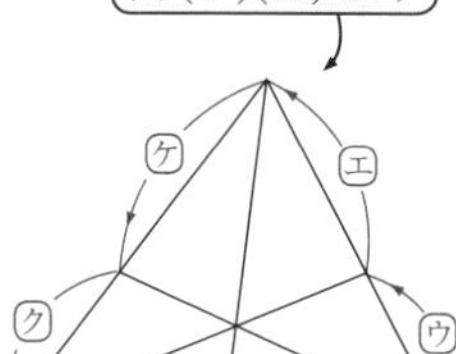

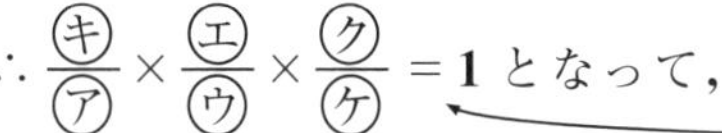

$$\therefore\ \frac{㋖}{㋐}\times\frac{㋓}{㋒}\times\frac{㋗}{㋘}=\mathbf{1}$$ となって，

チェバは，**1**周まわるだけ

右図より，チェバの定理が成り立つ。 ……………………………(終)

角の二等分線とメネラウスの定理

絶対暗記問題 59　難易度 ★★　CHECK 1　CHECK 2　CHECK 3

AB = 5，BC = 6，CA = 4 の三角形 ABC の内心を I とおく。直線 AI と辺 BC の交点を D とおくとき，比 AI：ID を求めよ。

ヒント！ ∠A と∠B の二等分線を引き，AI：ID = m：n とおいて，メネラウスの定理を用いると，この比が求まる。

解答＆解説

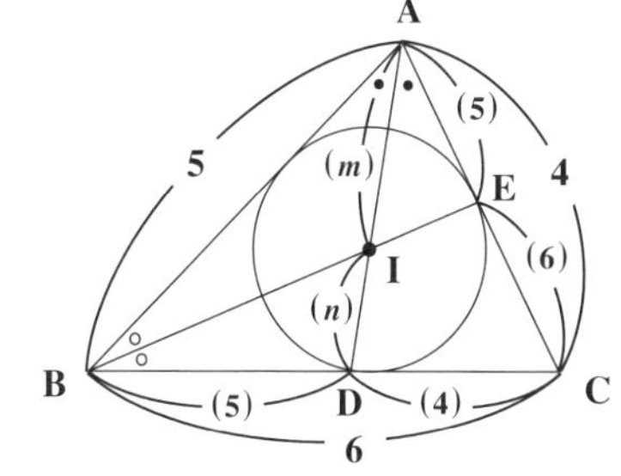

AB = 5，BC = 6，CA = 4 の△ABC について，右図のように∠A と∠B の二等分線を引く。この 2 つの二等分線の交点が，内心 I である。AI の延長と BC の交点を D，BI の延長と CA の交点を E とおくと，

$$\begin{cases} \mathrm{BD}:\mathrm{DC}=\mathrm{AB}:\mathrm{AC}=5:4 \\ \mathrm{CE}:\mathrm{EA}=\mathrm{BC}:\mathrm{BA}=6:5 \end{cases}$$

ここで，AI：ID = m：n とおくと，メネラウスの定理より，

メネラウスの定理

$$\frac{9}{\cancel{5}}\times\frac{\cancel{5}}{6}\times\frac{n}{m}=1$$

$$\frac{n}{m}=\frac{6}{9}=\frac{2}{3}\qquad \therefore\ \mathrm{AI}:\mathrm{ID}=m:n=3:2 \quad \cdots\cdots\cdots\cdots(答)$$

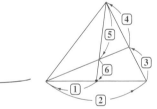

頻出問題にトライ・21　難易度 ★★★　CHECK 1　CHECK 2　CHECK 3

△ABC の辺 BC の中点を M とおく。△ABC と△ABM に∠B についての余弦定理を用いることにより，中線定理

$\mathrm{AB}^2+\mathrm{AC}^2=2(\mathrm{AM}^2+\mathrm{BM}^2)$……(＊) が成り立つことを示せ。

(＊) は，"**中線定理**"（ちゅうせんていり）と呼ばれる非常に重要な公式なので覚えておこう。

解答は P250

2. 円の関係した図形にチャレンジだ！

これまでに，様々な図形の勉強をしてきたけれど，今回はすべて円と関係した図形について解説するよ。“**接弦定理**(せつげんていり)”，“**方べきの定理**”，“**トレミーの定理**”などについても，詳しく教えるつもりだ。

● まず，円周角と中心角を押さえよう！

図 **1** に示すように，同じ円弧 $\overset{\frown}{\mathbf{PQ}}$ に対する円周角 $\angle \mathbf{PRQ}$ はすべて等しい。逆に，この円周角 $\angle \mathbf{PRQ}$ が等しいならば，点 **R** は同一円周上にあることも言える。

図 1　円周角

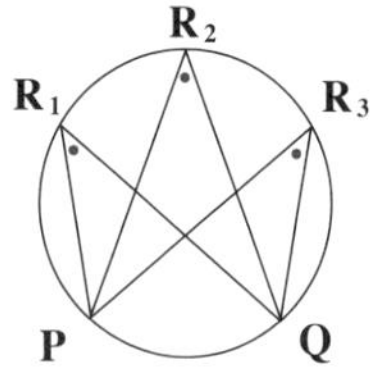

次に，図 **2** に示すように，**2** つの円周角 $\angle \mathbf{PRQ} = \angle \mathbf{PR'Q}$ で，$\triangle \mathbf{OQR'}$ は $\mathbf{OQ} = \mathbf{OR'}$ の二等辺三角形より，

$\angle \mathbf{POQ} = \underline{2 \cdot \angle \mathbf{PR'Q}}$ となる。
（$= \angle \mathbf{OR'Q} + \angle \mathbf{OQR'}$）

よって，$\underline{\angle \mathbf{POQ}} = 2 \times \underline{\angle \mathbf{PRQ}}$ が成り立つ。
（中心角）　（円周角）

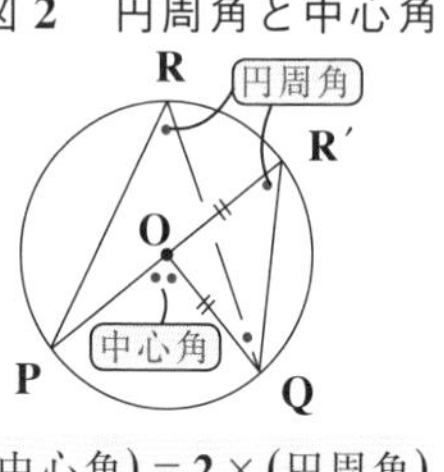

図 2　円周角と中心角

(中心角) = 2 × (円周角)

これより，円に内接する四角形の内対角の和が **180°** となることが導ける。

図 **3** のような，円に内接する四角形の内対角を α，β とおくと，それぞれの中心角は 2α と 2β になる。図より，この和は $2\alpha + 2\beta = 360°$

よって，この両辺を **2** で割って，$\alpha + \beta = 180°$

が成り立つ。つまり，円に内接する四角形の内対角の和は，**180°** になる。

（これは，絶対暗記問題 **36** と，頻出問題にトライ・**12** で使った）

図 3　円に内接する四角形の内対角の和 = 180°

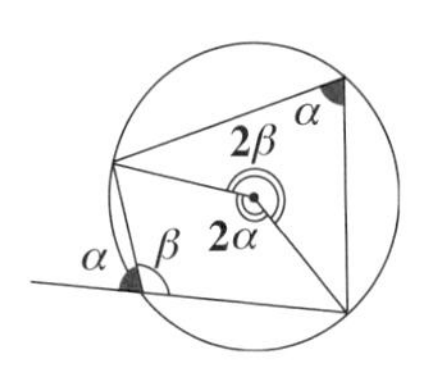

また，直径に対する円周角 α は，図 **4** のように，その中心角 $2\alpha = 180°$ より，$\alpha = 90°$ と直角になる。

図 4　直径の上に立つ円周角は 90°

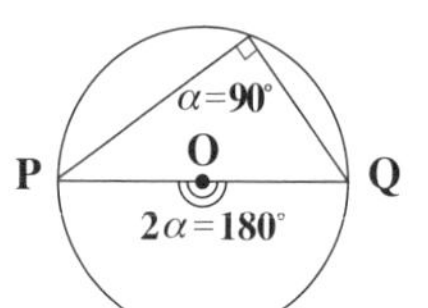

● 接弦定理もマスターしよう！

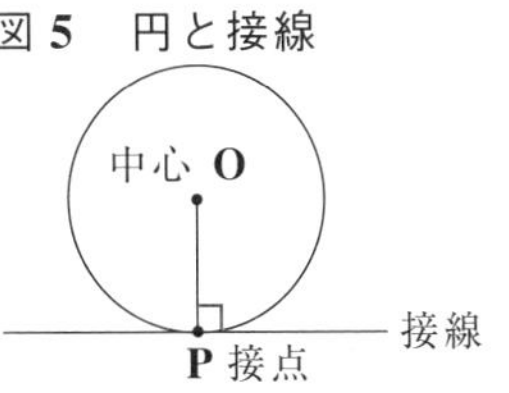

図 5　円と接線

図 5 に示すように，中心が O の円と点 P で接する直線は，直線 OP と直交する。

これから次の，接線と弦と円周角に関する“接弦定理(せつげんていり)”が導ける。

接弦定理

右図のように，点 P における円の接線 PX と，弦 PQ のなす角 θ は，弧 $\overset{\frown}{PQ}$ に対する円周角

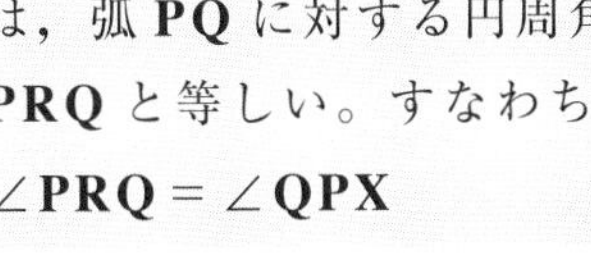

$\angle PRQ$ と等しい。すなわち，

$\angle PRQ = \angle QPX$

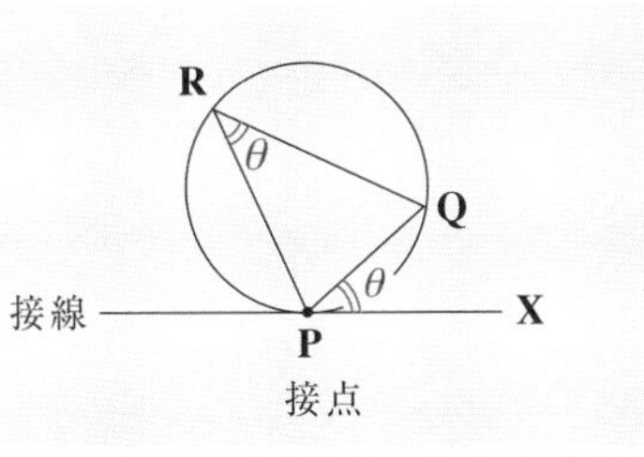

この証明は，図 6 のように行う。点 R を PR′ が直径となるように，R′ まで移動する。このとき，

$\angle R'QP = 90°$ より，←（直径の上に立つ円周角）

$\angle PRQ = \angle PR'Q = 90° - \angle R'PQ$ ………㋐（図の・のコト）

また，$\angle R'PX = 90°$ より，

$\angle QPX = 90° - \angle R'PQ$ ………㋑（図の・のコト）

以上 ㋐㋑より，$\angle PRQ = \angle QPX$　が成り立つ。

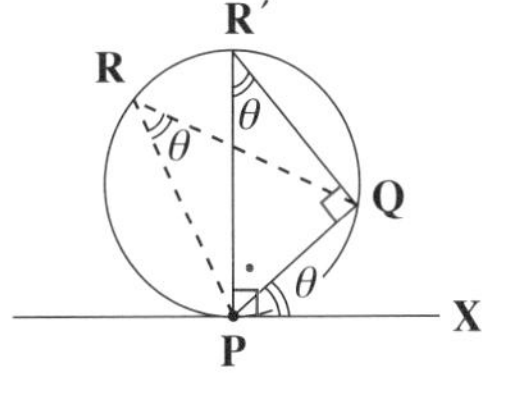

図 6　接弦定理の証明

● 方べきの定理には，3 通りがある！

3 通りの“方べきの定理”を下にまず示しておくよ。

方べきの定理

方べきの定理 (Ⅰ)

$x \cdot y = z \cdot w$

(△PAB ∽ △PDC)

方べきの定理 (Ⅱ)

$x \cdot y = z \cdot w$

(△PAB ∽ △PDC)

方べきの定理 (Ⅲ)

$x \cdot y = z^2$

B(接点)　接線

(△PAB ∽ △PBC)

方べきの定理(Ⅰ)(Ⅱ)は，円に内接する四角形ABCDについて，また(Ⅲ)は円に内接する三角形ABCについての定理になる。

- **方べきの定理(Ⅰ)**

円に内接する四角形ABCDの対角線の交点をPとおくと，

$\begin{cases} \angle BAP = \angle CDP \leftarrow \text{円周角} \\ \angle APB = \angle DPC \leftarrow \text{対頂角} \end{cases}$ より，

$\triangle PAB \backsim \triangle PDC$ ← 三角形の相似

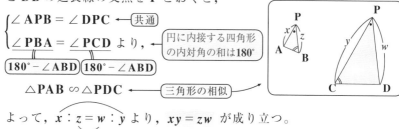

よって，$x : z = w : y$ より，$xy = zw$ が成り立つ。

- **方べきの定理(Ⅱ)**

円に内接する四角形ABCDのCAとDBの延長線の交点をPとおくと，

$\begin{cases} \angle APB = \angle DPC \leftarrow \text{共通} \\ \angle PBA = \angle PCD \end{cases}$ より，← 円に内接する四角形の内対角の和は180°

$\angle PBA = 180° - \angle ABD$，$\angle PCD = 180° - \angle ABD$

$\triangle PAB \backsim \triangle PDC$ ← 三角形の相似

よって，$x : z = w : y$ より，$xy = zw$ が成り立つ。

- **方べきの定理(Ⅲ)**

円に内接する三角形ABCのCAの延長と，点Bにおける円の接線との交点をPとおくと，

$\begin{cases} \angle APB = \angle BPC \leftarrow \text{共通} \\ \angle PBA = \angle PCB \leftarrow \text{接弦定理} \end{cases}$ より，

$\therefore \triangle PAB \backsim \triangle PBC$ ← 三角形の相似

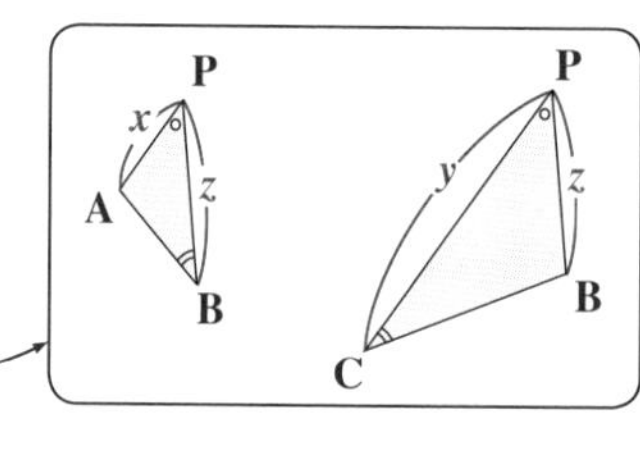

よって，$x : z = z : y$ より，$xy = z^2$ が成り立つ。

“**方べきの定理**” については，理解できた？ それでは，もう1つ円に内接する四角形の定理として，“**トレミーの定理**” についても解説するよ。

● 円の内接四角形には, “トレミーの定理” も使える！

円に内接する四角形に対して，範囲を少し越えるけれど，重要な “**トレミーの定理**” があるので，解説しておこう。

トレミーの定理

右図のように，円に内接する四角形 **ABCD** の **4** 辺の長さを **AB** $= x$，**BC** $= y$，**CD** $= z$，**DA** $= w$ とおき，また **2** つの対角線の長さを **AC** $= l$，**BD** $= m$ とおくと，次式が成り立つ。

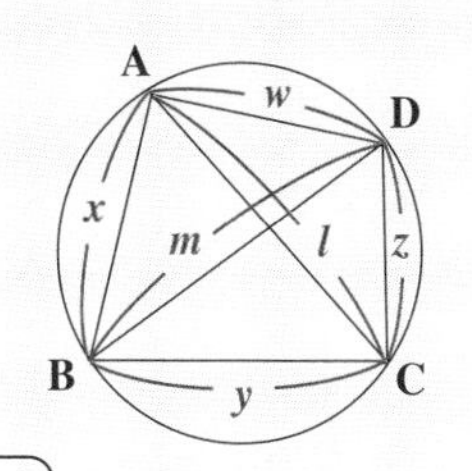

$$x \times z + y \times w = l \times m$$

「対辺の積の和は，対角線の積に等しい」と覚えよう！

トレミーの定理の証明も入れておくよ。

図 **7** に示すように，**2** 本の対角線 **AC** と **BD** の交点を **E** とおく。また，$\angle$**CAD** $=$ $\angle$**BAF** となるように点 **F** を線分 **BD** 上にとる。

図 7　トレミーの定理の証明

(i)

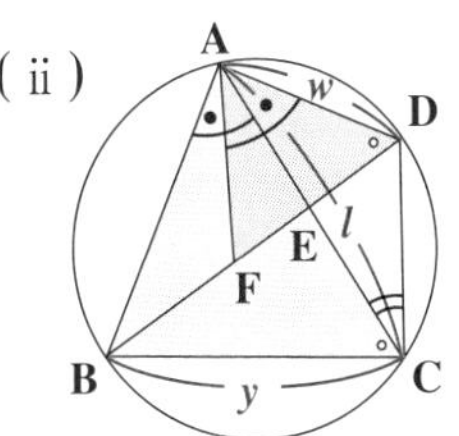

(i) △**ABF** と△**ACD** について

$\begin{cases} \angle \mathbf{BAF} = \angle \mathbf{CAD} \leftarrow \text{仮定} \\ \angle \mathbf{ABF} = \angle \mathbf{ACD} \leftarrow \text{円周角} \end{cases}$ より，

△**ABF** ∽ △**ACD** ← 三角形の相似

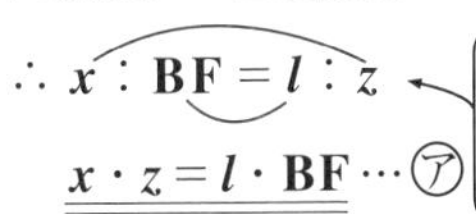

$\therefore x : \mathbf{BF} = l : z$

$x \cdot z = l \cdot \mathbf{BF} \cdots$ ㋐

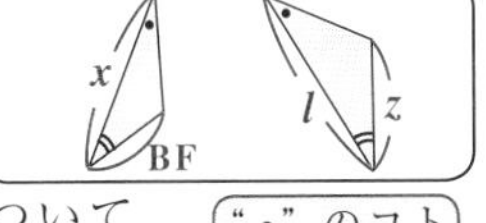

(ii) △**ABC** と△**AFD** について

$\begin{cases} \angle \mathbf{BAC} = \angle \mathbf{FAD} \\ \angle \mathbf{BCA} = \angle \mathbf{FDA} \leftarrow \text{円周角} \end{cases}$ より，

$(\because \angle \mathbf{BAF} + \angle \mathbf{FAE} = \angle \mathbf{FAE} + \angle \mathbf{EAD})$ （“•” のコト，“•” のコト）

△**ABC** ∽ △**AFD** ← 三角形の相似

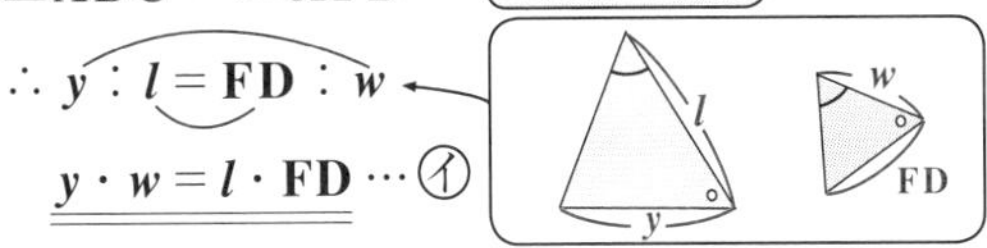

$\therefore y : l = \mathbf{FD} : w$

$y \cdot w = l \cdot \mathbf{FD} \cdots$ ㋑

㋐＋㋑より　$x \cdot z + y \cdot w = l \cdot \mathbf{BF} + l \cdot \mathbf{FD}$

$l \cdot (\mathbf{BF} + \mathbf{FD}) = l \cdot \mathbf{BD} = l \cdot m$

以上より，トレミーの定理 $x \cdot z + y \cdot w = l \cdot m$ が成り立つ。面白かった？

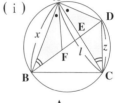

それでは，方べきの定理とトレミーの定理を実際の例題で使ってみよう。

◆例題 11◆

円に内接する四角形 **ABCD** の対角線 **AC, BD** の交点を **E** とおく。$\mathbf{AE} = \mathbf{CE} = \mathbf{2}$，$\mathbf{BE} = \mathbf{4}$ とする。

(1) 線分 **DE** の長さを求めよ。

(2) $\mathbf{AB} = \mathbf{2\sqrt{7}}$ のとき，**3** 辺 **BC**，**CD**，**DA** の長さを求めよ。

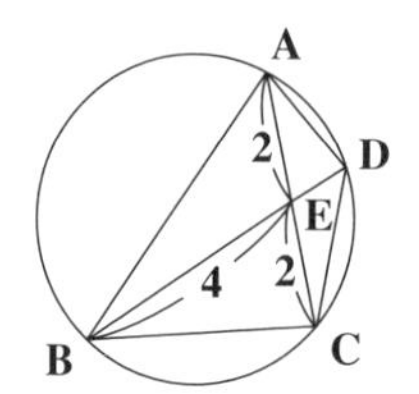

解答

(1) 四角形 **ABCD** は円に内接する四角形より，方べきの定理を用いて，

$\underset{2}{\underline{\mathbf{AE}}} \times \underset{2}{\underline{\mathbf{CE}}} = \underset{4}{\underline{\mathbf{BE}}} \times \mathbf{DE}$　　$2^2 = 4 \cdot \mathrm{DE}$　$\therefore \mathrm{DE} = 1$ ……………………(答)

(2) △**ABE** と△**DCE** について

$\begin{cases} \angle \mathrm{BAE} = \angle \mathrm{CDE} \leftarrow \text{円周角} \\ \angle \mathrm{AEB} = \angle \mathrm{DEC} \leftarrow \text{対頂角} \end{cases}$ より，

$\triangle \mathrm{ABE} \backsim \triangle \mathrm{DCE}$ ← 相似

△**ABE** と△**DCE** の相似比は **2 : 1**

$\therefore \mathrm{BA} = 2\sqrt{7}$ より，$\mathrm{CD} = \dfrac{1}{2}\mathrm{AB} = \sqrt{7}$

同様に $\triangle \mathrm{AED} \backsim \triangle \mathrm{BEC}$ で，

相似比が **1 : 2** より，

$\mathrm{AD} = x$ とおくと $\mathrm{BC} = 2x$

ここで，四角形 **ABCD** は円に内接するので，トレミーの定理を用いると

$x \cdot 2x + 2\sqrt{7} \cdot \sqrt{7} = 4 \times 5$

$2x^2 + 14 = 20$　　$2x^2 = 6$　　$x^2 = 3$

$\therefore \mathrm{DA} = x = \sqrt{3}$　　$\mathrm{BC} = 2x = 2\sqrt{3}$

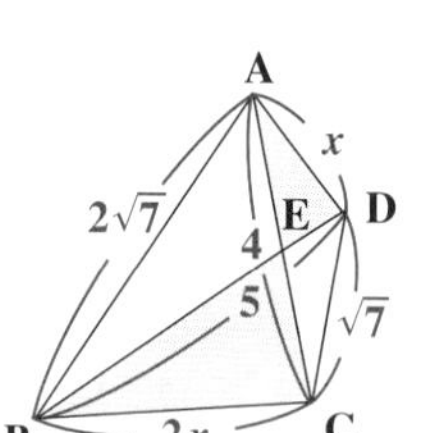

以上より，$\mathrm{BC} = 2\sqrt{3}$，$\mathrm{CD} = \sqrt{7}$，$\mathrm{DA} = \sqrt{3}$ ……………………………(答)

● 2つの円の位置関係に挑戦だ！

中心 O_1, 半径 r_1 の円と，中心 O_2, 半径 r_2 の円の位置関係について考えよう。ここで，半径に $r_1 \geqq r_2$ の大小関係があるものとする。また，2つの円の中心間の距離 $O_1O_2 = d$ とおくと，2つの円の位置関係は，r_1 と r_2 と d によって，次のように表すことが出来る。これも，頭に入れてくれ。

2つの円の位置関係

2つの円の半径をそれぞれ r_1，r_2 $(r_1 \geqq r_2)$ とおき，中心間の距離を d とおくと，

(i) $d > r_1 + r_2$ のとき
外離
(共有点なし)

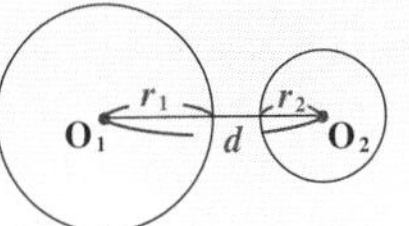

(ii) $d = r_1 + r_2$ のとき
外接
(接点をもつ)

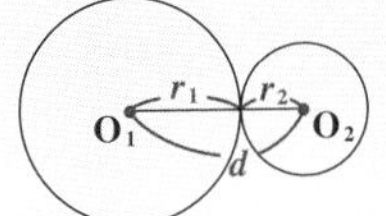

(iii) $r_1 - r_2 < d < r_1 + r_2$ のとき
交わる
(2交点をもつ)

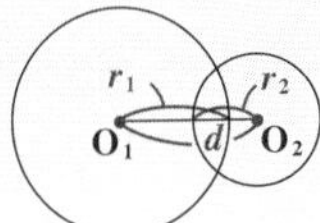

(iv) $d = r_1 - r_2$ のとき
内接
(接点をもつ)

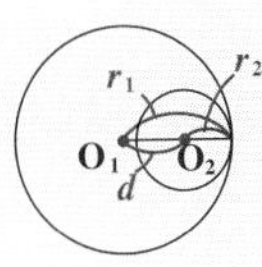

(v) $d < r_1 - r_2$ のとき
内離
(共有点なし)

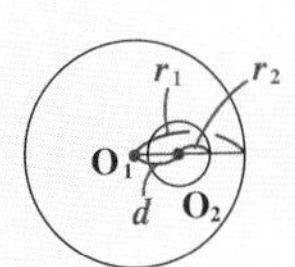

また，それぞれの場合の2つの円の共通接線の本数は，

(i) **4** 本 (ii) **3** 本 (iii) **2** 本 (iv) **1** 本 (v) **0** 本

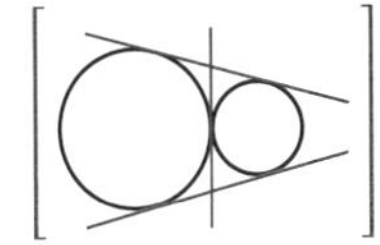
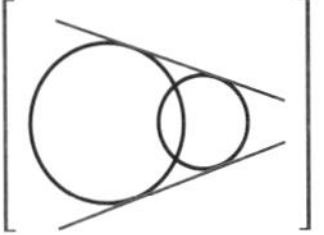
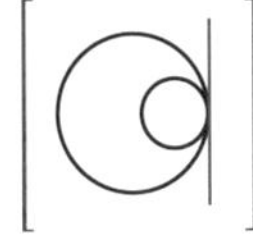
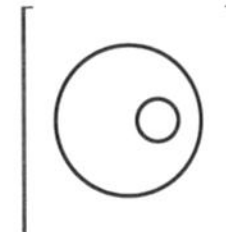

となる。

円に内接する四角形，トレミーの定理

絶対暗記問題 60　難易度 ★★　CHECK 1　CHECK 2　CHECK 3

$AB=8$，$BC=5$，$CD=DA=3$ の円に内接する四角形 ABCD がある。

(1) 対角線 BD の長さを求めよ。

(2) 対角線 AC の長さを求めよ。

ヒント！ $\angle A=\theta$ とおくと，$\angle C=180°-\theta$ となる。(1) △ABD と△CBD に余弦定理を用いる。(2) トレミーの定理を使えば，すぐに計算できる。

解答＆解説

(1) $\angle A=\theta$ とおくと，四角形 ABCD は円に内接しているので，$\angle C=180°-\theta$

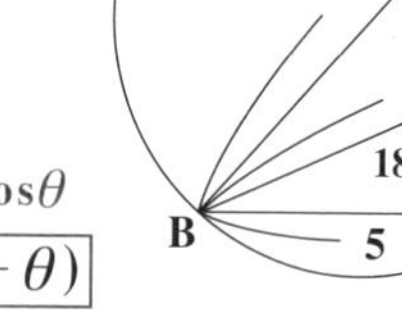

(i) △ABD に余弦定理を用いて，

$BD^2=8^2+3^2-2\cdot 8\cdot 3\cdot\cos\theta$

$\therefore\ BD^2=73-48\cos\theta$ …………①

(ii) △CBD に余弦定理を用いて，

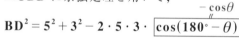

$BD^2=5^2+3^2-2\cdot 5\cdot 3\cdot \boxed{\cos(180°-\theta)}$　（$=-\cos\theta$）

$\therefore\ BD^2=34+30\cos\theta$ …………②

①，②より BD^2 を消去して，$73-48\cos\theta=34+30\cos\theta$

$78\cos\theta=39$　　$\therefore\ \cos\theta=\dfrac{39}{78}=\dfrac{1}{2}$ …………③

③を②に代入して，$BD^2=34+15=49$

$\therefore\ BD=\sqrt{49}=7$ ……………………………………(答)

(2) 四角形 ABCD は円に内接するので，トレミーの定理を用いて，

$8\times 3+3\times 5=7\times AC$　$[\,AB\times CD+AD\times BC=BD\times AC\,]$

$7\cdot AC=39$　　$\therefore\ AC=\dfrac{39}{7}$ ……………………………………(答)

2円の外接条件(Ⅰ)

絶対暗記問題 61	難易度 ★★	CHECK 1	CHECK 2	CHECK 3

1 辺の長さ **2** の正方形 **S** に内接する半径 **1** の円を **C** とおく。右図のように，正方形 **S** に内接し，円 **C** に外接する円 C_1 の半径を求めよ。

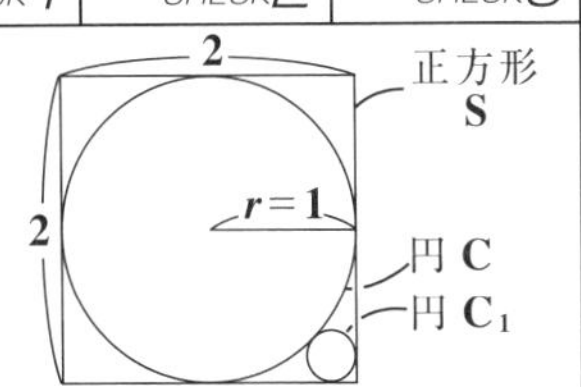

ヒント！ 円 C_1 の半径を r_1 とおいて，図から r_1 の方程式を導いて，解く。

解答＆解説

求める円 C_1 の半径を r_1 とおくと，右図のように，**2** つの直角二等辺三角形の **3** 辺の比が $1:1:\sqrt{2}$ より，次の方程式が導ける。

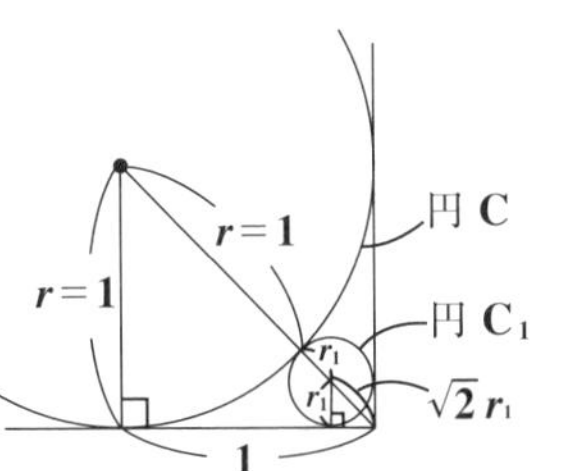

$1+r_1+\sqrt{2}r_1=\sqrt{2}$

$(\sqrt{2}+1)r_1=\sqrt{2}-1$

$r_1=\dfrac{\sqrt{2}-1}{\sqrt{2}+1}=\dfrac{(\sqrt{2}-1)^2}{(\sqrt{2}+1)(\sqrt{2}-1)}$ ← 有理化　（分母：$2-1=1$）

$=(\sqrt{2}-1)^2=2-2\sqrt{2}+1$

$\therefore\ r_1=3-2\sqrt{2}$ ……………………(答)

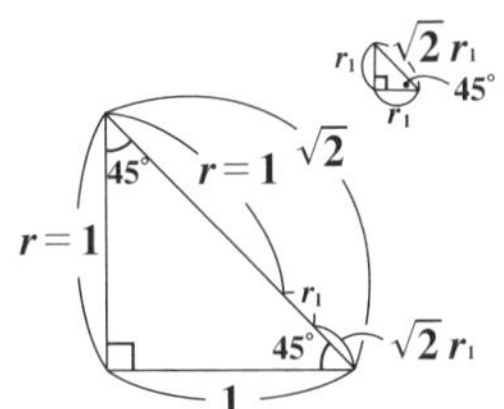

頻出問題にトライ・22	難易度 ★★★	CHECK 1	CHECK 2	CHECK 3

AB = 6，BC = 5，CA = 4 の △**ABC** とその外接円がある。∠**A** の **2** 等分線が，辺 **BC** と交わる点を **D**，外接円と交わる点を **E** とおく。
このとき，線分 **AD** と **DE** の長さを求めよ。

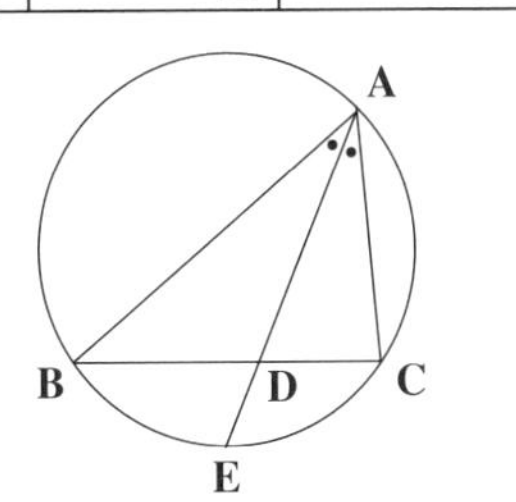

解答は P251

3. 三垂線の定理とオイラーの多面体定理もマスターしよう！

今回は，“**図形の性質**”の最終回として，“**空間図形**”について解説しよう。**2** 直線や **2** 平面の位置関係，直線と平面の位置関係，**2** 平面のなす角，直線と平面の直交条件，三垂線の定理，そしてオイラーの多面体定理と，今回も盛り沢山な内容だけれど，また丁寧に分かりやすく解説するので，シッカリマスターしよう。

● 2直線の位置関係から始めよう！

空間における **2** つの直線 l と m の位置関係には，次の **3** 通りがある。

(i) **1** 点で交わる　(ii) 平行である　(iii) ねじれの位置にある

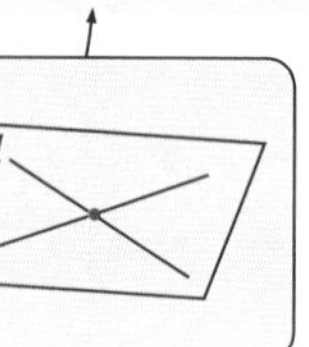

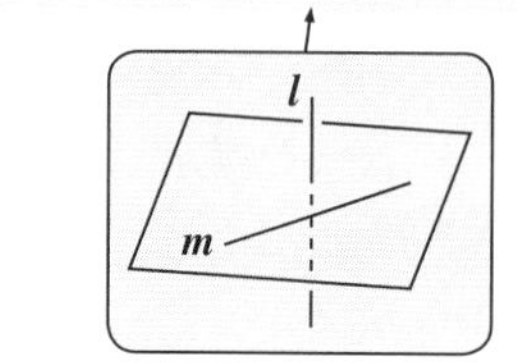

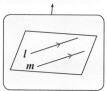

(i) **1** 点で交わるとき，または (ii) 平行であるとき，l，m は同一の平面上にある。これに対して，(iii) ねじれの位置にあるとき，l と m は同一の平面上にないんだね。具体的に，次の例で確認してみよう。

(ex) 図 **1** の三角柱 **ABC-DEF** について，

直線 **AB** と

(i) **1** 点で交わる直線は，

AC，**AD**，**BC**，**BE**

(ii) 平行な直線は，**DE**

(iii) ねじれの位置にある直線は，

CF，**DF**，**EF** となるんだね。

図 **1**　三角柱

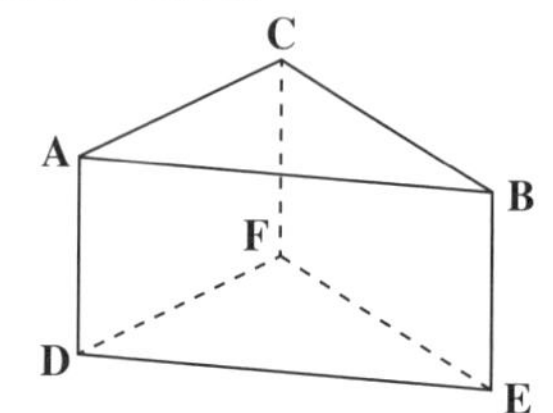

ねじれの位置にある **2** 直線 l，m のなす角は，次のように定義される。

図 **2** に示すように，l と m を平行移動して，空間の任意の点 **O** で交わるようにする。この移動後の直線を l'，m' とおくとき，l' と m' のなす **2** つの角のうち大きくない方の角を，元の

図 **2**　**2** 直線 l，m のなす角

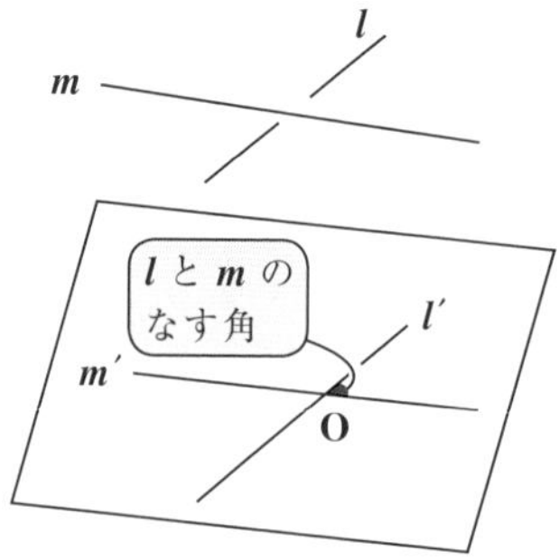

l と m のなす角と定義するんだね。この，l と m のなす角は，点 **O** の取り方によらず常に一定となることも分かると思う。特に，l と m のなす角が **90°** のとき，l と m は**垂直である**，または**直交する**といい，$l \perp m$ で表す。

● 平面の決定条件と 2 平面の位置関係を押さえよう！

空間において平面がただ **1** つに定まるための条件は次の **4** つがある。

(i) 一直線上にない異なる **3** 点を通る

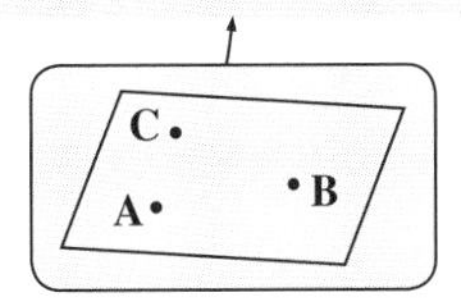

(ii) **1** 直線とその上にない点を含む

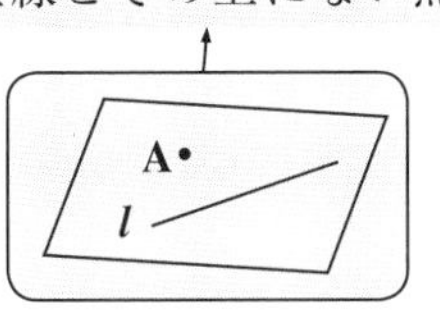

(iii) 交わる **2** 直線を含む

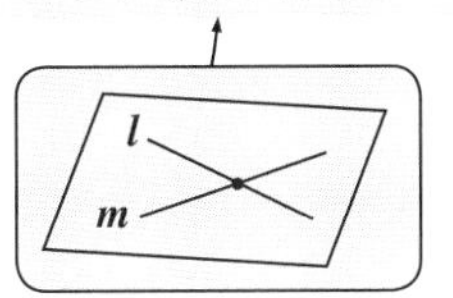

(iv) 平行な **2** 直線を含む

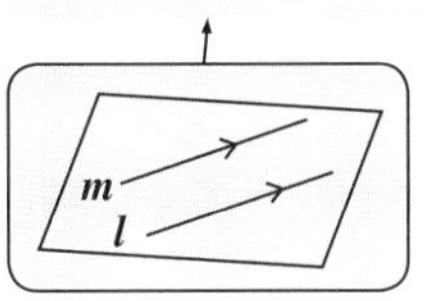

また，空間における異なる **2** 平面 α，β の位置関係には，次の **2** つがある。

(i) 交わる (交線をもつ)

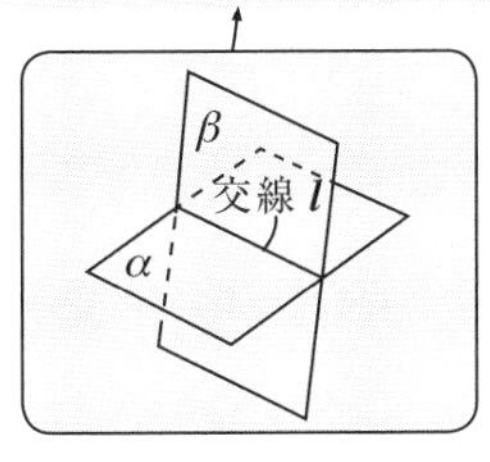

(ii) 平行である

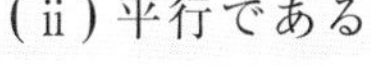

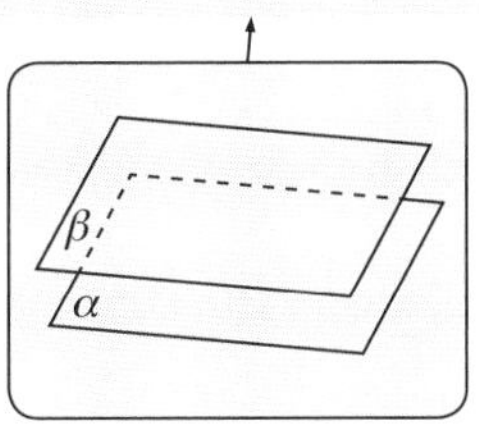

(i) α，β が交わるとき，α と β は **1** つの直線 l を共有し，この l を α と β の**交線**と呼ぶ。(ii) α と β が平行のとき，これを $\alpha /\!/ \beta$ で表すんだね。

● 2 平面のなす角を求めよう！

2 つの平面 α と β が交わるとき，図 **3** (i) に示すように，交線上の点 **O** から α，β 上に引いた l と直交する **2** 直線 m，n のなす角を，**2** 平面 α，β のなす角と

図 3 (i) 2 平面 α，β のなす角

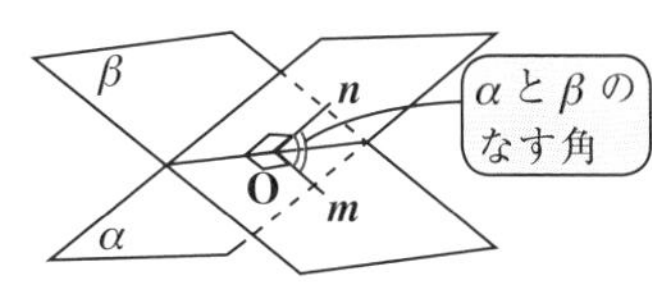

定義する。この角は **2** 直線のなす角のところで説明したように，交線上の点 **O** の取り方によらず一定になるんだね。

図 **3**　(ⅱ) $\alpha \perp \beta$

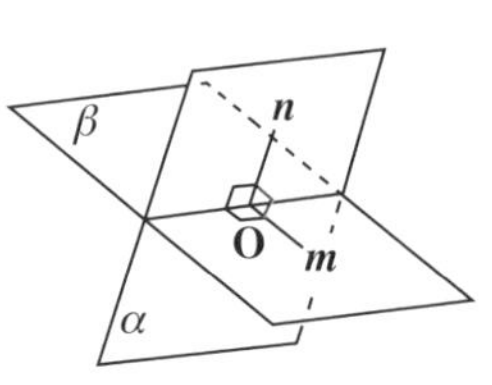

特に，図 **3**(ⅱ) に示すように，この角が **90°** のとき，平面 α と β は**垂直である**，または**直交する**といい，$\alpha \perp \beta$ で表す。

● 直線と平面の直交条件は重要だ！

空間における直線 l と平面 α の位置関係には，**3** つの場合があり，これを次に示す。

(ⅰ) **1** 点で交わる

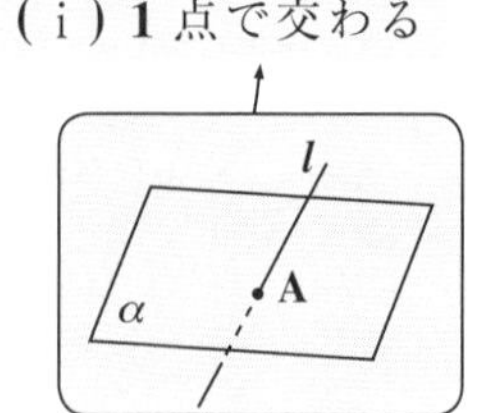

(ⅱ) 平行である

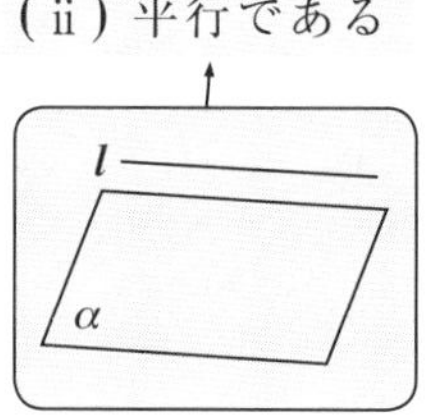

(ⅲ) l が α 上にある

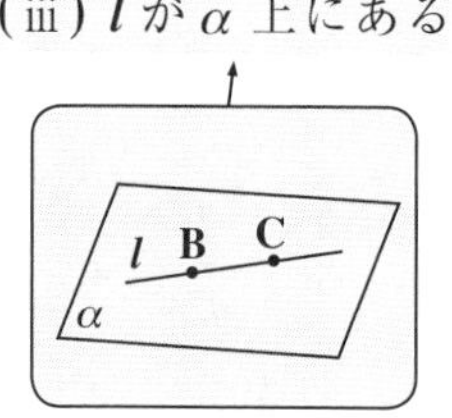

(ⅰ) 直線 l が平面 α とただ **1** つの共有点 **A** をもつとき，l と α は**交わる**といい，点 **A** を l と α の**交点**という。また，(ⅱ) 直線 l が α と共有点をもたないとき，l と α は**平行である**といい，$l /\!/ \alpha$ で表す。さらに，l が α 上の異なる **2** 点を通るとき，**l は α 上にある**，または **l は α に含まれる**という。

次，(ⅰ) の特別な場合として，図 **4**(ⅰ) に示すように，l が α 上のすべての直線に垂直であるとき，**l は平面 α に垂直である**，または **l は α と直交する**といい，$l \perp \alpha$ と書くんだね。実は，図 **4**(ⅱ) に示すように，l が α に垂直であることを言うには，l が α 上の交わる **2** 直線と直交することを言えば十分なんだ。

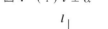

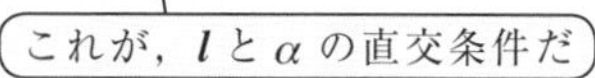

図 **4**　(ⅰ) $l \perp \alpha$

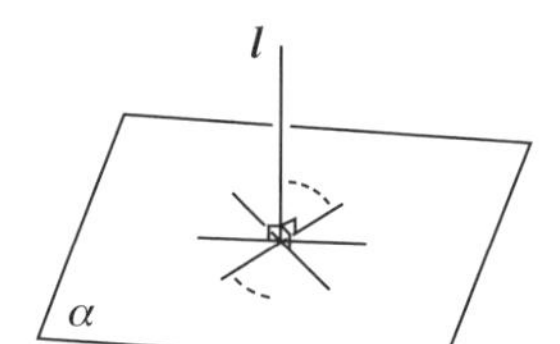

(ⅱ) l と α の直交条件

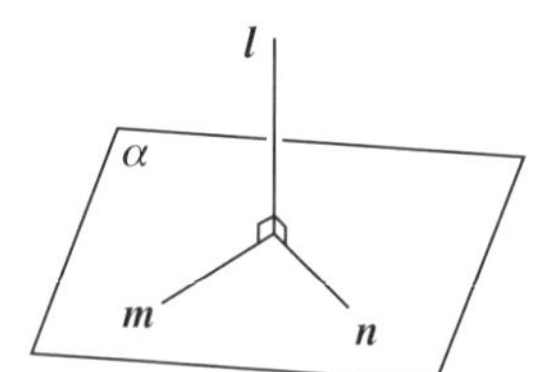

以上のことをまとめて次に示す。

直線と平面の直交条件

直線 l と平面 α が 1 点で交わるとき，

(Ⅰ)「$l \perp \alpha \Rightarrow l$ は α 上のすべての直線と直交する」 …………(＊1)

(Ⅱ)「l が α 上の交わる 2 直線と直交する $\Rightarrow l \perp \alpha$」 …………(＊2)

（l と α の直交条件と呼ぼう）

この (＊1) と (＊2) は，次に解説する**三垂線の定理**や，直線と平面の直交に関する立体の性質などを調べる際に，利用されることを覚えておこう。

● 三垂線の定理をマスターしよう！

図 5 に示すように，点 P を平面 α 上にない点とし，直線 l を α 上の直線，Q を l 上の点，O を l 上にない α 上の点とする。このとき，(＊1) と (＊2) を繰り返し用いることによって，次の 3 つの**三垂線の定理**が成り立つ。

図 5　三垂線の定理

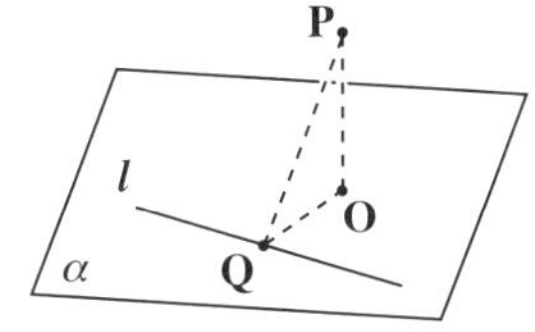

三垂線の定理

(1) $\underline{PO \perp \alpha}$，かつ $\underline{OQ \perp l} \Rightarrow \underline{PQ \perp l}$

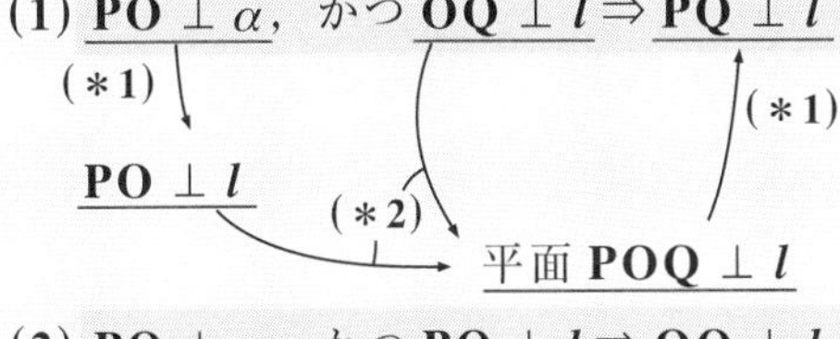

(2) $\underline{PO \perp \alpha}$，かつ $\underline{PQ \perp l} \Rightarrow \underline{OQ \perp l}$

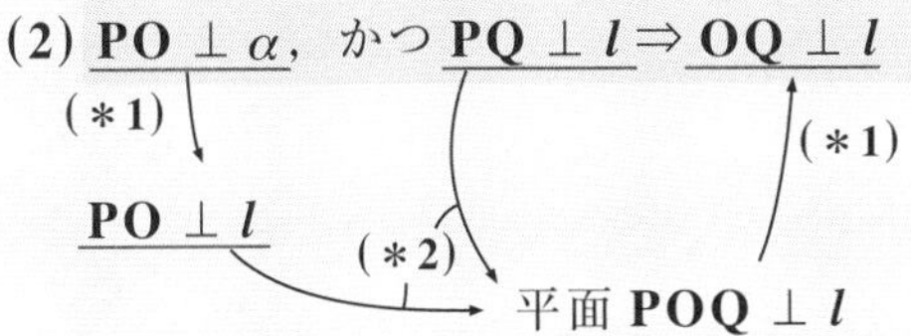

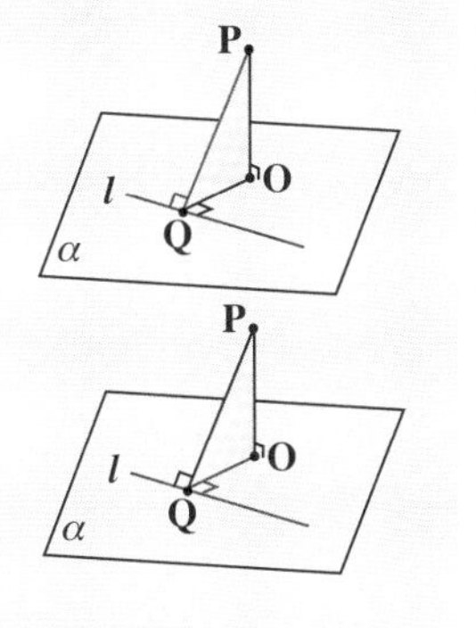

(3) $\underline{PQ \perp l}$，かつ $\underline{OQ \perp l}$，かつ $\underline{PO \perp OQ} \Rightarrow \underline{PO \perp \alpha}$

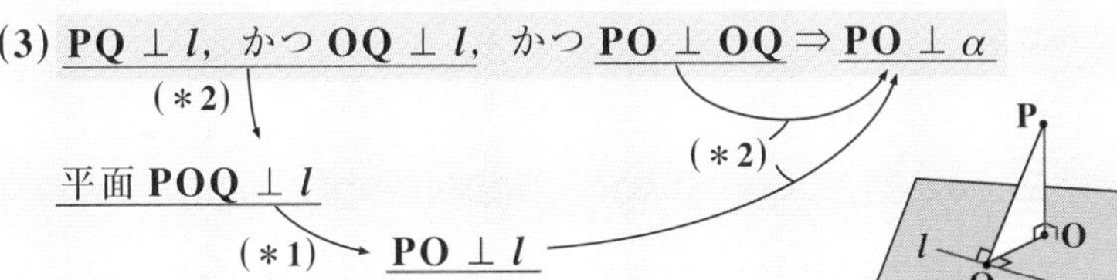

(1)(2)(3) の各定理の下に，(＊1)，(＊2) を用いた証明の模式図を示したので，確認してくれ。矢印の流れに従っていけば，それぞれの定理が成り立つことが理解できるはずだ。

では，次の練習問題で，三垂線の定理を実際に使う練習をしよう。

◆例題12◆

正四面体 **ABCD** について，辺 **CD** の中点を **M** とし，**A** から **BM** に下した垂線の足を **H** とおく。このとき，**H** は正三角形 **BCD** の重心 **G** と一致することを三垂線の定理を用いて示せ。

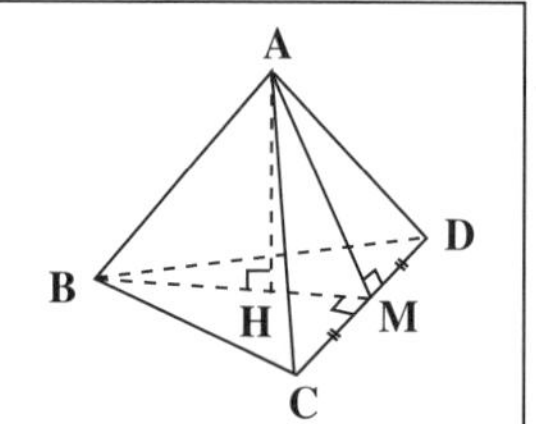

△ **ACD**，△ **BCD** は正三角形で，辺 **CD** の中点が **M** より，

$\begin{cases} \text{AM} \perp \text{CD} & \cdots\cdots① \quad かつ \\ \text{HM} \perp \text{CD} & \cdots\cdots② \end{cases}$

また，問題文より，

AH ⊥ **HM** ……③

①，②，③より，三垂線の定理を用いると，

AH ⊥平面 **BCD** ，すなわち

AH ⊥△ **BCD** ……④ となる。

同様に **BC** の中点を **N** とし，**A** から **DN** に下した垂線の足を **H′** とおくと，正四面体の対称性より，

AH′ ⊥△ **BCD** ……⑤ である。

④，⑤より，**AH** と **AH′** は共に **A** から△ **BCD** に下した垂線だから一致する。

よって，**H** = **H′** より，**H** は **BM** 上の点であると同時に **DN** 上にもあるので，△ **BCD** の **2** 本の中線 **BM** と **DN** の交点，すなわち正三角形 **BCD** の重心 **G** と一致する。 ………………(終)

∵ **H′**(＝**H**) は **DN** 上の点

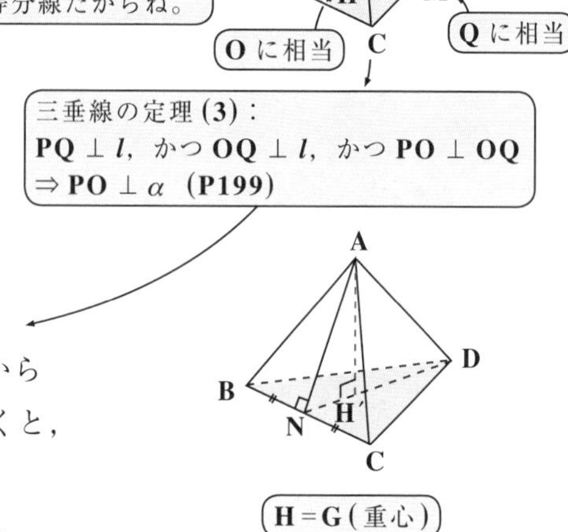

● オイラーの多面体定理にチャレンジしよう！

直方体や三角柱など，平面だけで囲まれた立体を**多面体**という。多面体のうち，正四面体，立方体などの**正多面体**について，次にまとめて示す。

（4つの面が合同な正三角形）（6つの面が合同な正方形）

オイラーの多面体定理

次の**2**つの条件をみたす多面体を正多面体と呼ぶ。

(Ⅰ) どの面もすべて合同な正多角形である。

(Ⅱ) どの頂点にも同じ数の面が集まっている。

この**2**つの条件(Ⅰ)(Ⅱ)をみたす正多面体は，次の**5**種類のみである。

(ⅰ) 正四面体　(ⅱ) 正六面体　(ⅲ) 正八面体

(ⅳ) 正十二面体　(ⅴ) 正二十面体

この**5**種類の正多面体を，図**6**に示す。

図**6**　**5**種類の正多面体

(ⅰ) **正四面体**

(ⅱ) **正六面体**

(ⅲ) **正八面体**

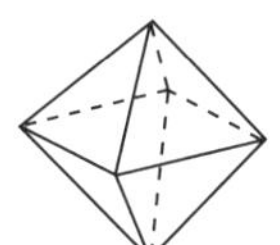

(ⅳ) **正十二面体**

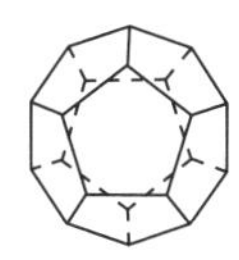

(ⅴ) **正二十面体**

ここで，多面体のうち，任意の**2**つの頂点を結ぶ線分がすべてその多面体に含まれて，外部に出ることがないものを**凸多面体**（とつためんたい）という。(ⅰ)～(ⅴ)の**5**種類の正多面体はいずれも凸多面体なんだね。

（へこみのない多面体のこと）

一般に，凸多面体の頂点の数，辺の数，面の数について，次の**オイラーの多面体定理**が成り立つ。

オイラーの多面体定理

凸多面体，すなわちへこみのない多面体の頂点の数を v，辺の数を e，面の数を f とおくと，v と e と f の間には次の関係式が成り立つ。

$v-e+f=2$ …(＊)

[$f+v-e=2$ …(＊)′]

(＊)の左辺の項の順序を変えて，(＊)′のように表すこともできるね。

この(＊)′の覚え方を次に示す。

「メンテ代から1000円引いて，ニッコリ」 どう？もう覚えたでしょう？

メン：f(面)　テ：v(頂点)　1000円：e(辺，線)　引いて：$-$　ニ：2

ちなみに，v，e，f はそれぞれ ***vertex***(頂点)，***edge***(辺)，***face***(面)の頭文字をとったものだ。

この**5**種類の正多面体の頂点の数 v，辺の数 e，面の数 f の値を表**1**に示す。

表**1**　正多面体の v，e，f の値

	正四面体	正六面体	正八面体	正十二面体	正二十面体
頂点の数 v	**4**	**8**	**6**	**20**	**12**
辺の数 e	**6**	**12**	**12**	**30**	**30**
面の数 f	**4**	**6**	**8**	**12**	**20**

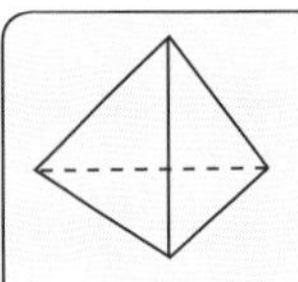
(ⅰ)正四面体

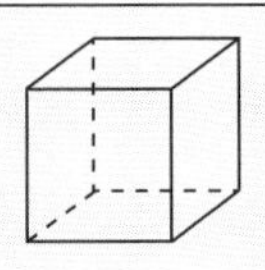
(ⅱ)正六面体

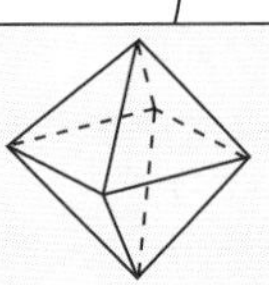
(ⅲ)正八面体

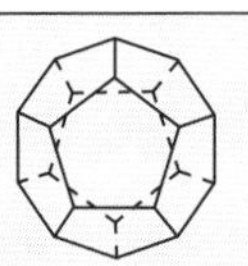
(ⅳ)正十二面体

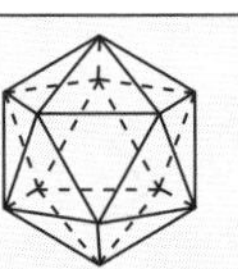
(ⅴ)正二十面体

この表**1**から，

(ⅰ)正四面体について，$f=4$，$v=4$，$e=6$

$\therefore f+v-e=4+4-6=2$　となって，(＊)′が成り立つね。

(ⅱ)正六面体について，$f=6$，$v=8$，$e=12$

$\therefore f+v-e=6+8-12=2$　となって，やはり(＊)′が成り立つ。

(ⅲ)(ⅳ)(ⅴ)の正多面体も(＊)′をみたすことが確かめられるね。

● 正多面体の体積も求めよう！

円すいや角すいの体積の公式を次に示す。

円すい，角すいの体積

底面積 S，高さ h の円すいや角すいの体積 V は，

$$V=\frac{1}{3}\cdot S\cdot h \quad \cdots\cdots(**)$$

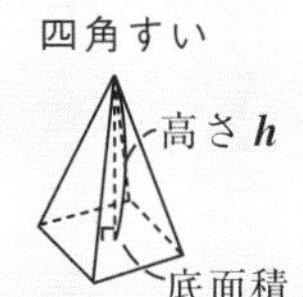

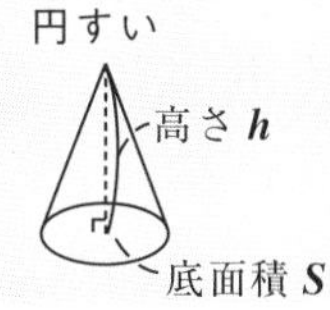

この公式 $(**)$ を使って，正八面体の体積を求めてみよう。

図7に示すような1辺の長さが a の正八面体ABCDEFについて，これを上・下の2つの合同な正四角すいABCDEとFBCDEに分割して考えると，この正八面体の体積 V は，

$V=2\times$(正四角すいABCDEの体積) …①　となるね。

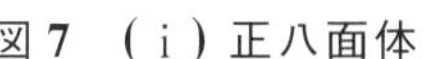

図7　(i) 正八面体

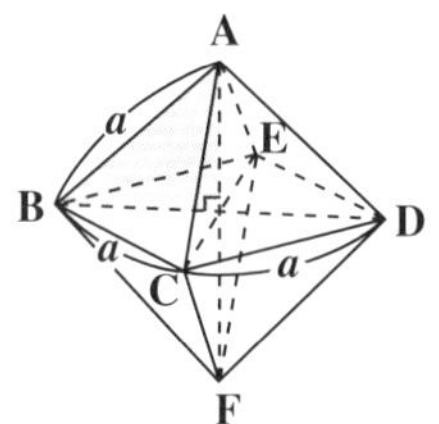

(ii)

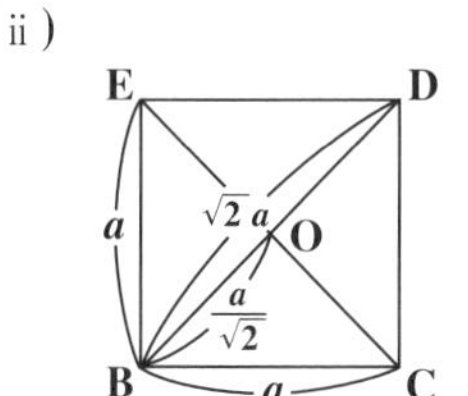

(iii)

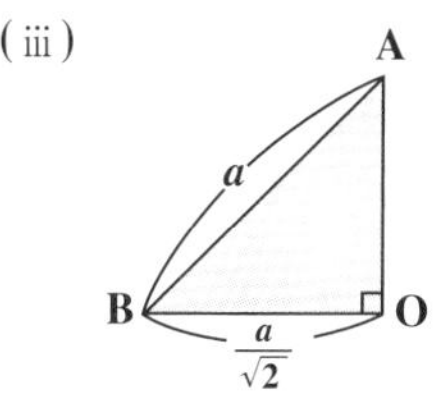

ここで，四角形BCDEは，1辺の長さが a の正方形より，この対角線BDの長さは，$BD=\sqrt{2}\,a$ となる。

よって，この正方形の2本の対角線の交点をOとおくと，

$$BO=\frac{1}{2}\cdot BD=\frac{\sqrt{2}\,a}{2}=\frac{a}{\sqrt{2}}$$

ここで，△ABOは∠AOB＝90°の直角三角形より，三平方の定理を用いて，

$$AO=\sqrt{AB^2-BO^2}=\sqrt{a^2-\left(\frac{a}{\sqrt{2}}\right)^2}=\frac{a}{\sqrt{2}}$$ ← 正四角すいABCDEの高さ

よって，正八面体ABCDEFの体積 V は，①より，

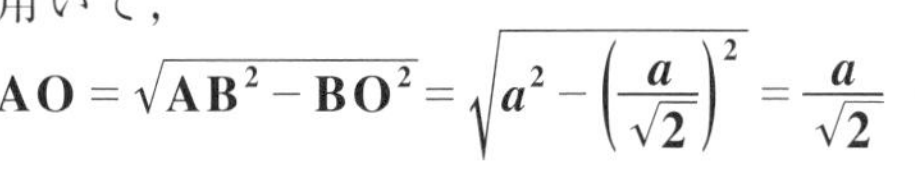

$$V=2\times\frac{1}{3}\cdot a^2\cdot\frac{a}{\sqrt{2}}=\frac{\sqrt{2}}{3}a^3$$ となるんだね。

（a^2：正方形BCDEの面積）

正四面体の性質

絶対暗記問題 62　難易度 ★★　CHECK 1　CHECK 2　CHECK 3

右図に示すように，**1** 辺の長さが a の正四面体 **ABCD** があり，この内部の任意の点 **P** に対して，**P** から **4** つの各面に下ろした垂線の足を H_1，H_2，H_3，H_4 とおくと，

$$PH_1 + PH_2 + PH_3 + PH_4 = \frac{\sqrt{6}}{3}a \quad (\text{一定})$$

となることを示せ。

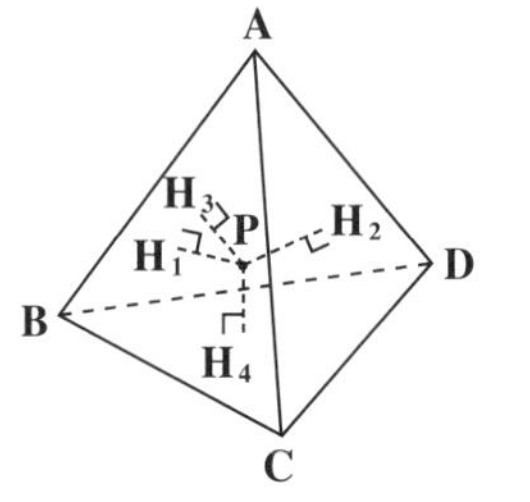

ヒント！ 正四面体 **ABCD** を **4** つの四面体（三角すい）**P-ABC**，**P-ACD**，**P-ABD**，**P-BCD** に分割して考えるといい。

解答＆解説

正四面体 **ABCD** を，**P** を頂点とする **4** つの三角すい **P-ABC**，**P-ACD**，**P-ABD**，**P-BCD** に分割して考えると，これら **4** つの三角すいの体積の和が正四面体 **ABCD** の体積と一致する。

よって，正四面体 **ABCD** の面の面積を S，高さを h とおくと，

$$\frac{1}{3}Sh = \frac{1}{3}\cdot S\cdot PH_1 + \frac{1}{3}\cdot S\cdot PH_2 + \frac{1}{3}\cdot S\cdot PH_3 + \frac{1}{3}\cdot S\cdot PH_4$$

（正四面体 **ABCD** の体積）（三角すい **P-ABC** の体積）（三角すい **P-ACD** の体積）（三角すい **P-ABD** の体積）（三角すい **P-BCD** の体積）

$\therefore PH_1 + PH_2 + PH_3 + PH_4 = h$ ……①　となる。

ここで，△ **BCD** の重心を **G** とおくと，

$AG = h$ ←（例題 **12**（**P200**）より）

直角三角形 **ABG** に三平方の定理を用いて，

$$h = AG = \sqrt{AB^2 - BG^2} = \sqrt{a^2 - \left(\frac{a}{\sqrt{3}}\right)^2} = \frac{\sqrt{6}}{3}a \quad \cdots\cdots②$$

（$AB^2 = a^2$，$BG^2 = \left(\frac{2}{3}BM\right)^2 = \left(\frac{2}{3}\cdot\frac{\sqrt{3}}{2}a\right)^2$）

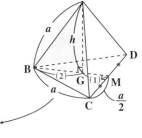

②を①に代入して，$PH_1 + PH_2 + PH_3 + PH_4 = \frac{\sqrt{6}}{3}a$（一定）となる。…（終）

正六面体の性質

絶対暗記問題 63 難易度 ★★ CHECK 1 CHECK 2 CHECK 3

右図に示す正六面体 **ABCD-EFGH** について,

(1) **CE** ⊥ **HF**, **CE** ⊥ **AF** を示せ。

(2) **CE** ⊥平面 **AFH** を示せ。

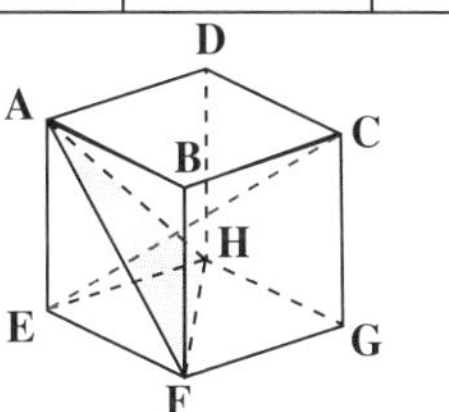

ヒント！「直線 l が平面 α 上の交わる 2 直線に垂直⇒ $l \perp \alpha$」 …(＊2) と「$l \perp \alpha$ ⇒ l は α 上のすべての直線と直交する」 …(＊1)(P199) を使う。

解答＆解説

(1) まず, **HF** ⊥ **EG** ……① ← HF, EG は正方形 EFGH の対角線より

また, **CG** ⊥ **HG** かつ **CG** ⊥ **GF** より,

CG ⊥□ **EFGH** ← (＊2) より

∴ **HF** ⊥ **CG** ……② ← (＊1) より

①, ②より, **HF** ⊥平面 **CEG** ← (＊2) より

∴ **CE** ⊥ **HF** ……③ ← (＊1) より ……………………(終)

同様に, **AF** ⊥ **BE** ……④ ← AF と BE は正方形 ABFE の対角線より

また, **BC** ⊥ **AB** かつ **BC** ⊥ **BF** より,

BC ⊥□ **ABFE** ……⑤ ← (＊2) より

∴ **AF** ⊥ **BC** ……⑥ ← (＊1) より

④, ⑥より, **AF** ⊥平面 **BCE** ← (＊2) より

∴ **CE** ⊥ **AF** ……⑦ ← (＊1) より ……………………(終)

(2) **CE** ⊥ **HF** …③と, **CE** ⊥ **AF** …⑦より, **CE** ⊥平面 **AFH** …(終) ← (＊2) より

頻出問題にトライ・23 難易度 ★★★ CHECK 1 CHECK 2 CHECK 3

右図に示す正 f 面体の頂点の数, 辺の数, 面の数をそれぞれ v, e, f とおく。

(1) v と e をそれぞれ f を用いて表せ。

(2) オイラーの多面体定理：$v - e + f = 2$ …(＊) を用いて, $f = 12$ となることを示せ。

正 f 面体

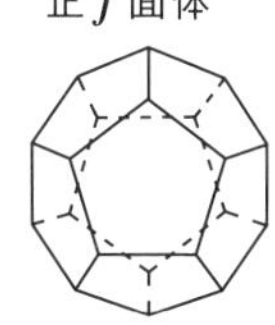

解答は **P251**

講義 7 ● 図形の性質　公式エッセンス

1.　内角の 2 等分線と辺の比

$\triangle$**ABC** の内角 $\angle$**A** の二等分線と辺 **BC** との交点を **P** とおき，また，**AB** $= c$，**CA** $= b$ とおくと，

BP：PC $= c : b$ となる。

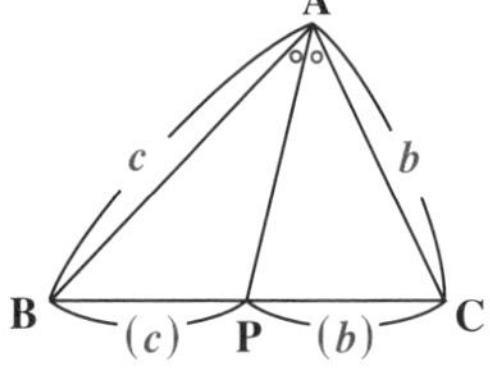

2.　$\triangle$ABC の重心 G

$\triangle$**ABC** の重心 **G** は，3 つの頂点 **A**，**B**，**C** から出る 3 本の中線の交点である。また，各中線は，重心 **G** により，右図のように **2：1** に内分される。

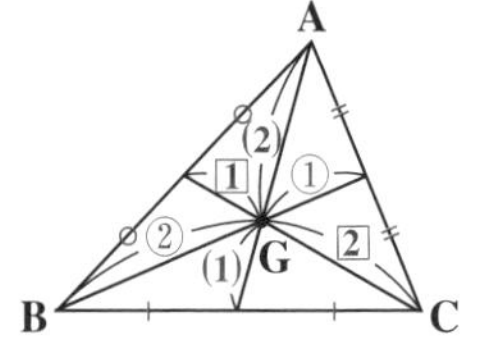

3.　チェバの定理，メネラウスの定理： $\dfrac{②}{①} \times \dfrac{④}{③} \times \dfrac{⑥}{⑤} = 1$

(ⅰ) チェバの定理

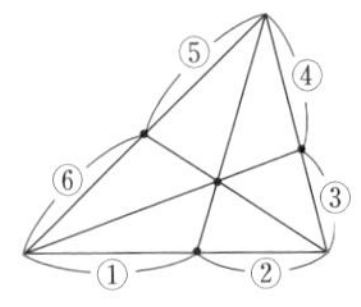

(ⅱ) メネラウスの定理

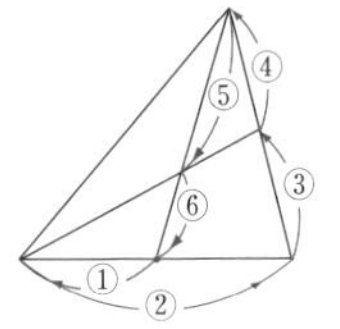

4.　接弦定理

弧 $\overset{\frown}{\mathbf{PQ}}$ に対する円周角を θ とおくと，点 **P** における円の接線 **PX** と弦 **PQ** のなす角 $\angle$**QPX** は，θ と等しい。つまり，右図において

$\angle$**QPX** $= \angle$**PRQ**

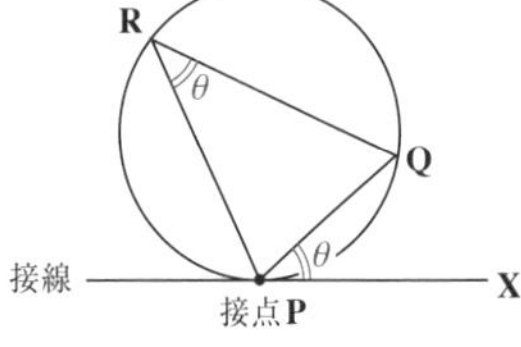

5.　方べきの定理

方べきの定理 (Ⅰ)

$x \cdot y = z \cdot w$

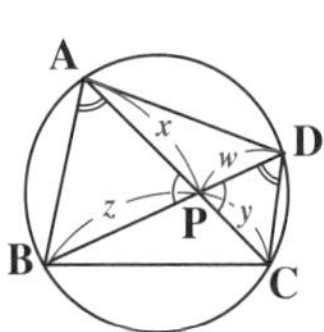

方べきの定理 (Ⅱ)

$x \cdot y = z \cdot w$

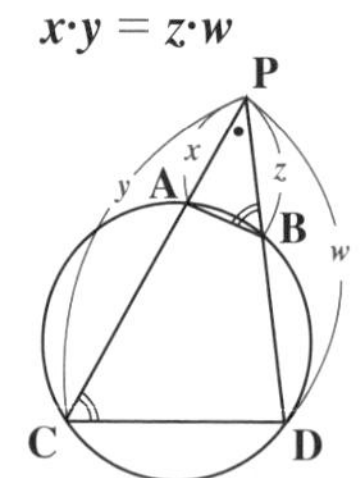

方べきの定理 (Ⅲ)

$x \cdot y = z^2$

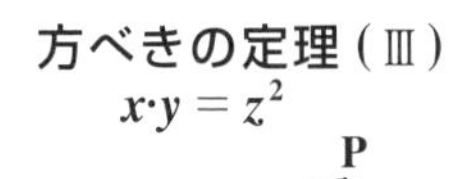

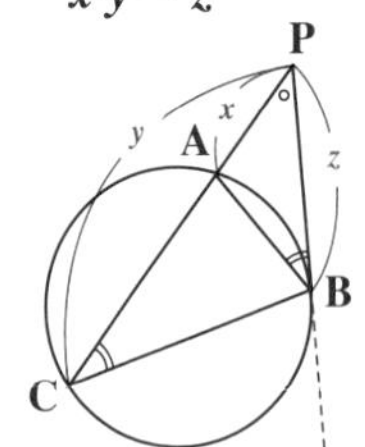

講義
Lecture

8 整数の性質（数学と人間の活動）

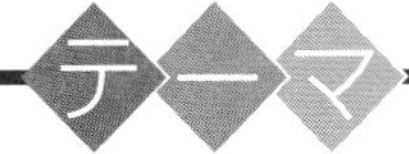

- 約数と倍数（最大公約数と最小公倍数）
- $A \cdot B = n$ 型の整数問題
- ユークリッドの互除法と1次不定方程式（$ax + by = n$ 型の問題）
- n 進法（記数法）

講義8 整数の性質（数学と人間の活動）

1. $A \cdot B = n$ 型の整数問題を解こう！

この章では，ゲーム等の問題も出題されるかも知れないけれど，数学的に体系だったテーマとしては“**整数の性質**”なんだね。従って，この講義では“**整数の性質**”について，その基本をシッカリマスターしていくことにしよう。

ここではまず，自然数(正の整数)の“**素因数分解**(そいんすうぶんかい)”と約数の個数について解説し，“**$A \cdot B = n$ 型の整数問題**”の解法について教えよう。さらに，**2**つ以上の自然数の“**最大公約数**(さいだいこうやくすう)”gと“**最小公倍数**(さいしょうこうばいすう)”Lについても解説しよう。まず，整数の基本性質をマスターしような！

● 整数の約数と倍数から始めよう！

整数とは，…，-2，-1，0，1，2，3，…のことで，自然数とは正の整数のことだから，1，2，3，…のことなんだね。

ここで，整数の**約数**と**倍数**の関係を下に示そう。

整数の約数と倍数

整数bが，整数aで割り切れるとき，つまり，

$b = m \cdot a$ ……(＊)（ただし，$a \neq 0$とする。）

となる整数mが存在するとき，

- ・「aは，bの約数である。」と言えるし，また
- ・「bは，aの倍数である。」と言える。

したがって，(ⅰ) **765**は，**5**と**9**の倍数であるし

(ⅱ) **1452**は，**4**と**3**の倍数であることが言えるんだね。

エッ，何故，このようにスグ分かるのかって？種を明しておこう。数百や数千以上の比較的大きな数でも，それが，**2**，**3**，**4**，**5**，**9**の倍数であるか？どうか？を判定する目はとても大切なんだね。まず，

- ・**2**の倍数：一の位の数が**0**，**2**，**4**，**6**，**8**のいずれかである。
- ・**5**の倍数：一の位の数が**0**，**5**のいずれかである。

これは大丈夫だね。これから，(ⅰ) **765** は **5** の倍数だし，(ⅱ) **1452** は **2** の倍数であることが分かる。

次に，**1452** を，$\mathbf{1452 = \underline{1400} + 52}$（$52 = 4\times13$）と変形すれば分かるように，百の位以上の部分（$14\times100 = 4\times\underline{14\times25}$，$14\times25$ は m（整数），4 の倍数）は必ず **4** の倍数になるので，下 **2** 桁が **52** のように **4** の倍数であれば，これは必ず **4** の倍数になるんだね。よって，次の判定法が成り立つ。

・**4** の倍数：下 **2** 桁が **4** の倍数である。

次に，たとえば十進法表示で $\underline{abcd}$ について，これを変形すると，

（これは「a 千 b 百 c 十 d」と読む。たとえば，**1452** とか **4797**…などのこと。）

$$abcd = a\times\underbrace{10^3}_{(999+1)} + b\times\underbrace{10^2}_{(99+1)} + c\times\underbrace{10}_{(9+1)} + d$$

$$= a\times(999+1) + b\times(99+1) + c\times(9+1) + d$$

$$= \underline{999a + 99b + 9c} + \underline{a+b+c+d}$$

$$= \underbrace{9(111a+11b+c)}_{9\cdot m(\text{整数})\text{の形}} + \boxed{a+b+c+d}$$

（$9(111a+11b+c)$ は 9 および 3 の倍数）
（$a+b+c+d$：各位の数の和が，3 の倍数か？ 9 の倍数か？）

となり，$\mathbf{9(111a+11b+c)}$ の部分は **9**（および **3**）の倍数なので，各位の数の和である $\boldsymbol{a+b+c+d}$ が，**3** の倍数ならば，元の数も **3** の倍数になるし，これが **9** の倍数ならば，元の数も **9** の倍数になるんだね。$\underline{\boldsymbol{abcd}}$（$a$ 千 b 百 c 十 d）は **4** 桁の数だけれど，同様に考えれば，これは何桁の数でも当てはまるんだね。よって，次の判定法が成り立つ。

・**3** の倍数：各位の数の和が **3** の倍数である。
・**9** の倍数：各位の数の和が **9** の倍数である。

これから，(ⅰ) **765** は，$\mathbf{7+6+5=\underline{18}}$（9 の倍数）より，**765** は **9** の倍数であることが分かるし，(ⅱ) **1452** は，$\mathbf{1+4+5+2=\underline{12}}$（3 の倍数）より，**1452** は **3** の倍数であることもスグに分かるんだね。納得いった？

● 正の整数は素因数分解できる！

1 を除く自然数：**2**，**3**，**4**，**5**，**6**，**7**，…について，考えよう。

・$2=1\times2$，$3=1\times3$，$5=1\times5$，$7=1\times7$，$11=1\times11$，…のように，

1 と自分自身以外に正の約数をもたないものと，

・$4=2^2$，　$6=2\times3$，　$8=2^3$，　$9=3^2$，…のように，

（**4** は，**2** を約数にもつ）（**6** は，**2** と **3** を約数にもつ）（**8** は，**2** と **4** を約数にもつ）（**9** は，**3** を約数にもつ）

1 と自分自身以外にも正の約数をもつものとに，分類できる。

前者を“**素数**(そすう)”といい，よく p で表す。そして，後者を“**合成数**(ごうせいすう)”という。

（“**素数**(そすう)”(*prime number*)の頭文字の p をとった！）

以上をまとめて示そう。

素数と合成数

1 を除く正の整数(自然数)は，次の **2** つに分類できる。

(ⅰ)素数 p：**1** と自分自身以外に約数をもたないもの。

　(素数を小さい順に並べると，**2**，**3**，**5**，**7**，**11**，**13**，**17**，…)

(ⅱ)合成数：**1** と自分自身以外にも約数をもつもの。

（**1** だけは，素数でも合成数でもないことに要注意だ！）

2 以外の偶数(**4**，**6**，**8**，…など)はすべて，**1** と自分自身以外に **2** を約数にもつもので，すべて合成数になる。よって，素数の内，偶数は **2** だけであり，他の素数はすべて奇数になるんだね。

ここで，約数のことを“**因数**(いんすう)”ともいい，特にこれが素数であるとき，これを“**素因数**(そいんすう)”と呼ぶ。そして，合成数はすべて，この素因数の積の形で表すことができる。これを“**素因数分解**(そいんすうぶんかい)”というんだね。

(*ex*1) たとえば，**765** は，9×5 を因数にもつので，
　右の割り算より
　$765=3^2\times5\times17$　と，素因数分解できる。

```
3) 765
3) 255
5)  85
    17
```

(*ex*2) 同様に，**1452** は，4×3 を因数にもつので，
　$1452=2^2\times3\times11^2$　と，素因数分解できる。

● 素因数分解から約数の個数を求めよう！

素因数分解と正の約数の個数の間には，密接な関係があるので，解説しよう。

例として，**24** の正の約数を調べると，**1**，**2**，**3**，**4**，**6**，**8**，**12**，**24** の **8** 個だね。ここで，**24** を素因数分解すると，$24 = 2^3 \times 3^1$ となるのもいいね。すると，この **8** 個の正の約数は，次のようにも表せるのも大丈夫だね。

$2^0 \times 3^0 = 1$　　$2^0 \times 3^1 = 3$

$2^1 \times 3^0 = 2$　　$2^1 \times 3^1 = 6$

$2^2 \times 3^0 = 4$　　$2^2 \times 3^1 = 12$

$2^3 \times 3^0 = 8$　　$2^3 \times 3^1 = 24$

（$2^0 = 1$，$3^0 = 1$ であることに注意しよう！）

これから，**24** の約数は，素因数分解した $2^3 \times 3^1$ の指数部が，次のように変化してできたものであることが分かると思う。

（1，2，3 に変化）（0，1 に変化）

$24 = 2^{\boxed{3}} \times 3^{\boxed{1}}$　　つまり，**2** の指数部は **0**，**1**，**2**，**3** の **4** 通りに変化し，かつ **3** の指数部は **0**，**1** の **2** 通りに変化している。したがって，"かつ" が出てきたら積の法則より，$4 \times 2 = 8$ 個の約数があることが分かるんだね。納得いった？　では，次の例題でさらに確認しておこう。

（0，1，2 に変化）（0，1 に変化）（0，1 に変化）

(*ex*1) **765** を素因数分解すると，$765 = 3^{\boxed{2}} \times 5^{\boxed{1}} \times 17^{\boxed{1}}$ より
765 の正の約数の個数は，$3 \times 2 \times 2 = 12$ 個になる。

（0，1，2 に変化）（0，1 に変化）（0，1，2 に変化）

(*ex*2) **1452** を素因数分解すると，$1452 = 2^{\boxed{2}} \times 3^{\boxed{1}} \times 11^{\boxed{2}}$ より
1452 の正の約数の個数は，$3 \times 2 \times 3 = 18$ 個となることが分かるんだね。大丈夫？

● $A \cdot B = n$ 型の整数問題を解いてみよう！

では次，$A \cdot B = n$ ……$(*)$（A，B：整数の式，n：整数）の形をした方程式の整数解を求めてみよう。受験では，頻出なので，ここでその解法をシッカリマスターしておこう。

では，次の例題を実際に解きながら解説しよう。

◆例題13◆

> $\mathbf{2}$ つの正の整数 x，y が，$xy-x+2y=8$　…①　をみたす。
> このとき，正の整数解の組 (x, y) をすべて求めよ。

エッ，未知数が x，y の $\mathbf{2}$ つに対して，ただ $\mathbf{1}$ つの方程式①だけで解けるのかって!? これが，x と y が共に正の整数(自然数)という条件から解けるんだね。ポイントは，$A\cdot B=n$　……$(*)$ (A，B：整数の式，n：整数)の形にもち込むことなんだね。

では，早速①をこの $(*)$ の形に変形してみよう。①より，

$x(y-1)+2y=8$

$x(y-1)+2(y-1)=8-2$ ← 左辺を，$(y-1)$ でくくり出して因数分解できる形にする。そのため，左辺で $\mathbf{2}$ を引いた分，右辺でも $\mathbf{2}$ を引いた。

$(x+2)(y-1)=6$　…② ← これで，$A\cdot B=n$ 型の完成だ！パチパチ…!

$[\ A\ \cdot\ B\ =n\ ]$

ここで，x，y は正の整数より，$x+2$ と $y-1$ は共に $\mathbf{0}$ 以上の整数となる。よって，この積が $\mathbf{6}$ となるのは右表に示す $\mathbf{4}$ 通りだけなんだね。

表

$x+2$	1	2	3	6
$y-1$	6	3	2	1

(ⅰ) $x+2=1$，$y-1=6$ より

　$(x, y)=(-1, 7)$ となり，x が正の整数の条件をみたさない。

　よって，不適。

(ⅱ) $x+2=2$，$y-1=3$ より

　$(x, y)=(0, 4)$ となり，x が正の整数の条件をみたさない。

　よって，不適。

(ⅲ) $x+2=3$，$y-1=2$ より，$(x, y)=(1, 3)$

(ⅳ) $x+2=6$，$y-1=1$ より，$(x, y)=(4, 2)$

以上(ⅰ)～(ⅳ)より，①をみたす正の整数 (x, y) の値の組は，$(x, y)=(1, 3)$，$(4, 2)$ の $\mathbf{2}$ 通りのみであることが分かったんだね。面白かった？

では，この $A \cdot B = n$ 型の整数の方程式と，その解法を下にまとめて示す。

$A \cdot B = n$ 型の整数の方程式

$A \cdot B = n$ ……(∗)　(A，B：整数の式，n：整数)

の解は，n の約数を A，B に割り当てる右の表を用いて求めることができる。

表 1

A	1	n	…	-1	$-n$
B	n	1	…	$-n$	-1

● 最大公約数 g と最小公倍数 L も押さえよう！

2 つの正の整数(自然数) a，b について，**最大公約数** g と**最小公倍数** L を次のように定義するので，まず頭に入れておこう。

最大公約数 g と最小公倍数 L

2 つの正の整数 a，b について，

(ⅰ) a と b の共通の約数(公約数)の中で最大のものを最大公約数 g という。

"**最大公約数**" (*greatest common measure*) の頭文字の g をとった！

(ⅱ) a と b の共通の倍数(公倍数)の中で最小のものを最小公倍数 L という。

"**最小公倍数**"(*least common multiple*) の頭文字の大文字 L をとった！

ここで，正の整数 a，b の最大公約数 g が $g=1$ のとき，a と b は "**互**(たが)**いに素**(そ)" ということも覚えておこう。たとえば，10 と 21 の最大公約数 $g=1$ より，これらは互いに素と言えるんだね。

(ex1) $a=360$，$b=756$ のとき，a，b に対して右のような割り算を行うことにより，

最大公約数 $g = 2^2 \times 3^2$

$= 36$

2)	360	756
2)	180	378
3)	90	189
3)	30	63
	10	21

g　L　互いに素

最小公倍数 $L = 2^2 \times 3^2 \times 10 \times 21 = 7560$ が導けるんだね。

この例題から，一般に **2** つの正の整数 a，b の最大公約数 g と最小公倍数 L について，次の公式が成り立つことも分かると思う。

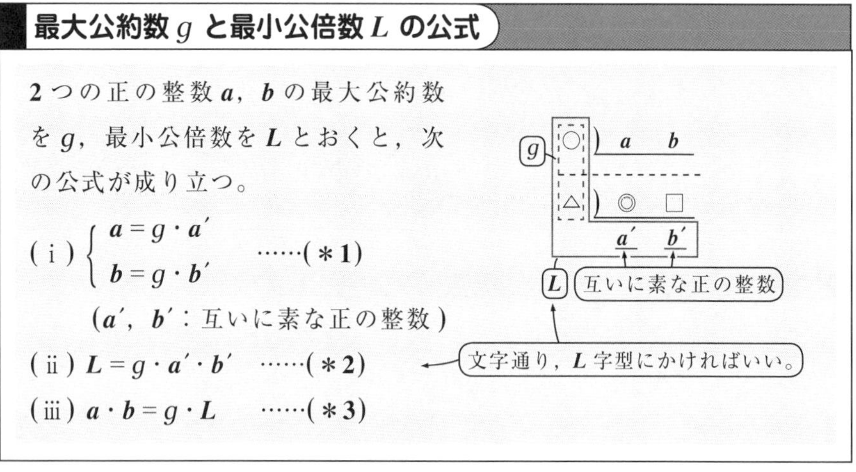

最大公約数 g と最小公倍数 L の公式

2 つの正の整数 a，b の最大公約数を g，最小公倍数を L とおくと，次の公式が成り立つ。

(i) $\begin{cases} a = g \cdot a' \\ b = g \cdot b' \end{cases}$ ……$(*1)$

(a'，b'：互いに素な正の整数)

(ii) $L = g \cdot a' \cdot b'$ ……$(*2)$

(iii) $a \cdot b = g \cdot L$ ……$(*3)$

先程の例で確認しておこう。$a = 360$，$b = 756$ の最大公約数 $g = 36$ と最小公倍数 $L = 7560$ より，

(i) $\begin{cases} a = 36 \times 10 \\ b = 36 \times 21 \end{cases}$ ← $\begin{cases} a = g \cdot a' \\ b = g \cdot b' \end{cases}$

(ii) $L = 36 \times 10 \times 21$ ← $L = g \cdot a' \cdot b'$

(iii) $360 \times 756 = 36 \times 7560$ ← $a \cdot b = g \cdot L$

となって，$(*1)$，$(*2)$，$(*3)$ がすべて成り立っていることが分かるはずだ。それでは，次の例題を解いてみよう。

◆例題14◆

最大公約数が **24**，最小公倍数が **360** である **2** つの正の整数 a，b の組をすべて求めよ。ただし，$a < b$ とする。

最大公約数 $g = 24$ より，**2** つの自然数 a，b は，次のようにおける。

$$\begin{cases} a = 24 \times a' \\ b = 24 \times b' \end{cases} \quad \cdots\cdots ①$$ (a'，b' は互いに素な自然数，$a' < b'$)

ここで，最小公倍数 $L = 360$ より，公式 $a \cdot b = g \cdot L$ を用いて，

$\cancel{24}a' \times 24b' = \cancel{24} \times 360$ (①より)　　$a'b' = \dfrac{360}{24}$

よって，$a'b'=15$　…②　となる。

これから，$0<a'<b'$ をみたす互いに素な a' と b' の値の組は，

$(a', b')=(1, 15)$，$(3, 5)$ の2組のみである。

よって，①より，求める (a, b) の組の値は

(ⅰ) $(a', b')=(1, 15)$ のとき，$\begin{cases} a=24\times1=24 \\ b=24\times15=360 \end{cases}$

(ⅱ) $(a', b')=(3, 5)$ のとき，$\begin{cases} a=24\times3=72 \\ b=24\times5=120 \end{cases}$　より，

$(a, b)=(24, 360)$，$(72, 120)$ の2組である。

● 3つの自然数の L の求め方に注意しよう！

最後に，3つの正の整数の最大公約数 g と最小公倍数 L の求め方についても，例を使って解説しておこう。

たとえば，3つの数48，84，90の最大公約数 g は，これまでと同様に右図のように割り算を行って，

$g=2\times3=6$　と求まる。

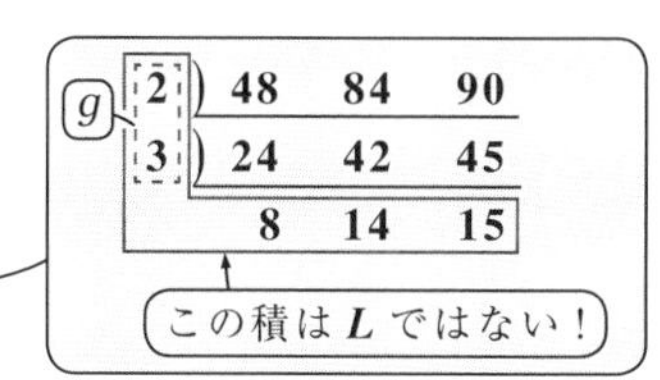

でも，最小公倍数 L は，右図からは求められない。この場合，この3つの数をそれぞれ素因数分解して，並べると，

$$\begin{cases} 48=2^4\times3^1 \\ 84=2^2\times3^1\times7^1 \\ 90=2^1\times3^2\times5^1 \end{cases}$$　となる。

・これから，最大公約数 g は，これらの公約数なので，これらに共通に含まれる素因数の最小の指数を選んで，$g=2^1\times3^1=6$ となる。

右上図の計算結果と同じだね。

・最小公倍数 L は，これらの公倍数なので，これらの素因数のすべての積で，かつ最大の指数を選んで，

$L=2^4\times3^2\times5^1\times7^1=5040$　と求まるんだね。大丈夫？

素因数分解

絶対暗記問題 64	難易度 ★★	CHECK 1	CHECK 2	CHECK 3

125! は，末尾に連続した **0** が何個並ぶか。　　　（小樽商大＊）

ヒント！ $5! = 1\cdot2\cdot3\cdot4\cdot\underline{\underline{5}} = 120$ には，因数として **5** が **1** つ含まれるから，10^1 で割り切れる。よって，**125**! の因数 5^n の n，すなわち **125**! に含まれる素因数 **5** の個数 n を求めれば，**125**! は 10^n で割り切れる数となるので，末尾に並ぶ **0** の個数が分かるんだね。頑張ろう！

解答＆解説

$125! = 1\cdot2\cdot3\cdot4\cdot5\cdot6\cdot\cdots\cdot125$ を素因数分解したとき，$10 = 2\times5$ の素因数の **2** は **5** より明らかに多数存在するので，含まれる素因数 **5** の個数が，**125**! が **10** の何乗で割り切れるか，すなわち末尾に何個の **0** が並ぶかを決定する。

$$125! = 1\times2\times\cdots\times5\times\cdots\times\underset{[\text{一}]}{\overset{2\times5}{\boxed{10}}}\times\cdots\times\underset{[\text{丅}]}{\overset{5^2}{\boxed{25}}}\times\cdots\times\underset{[\text{一}]}{\overset{6\times5}{\boxed{30}}}\times\cdots\times\underset{[\text{丅}]}{\overset{2\times5^2}{\boxed{50}}}\times\cdots\times\underset{[\text{下}]}{\overset{5^3}{\boxed{125}}}$$

より，次のようにして，**125**! に含まれる素因数 **5** の個数を求める。

(ⅰ) $125\div5 = \underline{\underline{25(\text{個})}}$ は，5, 10, 15, 20, 25, 30, …, 50, …, 125 の内の **1** つ目の **5** の個数を集計したもの

(ⅱ) $125\div5^2 = \underline{\underline{5(\text{個})}}$ は，25, 50, 75, 100, 125 に残っている **2** つ目の **5** の個数を集計したもの

(ⅲ) $125\div5^3 = \underline{\underline{1(\text{個})}}$ は，125 に残っている **3** つ目の **5** の個数のこと。

以上(ⅰ)(ⅱ)(ⅲ)より，**125**! に含まれる素因数 **5** の個数は，

$\underline{\underline{25}}+\underline{\underline{5}}+\underline{\underline{1}} = 31$ 個であり，**125**! は 5^{31}，すなわち 10^{31} で割り切れる。

よって，**125**! は，末尾に **0** が **31** 個並ぶことになる。　……………………(答)

> ちなみに，$125\div2 = \underline{\underline{62}}.5$，$125\div2^2 = \underline{\underline{31}}.25$，
> $125\div2^3 = \underline{\underline{15}}.625$，$125\div2^4 = \underline{\underline{7}}.8\cdots$，$125\div2^5 = \underline{\underline{3}}.9\cdots$
> $125\div2^6 = \underline{\underline{1}}.9\cdots$　よって，$\underline{\underline{62}}+\underline{\underline{31}}+\underline{\underline{15}}+\underline{\underline{7}}+\underline{\underline{3}}+\underline{\underline{1}} = 119$ より，
> **125**! に含まれる素因数 **2** の個数は **119** 個であることが分かる。

$A \cdot B = n$ 型の整数の方程式

絶対暗記問題 65　難易度 ★★　CHECK 1　CHECK 2　CHECK 3

方程式 $2x^2y - x^2 + 2y = 6$ …① をみたす整数 (x, y) の値の組をすべて求めよ。

ヒント！ ①を変形すると，$A \cdot B = 5$ の形にもち込めるので，後は表を使って結果を出せばいいんだね。

解答＆解説

$2x^2y - x^2 + 2y = 6$ …① $(x, y：整数)$ を変形して，

$x^2(2y-1) + (2y-1) = 6 - 1$

（この因数をもう1つ作る）（左辺で1を引いた分，右辺でも1を引く）

$(x^2+1)(2y-1) = 5$ ……② ← $A \cdot B = n$ 型の完成だ！

$[\ A \quad \cdot \quad B \quad = n\ ]$

ここで，x, y は整数より，x^2+1 も $2y-1$ も整数である。また，②の右辺は正で，x^2+1 も正より，$2y-1>0$ となる。

（x^2：0以上）

表

x^2+1	1	5
$2y-1$	5	1

よって，右表より，

$(x^2+1, 2y-1) = (1, 5)$，または $(5, 1)$ となる。

(i) $\begin{cases} x^2+1=1 \\ 2y-1=5 \end{cases}$ のとき $\begin{cases} x^2=0 \\ 2y=6 \end{cases}$ より，$(x, y) = (0, 3)$ となる。

(ii) $\begin{cases} x^2+1=5 \\ 2y-1=1 \end{cases}$ のとき $\begin{cases} x^2=4 \\ 2y=2 \end{cases}$ より，$(x, y) = (\pm 2, 1)$ となる。

以上(i)(ii)より，①をみたす整数 (x, y) の組は全部で

$(x, y) = (0, 3)$，$(2, 1)$，$(-2, 1)$ の3組である。 ……………………(答)

頻出問題にトライ・24　難易度 ★★★　CHECK 1　CHECK 2　CHECK 3

x の2次方程式 $x^2 + (m-2)x + m + 1 = 0$ …① が相異なる2つの整数の解 α，β $(\alpha < \beta)$ をもつとき，①は $(x-\alpha)(x-\beta) = 0$ と表せることを利用して，m の値を求めよ。

解答は P252

2. ユークリッドの互除法は１次不定方程式に応用できる！

今回はまず，整数の"**除法の性質**"から始めて，余りによる整数の分類，そして，この応用として"**合同式**"の利用法まで教えよう。さらに，整数の除法の性質から，最大公約数 g を求める"**ユークリッドの互除法**"も導ける。このユークリッドの互除法は，"**1 次不定方程式**"($ax+by=n$ 型の整数問題)の応用問題の解法にも有効であることも示すつもりだ。

● 整数の除法の余りによって，整数は分類できる！

24 を **9** で割ると，商が **2** で，余りが **6** になるのはいいね。これは，

$\underset{\text{割られる数}}{24} = \underset{\text{割る数}}{9} \times \underset{\text{商}}{2} + \underset{\text{余り}}{6}$ と，**1** つの式にまとめられる。

これを一般化したものが，次の整数の"**除法の性質**"なんだね。

除法の性質

整数 a を，正の整数 b で割ったときの商を g，余りを r とおくと，次式が成り立つ。

$$\underset{\text{割られる数}}{a} = \underset{\text{割る数}}{b} \times \underset{\text{商}}{g} + \underset{\text{余り}}{r} \quad \cdots\cdots(*) \quad (0 \leqq r < b)$$

$(*)$ の a は負でもかまわないので，$a=-24$，$b=9$ のとき，-24 を 9 で割ると，$(*)$ の式は，$-24=9\times(-3)\underline{+3}$ となるんだね。

（余り r は，$0\leqq r<9$ とするために，$-24=9\times(-2)-6$ としてはいけない。）

このように，$(*)$ の公式では，余り r は $0\leqq r<b$ の範囲の整数，

つまり，$r=\underbrace{0, 1, 2, \cdots, b-1}_{b\text{通り}}$ のいずれかになる。ということは，

「整数全体を，割る数 b の余り r によって，b 通りに分類できる」

ということなんだね。具体的に示そう。

(i) 割る数 $b=2$ で一般の整数 n を割ったときの商を k とおくと，余り r は，$r=0$ または 1 より，整数 n は

$n=2k$（偶数），または $n=2k+1$（奇数）と，n は 2 通りに分類される。

$\cdots,-2,0,2,4,\cdots$　　$\cdots,-1,1,3,5,\cdots$

(ⅱ) 同様に，割る数 $b=3$ を用いると，整数 n は，次の 3 通りに分類される。

$n=3k$，または $n=3k+1$，または $n=3k+2$

$\cdots,-3,0,3,6,\cdots$　$\cdots,-2,1,4,7,\cdots$　$\cdots,-1,2,5,8,\cdots$

以下同様だ。

そして，これから，様々な整数問題を解く上で役に立つ次の基本事項が導かれるんだね。これらは，基礎知識として覚えておこう。

(Ⅰ) 連続する 2 整数の積 $n(n+1)$ は，2 の倍数である。

(Ⅱ) 連続する 3 整数の積 $n(n+1)(n+2)$ は，6 の倍数である。

(Ⅲ) 整数の平方数 n^2 を 3 で割ると，余りは 0 または 1 のみである。

では，(Ⅰ)，(Ⅱ) を証明しよう。以降，証明の中の k はすべて整数とする。

(Ⅰ) $n=2k$（偶数）のとき，$n(n+1)=2\underbrace{k\cdot(2k+1)}_{m(\text{整数})}=(2\text{ の倍数})$

$n=2k+1$（奇数）のとき，$n(n+1)=(2k+1)(2k+2)$

$=2\cdot\underbrace{(2k+1)(k+1)}_{m(\text{整数})}=(2\text{ の倍数})$

以上より，n が偶数，奇数のいずれの場合でも，連続する 2 整数の積 $n(n+1)$ は 2 の倍数になるんだね。

(Ⅱ) 連続する 3 整数の積 $n(n+1)(n+2)$ に連続する 2 整数の積は含まれているので，これが 2 の倍数となるのはいいね。よって，後は，$n(n+1)(n+2)$ が 3 の倍数であることを示せばいい。ここは，n を次の 3 通りに場合分けして調べればいいんだね。

(ⅰ) $n=3k$ のとき，

$n(n+1)(n+2)=3\underbrace{k\cdot(3k+1)(3k+2)}_{m(\text{整数})}=(3\text{ の倍数})$

(ⅱ) $n=3k+1$ のとき，

$n(n+1)(n+2)=(3k+1)\cdot(3k+1+1)\cdot\underbrace{(3k+1+2)}_{3(k+1)}$

$=3\cdot\underbrace{(3k+1)\cdot(3k+2)\cdot(k+1)}_{m(\text{整数})}=(3\text{ の倍数})$

(ⅲ) $n=3k+2$ のとき，

$$n(n+1)(n+2)=(3k+2)\cdot\underbrace{(3k+2+1)}_{3(k+1)}\cdot(3k+2+2)$$

$$=3\cdot\underbrace{(3k+2)\cdot(k+1)\cdot(3k+4)}_{m(\text{整数})}=(3\text{ の倍数})$$

以上，$n=3k$，$3k+1$，$3k+2$ (k：整数) のいずれの場合においても，$n(n+1)(n+2)$ は 3 の倍数であることが示せたんだね。また，これは 2 の倍数でもあるので，結局 $n(n+1)(n+2)$ は 6 の倍数であることが証明できたんだね。納得いった？

● 合同式もマスターしよう！

整数の除法に関して，便利な"**合同式**(ごうどうしき)"についても教えよう。

合同式

2 つの整数 a, b を，ある正の整数 n で割ったときの余りが等しいとき，
$a\equiv b\pmod{n}$ ……(＊) と表し，
「a と b は，n を法(ほう)として合同である。」という。

これだけでは何のことか分からないだろうね。具体例を示そう。

$0\equiv3\equiv6\equiv9\equiv\cdots\pmod{3}$ ←(3 で割って，割り切れる数はみんな合同)
$1\equiv4\equiv7\equiv10\equiv\cdots\pmod{3}$ ←(3 で割って，1 余る数はみんな合同)
$2\equiv5\equiv8\equiv11\equiv\cdots\pmod{3}$ ←(3 で割って，2 余る数はみんな合同)

どう？合同式の具体的な意味は分かったと思う。でも，これって表現を変えただけだね。実は，合同式には次の重要な公式があるんだ。

合同式の公式

$a\equiv b\pmod{n}$ かつ $c\equiv d\pmod{n}$ のとき，次の各公式が成り立つ。
(ⅰ) $a+c\equiv b+d\pmod{n}$　(ⅱ) $a-c\equiv b-d\pmod{n}$
(ⅲ) $a\times c\equiv b\times d\pmod{n}$　(ⅳ) $a^m\equiv b^m\pmod{n}$
(ただし，m：正の整数)

この公式があるため，合同式は，様々な整数問題を解く際に役に立つことが多いんだね。では，例題で練習しておこう。

$(ex1)$ $\underline{\mathbf{530 \equiv 2 \pmod 4}}$ …①，$\underline{\mathbf{247 \equiv 3 \pmod 4}}$ …②となるのはいいね。

（**530** を **4** で割ると，余りが **2** であることを表している。）（**247** を **4** で割ると，余りが **3** であることを表している。）

では，(i) **530＋247** (ii) **530－247** (iii) **530×247**，そして，(iv) $\mathbf{247^{20}}$ をそれぞれ **4** で割ったときの余りを求めてみよう。

(i) ①，②より，

$$530+247 \equiv 2+3 \equiv 5 \equiv 1 \pmod 4$$

（$a \equiv b$，$c \equiv d \pmod n$ のとき，$a+c \equiv b+d \pmod n$）

よって，**530＋247** を **4** で割った余りは **1** である。

(ii) $530-247 \equiv 2-3 \equiv -1 \equiv 3 \pmod 4$ ← （$a-c \equiv b-d \pmod n$）

よって，**530－247** を **4** で割った余りは **3** である。

(iii) $530\times247 \equiv 2\times3 \equiv 6 \equiv 2 \pmod 4$ ← （$a\times c \equiv b\times d \pmod n$）

よって，**530×247** を **4** で割った余りは **2** である。

(iv) ②より，$247^2 \equiv 3^2 \equiv 9 \equiv 1 \pmod 4$ ← （$a^m \equiv b^m \pmod n$）

$$\therefore 247^{20} \equiv \underline{(247^2)}^{10} \equiv 1^{10} \equiv 1 \pmod 4$$

（$(247^2) \equiv 1 \pmod 4$）

よって，$\mathbf{247^{20}}$ を **4** で割った余りは **1** だとスグに分かるんだね。

では，「(Ⅲ) 整数の平方数 n^2 を **3** で割ると，余りは **0** または **1** のみで，決して **2** になることはない」(**P219**) ことを，合同式を使って証明しておこう。

整数 n を **3** で割った余りで，(i) $n \equiv 0$，(ii) $n \equiv 1$，(iii) $n \equiv 2 \pmod 3$ の **3** 通りに場合分けして調べよう。

(i) $n \equiv 0 \pmod 3$ のとき，$n^2 \equiv 0^2 \equiv 0 \pmod 3$

(ii) $n \equiv 1 \pmod 3$ のとき，$n^2 \equiv 1^2 \equiv 1 \pmod 3$

(iii) $n \equiv 2 \pmod 3$ のとき，$n^2 \equiv 2^2 \equiv 4 \equiv 1 \pmod 3$

以上 (i)(ii)(iii) より，整数 n の平方数 n^2 を **3** で割ると余りは **0** または **1** のみであることも示せたんだね。どう超簡単だっただろう？

● ユークリッドの互除法を利用しよう！

最大公約数を求めるのに有効な“**ユークリッドの互除法**”の基礎となる考え方をまず下に示すね。

ユークリッドの互除法の基礎定理

「2 つの自然数 a, b $(a>b)$ について，a を b で割ったときの商を q，余りを r とおくと，

$a=b\times q+r$ ……① $(0\leqq r<b)$ となる。このとき，

a と b の最大公約数は，b と r の最大公約数と等しい。」 ……$(*)$

24 を 9 で割ると，$24=9\times2+6$ となるね。すると，確かに，24 と 9 の最大公約数は 3 で，9 と余り 6 との最大公約数も 3 となって，等しいことが分かるね。

（最大公約数 $g=3$）（$g=3$ で等しい）

では，一般論として，$(*)$ が成り立つことを示しておこう。

a と b の最大公約数を g とおくと，a, b は

$$\begin{cases} a=a'\cdot g \\ b=b'\cdot g \end{cases}$$ ……② (a' と b' は，互いに素) とおける。

よって，②を①に代入してまとめると，

$a'\cdot g=b'\cdot g\cdot q+r$ ……③ より $r=(a'-b'\cdot q)\cdot g$ となって，（$a'-b'\cdot q$ は m(整数)）

r も，g を約数にもつので，g は b と r の公約数であることが分かった。

（この時点では，まだ最大公約数とは言えない。）

ここで，b と r の最大公約数は g より大きい $k\cdot g$ (k：1 より大きい整数) と仮定しよう。←（背理法による証明に入る） すると，b と r は

$$\begin{cases} b=b''\cdot kg \\ r=r'\cdot kg \end{cases}$$ ……④ (b'' と r' は，互いに素) とおける。（$b''\cdot k$ は②の b' のこと）

よって，④を①に代入すると，

$a=b''kg\cdot q+r'\cdot kg=(b''q+r')kg$ となるので，（$b''q+r'$ は m(整数)）

a も，kg を約数にもち，a と b は公約数 kg をもつことになる。しかし，a と b の最大公約数は g であり，これより大きな kg を公約数にもつことはあり得ない。よって，矛盾。 ←(背理法の終了！)

これから，$k=1$ でなければならず，b と r の最大公約数は，a と b の最大公約数 g に等しいことが示せたんだね。

では，この基礎定理を実際に使って，具体的に 2 つの自然数の最大公約数を求めてみよう。

(ex1) $a=1820$ と $b=806$ の最大公約数 g を求めてみよう。

a を b で割ると，

$1820 = 806 \times 2 + 208$

$[\ a = b \times q + r\ ]$ （b → a'，r → b'）

← 1820 と 806 の最大公約数と 806 と 208 の最大公約数とは等しいので，新たに $a'=806$，$b'=208$ とおく。

$a'=806$ を $b'=208$ で割ると，

$806 = 208 \times 3 + 182$

$[\ a' = b' \times q' + r'\ ]$ （b' → a''，r' → b''）

← 806 と 208 の最大公約数と 208 と 182 の最大公約数とは等しいので，新たに $a''=208$，$b''=182$ とおく。

$a''=208$ を $b''=182$ で割ると，

$208 = 182 \times 1 + 26$

$[\ a'' = b'' \times q'' + r''\ ]$ （b'' → a'''，r'' → b'''）

← 208 と 182 の最大公約数と 182 と 26 の最大公約数とは等しいので，新たに $a'''=182$，$b'''=26$ とおく。

$a'''=182$ を $b'''=26$ で割ると，

$182 = \underline{\underline{26}} \times 7 + 0$

$[\ a''' = b''' \times q''' + 0\ ]$ ←(割り切れた！26 が最大公約数だ！)

となり，割り切れたので，182 と 26 の最大公約数は $\underline{\underline{26}}$ になるんだね。これから，元の $a=1820$ と $b=806$ の最大公約数 g が $g=26$ であることが分かったんだね。

このように，整数の除法を繰り返し利用して，最大公約数を求める方法を，**"ユークリッドの互除法(ごじょほう)"**，または略して **"互除法"** というんだね。

では，今回の例をもっとシンプルな形で，もう 1 度書き直しておこう。

$$1820 = \underline{806} \times 2 + \underline{208}$$ ← 1820 を 806 で割って，余り 208

$$\underline{806} = \underline{208} \times 3 + \underline{182}$$ ← 806 を 208 で割って，余り 182

$$\underline{208} = \underline{182} \times 1 + \underline{26}$$ ← 208 を 182 で割って，余り 26

$$\underline{182} = \underline{26} \times 7$$ ← 182 を 26 で割って，割り切れた！ よって，26 が最大公約数 g だ！

よって，互除法により，**1820** と **806** の最大公約数は **26** である。大丈夫？

$(ex2)$ $a = 175$，$b = 39$ の最大公約数もユークリッドの互除法により，求めてみよう。

$$175 = \underline{39} \times 4 + \underline{19}$$ ← 175 を 39 で割って，余り 19

$$\underline{39} = \underline{19} \times 2 + \underline{1}$$ ← 39 を 19 で割って，余り 1

$$\underline{19} = \underline{1} \times 19$$ ← 19 を 1 で割って，割り切れた！ よって，1 が最大公約数 g だ！

よって，互除法により，**175** と **39** の最大公約数が **1** であること，すなわち $a = 175$ と $b = 39$ が互いに素であることが分かったんだね。

● 1 次不定方程式の解法もマスターしよう！

1 次不定方程式とは $ax + by = n$ (a，b，n：整数) の形をした方程式のことで，これから整数解 (x, y) の組を求めることを，**1** 次不定方程式を解くというんだね。

この場合の解法のポイントをまず示しておこう。

互いに素な整数 α，β と，**2** つの整数 x，y について，

$\alpha x = \beta y$ ……$(*)$ が成り立つとき，

x は β の倍数であり，かつ y は α の倍数である。

・$(*)$ の右辺は β の倍数なので，当然，左辺の αx も β の倍数だね。でも，α と β は互いに素で，α は β の倍数ではないので，x が β の係数でなけ

ればならない。よって，$x = k\beta$ ……① (k：整数)となる。

①を($*$)に代入すると，$\alpha \cdot k\beta = \beta y$ より $y = k\alpha$ となって，y は α の倍数になるんだね。納得いった？

では，次の例題で，早速1次不定方程式を解いてみよう。

◆例題15◆

次の1次不定方程式の整数解 (x, y) の組をすべて求めよ。

(1) $4x - 3y = 0$ ……①　　(2) $3x + 5y = 4$ ……②

共に未知数は2つだけれど，未知数が整数より，解が求められるんだね。

(1) $4x - 3y = 0$ …① を変形して，

$4x = 3y$ ……①′

ここで，4と3は互いに素より，整数 x は3の倍数となる。∴ $x = 3k$ …③ (k：整数)

③を①′に代入して，$4 \cdot 3k = 3y$

∴ $y = 4k$ ……③′

よって，①をみたす整数解の組は③，③′より

$(x, y) = (3k, 4k)$ (k：整数)

$\alpha x = \beta y$ (α と β は互いに素)より，x は β の倍数，y は α の倍数となる。

具体的には，$k = \cdots, -1, 0, 1, 2, \cdots$ を代入して，…，$(-3, -4)$，$(0, 0)$，$(3, 4)$，$(6, 8)$，… と，直線 $y = \frac{4}{3}x$ 上の格子点として，無数に存在する。

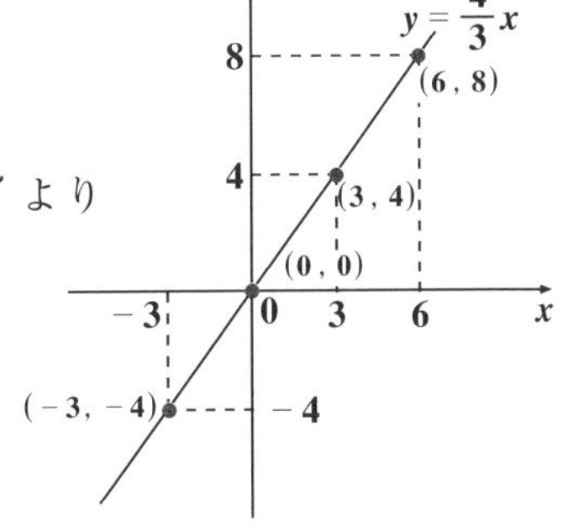

(2) $3x + 5y = 4$ …② の場合，右辺が0でないため，まず，②をみたす解の組 (x_1, y_1) を1組だけ見つけなければならない。

どう？思いついた？そうだね。$(x_1, y_1) = (3, -1)$ のとき，

$3 \cdot 3 + 5 \cdot (-1) = 4$ ……②′ となって，②をみたす。

ここで，②−②′を実行すると，

$3(x - 3) + 5\{y - (-1)\} = 4 - 4$ より，$3(x - 3) + 5(y + 1) = 0$

右辺を0にできた！

よって，$3(x - 3) = 5(-y - 1)$ ……②″

$x - 3 = 5k$，$-y - 1 = 3k$ (k：整数)

$\alpha x' = \beta y'$ (α，β：互いに素)のとき，整数 x' は β の倍数，整数 y' は α の倍数になる。

②″から，3 と 5 は互いに素より，整数 $x-3$ は 5 の倍数，整数 $-y-1$ は 3 の倍数となる。よって，

$$\begin{cases} x-3=5k \\ -y-1=3k \end{cases}$$ ……④ （k：整数）より，$x=5k+3$，$y=-3k-1$

以上より，$3x+5y=4$ …②をみたす整数解 (x, y) の組は，

$(x, y)=(5k+3, -3k-1)$ （k：整数） となる。大丈夫？

では，さらに次の応用問題も解いてみよう。

◆例題16◆

次の1次不定方程式の整数解 (x, y) の組をすべて求めよ。

(1) $175x+39y=1$ ……⑤ (2) $175x+39y=3$ ……⑥

前回と同じ1次不定方程式だけれど，x と y の係数が大きいので，⑤をみたす1組の解 (x_1, y_1) を見つけるのが大変なんだね。しかし，⑤のように2つの係数が互いに素で，かつ右辺が1であれば，1組の解は必ず求まる。ポイントはユークリッドの互除法を用いることだ。

(1) $175x+39y=1$ ……⑤ の

（175 と 39：互いに素）（右辺が1）

係数 175 と 39 は，実は，P224 の $(ex2)$ で，最大公約数が 1 であること，つまり，これらが互いに素であることは既に教えた。ここでも右上に，そのときの互除法の式(a)，(b)を示そう。そして，この(a)と(b)をウマク利用すれば，⑤の1組の整数解 (x_1, y_1) を求めることができる。

$175=39\times4+19$ ……(a)
$39=19\times2+1$ ……(b)
$19=1\times19$ ← これは不要

まず，(a)，(b)を変形して，

$175-39\times4=19$ ……(a)′

$39-19\times2=1$ ……(b)′ となる。(b)′に(a)′を代入すると，

（これが⑤の右辺の1になる！）

$39-2\times(175-4\times39)=1$ これから，

$175\times(-2)+39\times9=1$ ……⑤′ となるので，⑤の1組の解

（-2：1つの解 x_1）（9：1つの解 y_1）

$(x_1, y_1) = (-2, 9)$ が自動的に求まっているんだね。面白いだろう？
後は，⑤－⑤′を実行して，右辺を **0** にして，$\alpha x' = \beta y'$ (α，β：互いに素）の形にもち込んでオシマイなんだね。

⑤－⑤′より，$175\{x-(-2)\}+39(y-9)=0$

$175\underline{(x+2)} = 39\underline{(-y+9)}$
（$x+2 = 39k$，$-y+9 = 175k$）

$\alpha x' = \beta y'$ (α，β：互いに素）のとき，整数 x' は β の倍数，y' は α の倍数となる。

ここで，**175** と **39** は互いに素より，$x+2$ は **39** の倍数，$-y+9$ は **175** の倍数となる。よって，

$$\begin{cases} x+2=39k \\ -y+9=175k \end{cases}$$ …⑦ (k：整数）より，$x=39k-2$，$y=-175k+9$

以上より，⑤の整数解 $(x, y) = (39k-2, -175k+9)$ (k：整数）となる。

(2) では，⑤と左辺は同じだけれど，右辺が **1** でなく **3** のような任意の整数のときはどうするのか？…，気付いた？そうだね。**(1)** で，ユークリッドの互除法により $175 \times (-2) + 39 \times 9 = 1$ …⑤′を既に導いているので，この両辺を **3** 倍すれば，$175 \times \underline{(-6)} + 39 \times \underline{27} = 3$ …⑥′となり，
（$-6 = -2\times3$，$27 = 9\times3$）

⑥の **1** 組の解 $(x_1, y_1) = (-6, 27)$ が求まっているんだね。
よって，後は同じだね。⑥－⑥′より

$175\{x-(-6)\}+39(y-27)=0$

$175(x+6)=39(-y+27)$

ここで，**175** と **39** は互いに素より，$x+6$ は **39** の倍数，$-y+27$ は **175** の倍数となる。よって，

$$\begin{cases} x+6=39k \\ -y+27=175k \end{cases}$$ ……⑧ (k：整数）

以上より，⑥の整数解 $(x, y) = (39k-6, -175k+27)$ (k：整数）となるんだね。納得いった？

絶対暗記問題 66 難易度 ★★ CHECK 1 CHECK 2 CHECK 3

$S=(n-1)^3+n^3+(n+1)^3$ (n：整数) について，n が偶数であれば，S は 36 で割り切れることを示せ。ただし，合同式は用いてよいものとする。 (関西大＊)

ヒント！ n が偶数のとき，$n=2k$ とおけるので，これを代入して S の式をまとめることから始めよう。合同式を使うと，解答がスッキリ表現できるはずだ。

解答＆解説

$S=\underbrace{(n-1)^3}_{n^3-3n^2+3n-1}+n^3+\underbrace{(n+1)^3}_{n^3+3n^2+3n+1}=3n^3+6n$ より，

$S=3n(n^2+2)$ ……① となる。

ここで，n は偶数より，$n=2k$ (k：整数) を①に代入すると，

$S=3\cdot2k\{(2k)^2+2\}=6k(4k^2+2)$ より

$S=12\underbrace{k(2k^2+1)}$ ……② となって，$S=12\times$(整数) の形なので，まず，

(これが 3 の倍数となることを調べる)

S が 12 で割り切れることが分かる。よって，S が 36 で割り切れることを示すためには，$k(2k^2+1)$ が 3 の倍数となることを示せばよい。

ここで，k を 3 を法とする合同式で，3 通りの場合に分けて調べる。

(ⅰ) k が 3 の倍数，すなわち $k\equiv0 \pmod 3$ のとき，

$$k(2k^2+1)\equiv0\cdot(2\cdot0^2+1)\equiv0 \pmod 3$$

(ⅱ) k が 3 で割って 1 余る数，すなわち $k\equiv1 \pmod 3$ のとき，

$$k(2k^2+1)\equiv1\cdot(2\cdot1^2+1)\equiv3\equiv0 \pmod 3$$

(ⅲ) k が 3 で割って 2 余る数，すなわち $k\equiv2 \pmod 3$ のとき，

$$k(2k^2+1)\equiv2\cdot(2\cdot2^2+1)\equiv18\equiv0 \pmod 3$$

以上(ⅰ)(ⅱ)(ⅲ)より，すべての整数 k に対して，$k(2k^2+1)$ は 3 の倍数であることが分かった。

よって，②で表される S は，すべての整数 k に対して，36 で割り切れることが分かったので，①で表される S は，n が偶数ならば，36 で割り切れる。

……(終)

1次不定方程式とユークリッドの互除法

絶対暗記問題 67	難易度 ★★	CHECK 1	CHECK 2	CHECK 3

次の1次不定方程式の整数解 (x, y) の組をすべて求めよ。

$141x - 58y = 1$ ……① (x, y：整数)

ヒント！ ①をみたす1組の整数解 (x_1, y_1) を求めるためには，141と58の最大公約数が1であることを，ユークリッドの互除法で求めるんだね。

解答&解説

141と58の最大公約数 g を，右のようにユークリッドの互除法で求めた結果，$g = 1$ となった。

$141 = 58 \times 2 + 25$ ……②

$58 = 25 \times 2 + 8$ ……③

$25 = 8 \times 3 + 1$ ……④

$8 = 1 \times 8$

最大公約数　141と58は互いに素

ここで，②，③，④を変形して，

$$\begin{cases} 141 - 2 \times 58 = 25 & \cdots\cdots ②' \\ 58 - 2 \times 25 = 8 & \cdots\cdots ③' \\ 25 - 3 \times 8 = 1 & \cdots\cdots ④' \end{cases}$$

ここで，③′を④′に代入して，$25 - 3 \cdot (58 - 2 \times 25) = 1$

$7 \cdot 25 - 3 \cdot 58 = 1$ ……④″ さらに②′を④″に代入して，まとめると

$7 \cdot (141 - 2 \times 58) - 3 \cdot 58 = 1$，$141 \times 7 - 58 \times 17 = 1$ ……⑤

$(x_1, y_1) = (7, 17)$ が，①の1組の解だ。

よって，①－⑤より，$141(x - 7) - 58(y - 17) = 0$

$141(x - 7) = 58(y - 17)$ ……⑥ となる。

($x - 7 = 58k$，$y - 17 = 141k$ (k：整数))

ここで，141と58は互いに素より，⑥から，$x - 7$ は58の倍数，$y - 17$ は141の倍数，すなわち，$x - 7 = 58k$，$y - 17 = 141k$ (k：整数) となる。

よって，①の整数解は，$(x, y) = (58k + 7, 141k + 17)$ (k：整数) ……(答)

頻出問題にトライ・25	難易度 ★★	CHECK 1	CHECK 2	CHECK 3

13で割ると2余り，7で割ると5余るような正の整数のうち3桁で最小のものを求めよ。

解答は P253

3. n 進法表示にも慣れよう！

ボク達が日頃扱う数字はほとんどが **10** 進法表示のものだけれど，コンピュータの計算などは基本的には **2** 進法で数字が表される。本来，数字は **10** 進法だけでなく n 進法で表すこともできるんだね。

ここでは，整数や分数 (有限小数と循環小数) の n 進法表示について，さらに，これらの数の四則演算についても教えよう。

● まず，整数を n 進法で表してみよう！

整数 **1011** が与えられると，ボク達は日頃これを **10** 進法の数として，「せんじゅういち」と読み，

$$1011 = 1\times 10^3 + 0\times 10^2 + 1\times 10^1 + 1\times \underline{10^0}$$ と認識している。

（これは **1** のこと）

でも，これが **5** 進法の数であったならば，$1011_{(5)}$ と下付きの添字の **(5)** で **5** 進法の数であることを示し，

$$1011_{(5)} = 1\times 5^3 + \cancel{0\times 5^2} + 1\times 5^1 + 1\times 5^0 = 125+5+1 = 131_{(10)}$$

（これ以降は **10** 進法表示！）

となるんだね。つまり，**5** 進法の $\underline{1011_{(5)}}$ は，**10** 進法の $\underline{131_{(10)}}$ に相当することが分かったんだね。

（これは“イチ・ゼロ・イチ・イチ”と読む。）（**10** 進法の数であることを **(10)** で明示した）

同様に，**1011** が **2** 進法の数ならば，$1011_{(2)}$ と表記し，これを **10** 進法で表すと，

$$1011_{(2)} = 1\times 2^3 + \cancel{0\times 2^2} + 1\times 2^1 + 1\times 2^0 = 8+2+1 = 11_{(10)}$$ となる。

（これ以降は **10** 進法表示の数）

ここで，一般論として，n 進法の数についてまとめておこう。

n 進法

位取り(くらいど)の基を n として数を表す方法を“**n 進法**”と呼び，n 進法で表された数を“**n 進数**”という。また，この n を“**底**(てい)”という。
ただし，底 n は **2** 以上の整数で，n 進法の各位の数は，**0**，**1**，**2**，…，$n-1$ の n 通りの数で表される。

つまり，5 進法表示では，10 進数の $5_{(10)}$ は $5_{(10)}=10_{(5)}$ と桁上がりするので，5 進数の各位の数は，0, 1, 2, 3, 4 の 5 つの数字のみで表されることになる。同様に，2 進法表示では，$2_{(10)}=10_{(2)}$ となるので，2 進数の各位の数は，0, 1 の 2 通りの数字だけで表されることになるんだね。大丈夫？

それでは，次の例題を解いてみよう。

◆例題 17 ◆

次の数を 10 進法で表せ。

(1) $11001_{(2)}$　(2) $122_{(3)}$　(3) $1234_{(5)}$　(4) $247_{(8)}$

(1) $11001_{(2)}=1\times2^4+1\times2^3+0\times2^2+0\times2^1+1\times2^0$

$=16+8+1=25_{(10)}$ となる。

(2) $122_{(3)}=1\times3^2+2\times3^1+2\times3^0=9+6+2=17_{(10)}$ となる。

(3) $1234_{(5)}=1\times5^3+2\times5^2+3\times5^1+4\times5^0$

$=125+50+15+4=194_{(10)}$ となる。

(4) $247_{(8)}=2\times8^2+4\times8^1+7\times8^0$

$=128+32+7=167_{(10)}$ となるんだね。大丈夫？

これで，(n 進法の整数) → (10 進法の整数) の変換操作の練習が終わった
(10 以外の数)
ので，この逆の (10 進法の整数) → (n 進法の整数) の変換操作の練習もしておこう。

たとえば，2 進数 $1011_{(2)}(=11_{(10)})$ は，

$1011_{(2)}=1\times2^3+0\times2^2+1\times2^1+1$

$=2(1\times2^2+0\times2^1+1)+\underline{1}$ (11 を 2 で割った余り)

$=2\{2(\underline{1}\times2^1+\underline{0})+\underline{1}\}+1$ となるので，

(2 を 2 で割った商)　(5 を 2 で割った余り)　(2 を 2 で割った余り)

```
2 ) 11      余り
2 )  5 …1
2 )  2 …1
     1 …0
```

右上図に示すように，$11_{(10)}$ を順次 2 で割った余りと最後の商を求めて，矢印の流れに沿って数字を並べると，10 進数 $11_{(10)}$ は 2 進数 $1011_{(2)}$ で表されることになるんだね。納得いった？

では，これも次の例題で練習しておこう。

◆例題18◆

次の **10** 進数を [ ] 内の表し方で表示せよ。

(1) 14 [**2** 進法]　　**(2) 128** [**5** 進法]　　**(3) 1129** [**8** 進法]

(1) 右図のように $14_{(10)}$ を **2** で順次割ることにより，

$14_{(10)} = 1110_{(2)}$　となる。

$$\begin{array}{r|l} 2 & 14 \\ 2 & 7 \cdots 0 \\ 2 & 3 \cdots 1 \\ & 1 \cdots 1 \end{array}$$

余り

(2) 右図のように $128_{(10)}$ を **5** で順次割ることにより，

$128_{(10)} = 1003_{(5)}$　となる。

$$\begin{array}{r|l} 5 & 128 \\ 5 & 25 \cdots 3 \\ 5 & 5 \cdots 0 \\ & 1 \cdots 0 \end{array}$$

(3) 右図のように $1129_{(10)}$ を **8** で順次割ることにより，

$1129_{(10)} = 2151_{(8)}$　となる。

$$\begin{array}{r|l} 8 & 1129 \\ 8 & 141 \cdots 1 \\ 8 & 17 \cdots 5 \\ & 2 \cdots 1 \end{array}$$

これで，逆変換の要領もつかめただろう？

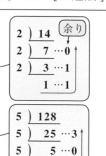

● n 進法の小数表示もマスターしよう！

10 進法の $0.124_{(10)}$ の意味は次の通りだね。

$$0.124_{(10)} = \underbrace{1\cdot\frac{1}{10}}_{0.1} + \underbrace{2\cdot\frac{1}{10^2}}_{0.02} + \underbrace{4\cdot\frac{1}{10^3}}_{0.004}$$

同様に，n 進法表示の小数点以下第 **1** 位，第 **2** 位，第 **3** 位，…の各位は，$\frac{1}{n}$ の位，$\frac{1}{n^2}$ の位，$\frac{1}{n^3}$ の位，…となるんだね。それでは，具体例で示そう。

$(ex1)$ $0.101_{(2)} = 1\cdot\frac{1}{2} + 0\cdot\frac{1}{2^2} + 1\cdot\frac{1}{2^3} = \frac{4+1}{8} = \frac{5}{8} = 0.625_{(10)}$

（これ以降は **10** 進法表示の数）

となる。つまり，**2** 進数 $0.101_{(2)}$ は **10** 進数 $0.625_{(10)}$ で表されることが分かった。

$(ex2)$ $\mathbf{0.123_{(5)}=1\cdot\frac{1}{5}+2\cdot\frac{1}{5^2}+3\cdot\frac{1}{5^3}=\frac{25+10+3}{125}=\frac{38}{125}=0.304_{(10)}}$

（これ以降は10進法表示の数）

$(ex3)$ $\mathbf{0.74_{(8)}=7\cdot\frac{1}{8}+4\cdot\frac{1}{8^2}=\frac{56+4}{64}=\frac{15}{16}=0.9375_{(10)}}$　となる。

（これ以降は10進法表示の数）

これで，(n 進法の小数）→（**10** 進法の小数）の変換操作の練習が終わった（n：10以外の数）

ので，今度はこの逆の操作について，$(ex2)$ $\mathbf{0.123_{(5)}=0.304_{(10)}}$ の例を使って解説しておこう。

$\mathbf{0.304_{(10)}=1\cdot\frac{1}{5}+2\cdot\frac{1}{5^2}+3\cdot\frac{1}{5^3}}$　……①　について，

(ⅰ) まず，$\mathbf{0.304_{(10)}}$ の **1** の位の数 **0** を取り出して，**5** 進数の **1** 位の数とする。

(ⅱ) 次に，$\mathbf{0.304_{(10)}}$ に **5** をかけて，**1.52** とすると，この **1** の位の **1** が **5** 進数の小数点第 **1** 位の数になるので，これを取り出す。

(ⅲ) 残り $\mathbf{0.52_{(10)}}$ に **5** をかけて，**2.6** とすると，この **1** の位の **2** が **5** 進数の小数点第 **2** 位の数になるので，これを取り出す。

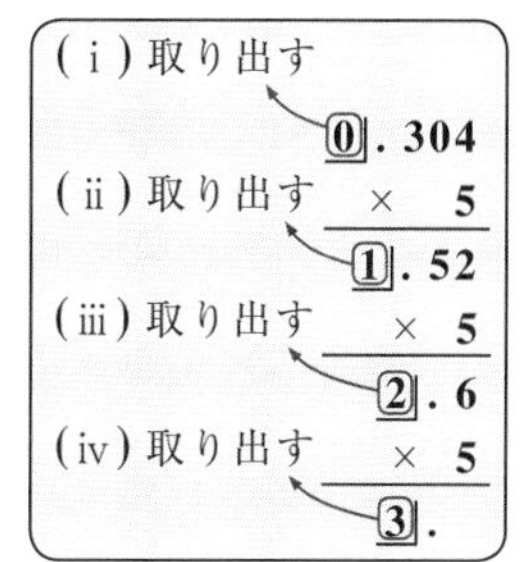

(ⅳ) 次に，$\mathbf{0.6_{(10)}}$ に **5** をかけて，**3** となる。これは **5** 進数の小数点第 **3** 位の数になるので，これを取り出す。

以上（ⅰ）～（ⅳ）の操作から，**10** 進数の小数 $\mathbf{0.304_{(10)}}$ から，**5** 進数の小数 $\mathbf{0.123_{(5)}}$ を導くことができる。以上の変換操作は，具体的には，上図のようなかけ算と，**1** の位の数の取り出しを順次行っていけばいいことが分かると思う。

それでは，次の例題で，**10** 進数の小数を他の n 進数の小数に変換する練習をやっておこう。

◆例題19◆

次の 10 進数を [ ] 内の表し方で表示せよ。

(1) 0.8125 [**2** 進法]　**(2) 0.856** [**5** 進法]　**(3) 0.8125** [**8** 進法]

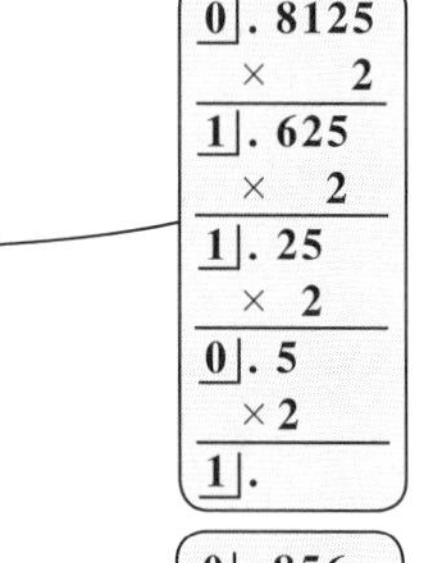

(1) 右図のように 10 進数の小数 $0.8125_{(10)}$ に順次 2 をかけて，1 の位の数を取り出して，並べることにより，次のような 2 進法表示の小数が得られる。

$0.8125_{(10)} = 0.1101_{(2)}$

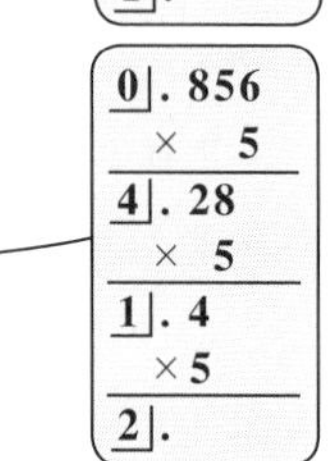

(2) 右図のように 10 進数の小数 $0.856_{(10)}$ に順次 5 をかけて，1 の位の数を取り出して，並べることにより，次のような 5 進法表示の小数が得られる。

$0.856_{(10)} = 0.412_{(5)}$

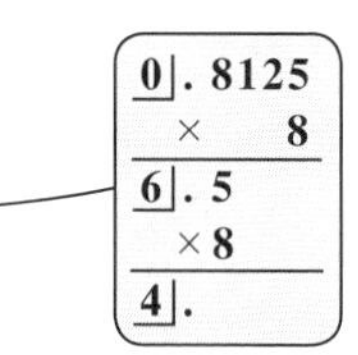

(3) 右図のように 10 進数の小数 $0.8125_{(10)}$ であるけれど，今回はこれを 8 進法で表す。$0.8125_{(10)}$ に順次 8 をかけて，1 の位の数を取り出して，並べることにより，次のような 8 進法表示の小数が得られるんだね。 $0.8125_{(10)} = 0.64_{(8)}$ 大丈夫？

● 2 進数同士の四則計算にもチャレンジしよう！

では次，2 進数のみにしぼって，たし算と引き算について，その基本をまず示す。ここでは，すべて 2 進数を扱うので，下付き添字の (2) は略して示す。

2 進数同士のたし算と引き算

(Ⅰ) 2 進数同士のたし算の基本

(ⅰ) $0+0=0$　(ⅱ) $0+1=1$　(ⅲ) $1+0=1$　(ⅳ) $\underline{1+1=10}$

(Ⅱ) 2 進数同士の引き算の基本

(ⅰ) $0-0=0$　(ⅱ) $1-0=1$　(ⅲ) $1-1=0$　(ⅳ) $\underline{10-1=1}$

これが重要！

(Ⅰ)たし算，(Ⅱ)引き算共に，**2** 進数の計算を特徴づけるものは，(ⅳ)の公式なんだね。では，いくつか例題で練習しよう。

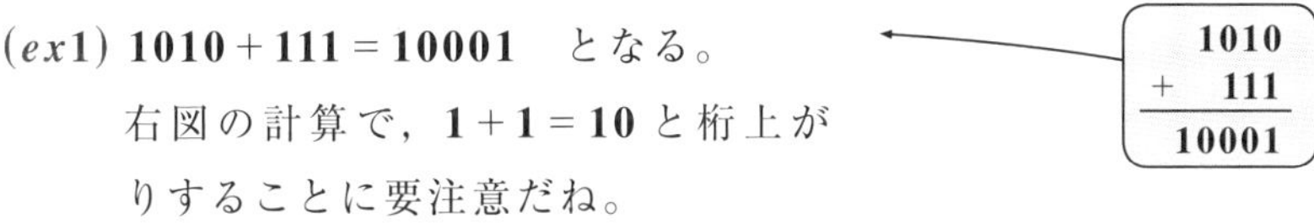

$(ex1)$ **1010＋111＝10001**　となる。

右図の計算で，**1＋1＝10** と桁上がりすることに要注意だね。

(**10** 進法表示では，**10＋7＝17** をやったにすぎない。)

$$\begin{array}{r} 1010 \\ +\ \ 111 \\ \hline 10001 \end{array}$$

$(ex2)$ **1100＋1101＝11001**　となる。

右図のように計算すればいいんだね。

(**10** 進法表示では，**12＋13＝25** のことだ。)

$$\begin{array}{r} 1100 \\ +\ 1101 \\ \hline 11001 \end{array}$$

$(ex3)$ **1101－111＝110**　となる。

10－1＝1 となることに気を付けて右図のように計算すればいい。

(**10** 進法表示では，**13－7＝6** のことだね。)

$$\begin{array}{r} 1101 \\ -\ \ 111 \\ \hline 110 \end{array}$$

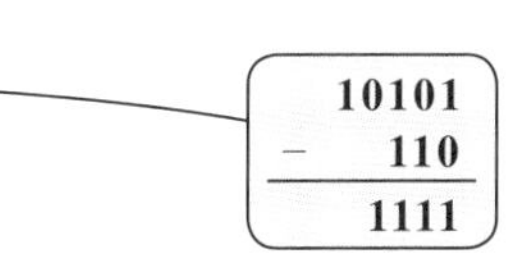

$(ex4)$ **10101－110＝1111**

100－1＝11 となることに気を付けて右図のように計算すればいい。

(**10** 進法表示では，**21－6＝15** のこと。)

$$\begin{array}{r} 10101 \\ -\ \ \ 110 \\ \hline 1111 \end{array}$$

2 進数同士のたし算に慣れれば，かけ算は楽だと思う。

2 進数同士のかけ算

(Ⅲ) **2** 進数同士のかけ算の基本

(ⅰ) **0×0＝0**　(ⅱ) **0×1＝0**　(ⅲ) **1×0＝0**　(ⅳ) **1×1＝1**

かけ算の例題もやっておこう。

$(ex5)$ **1101×1011＝10001111**　となる。

どう？たし算がうまくできれば問題ないはずだね。

(**10** 進法表示では，**13×11＝143** のこと。)

$$\begin{array}{r} 1101 \\ \times\ 1011 \\ \hline 1101 \\ 1101\ \ \\ 1101\ \ \ \ \ \ \\ \hline 10001111 \end{array}$$

では次，**2** 進数同士の割り算についても，例題で練習しておこう。割り算は，本質的に，**2** 進数同士のかけ算と引き算を間違えなければいいんだね。

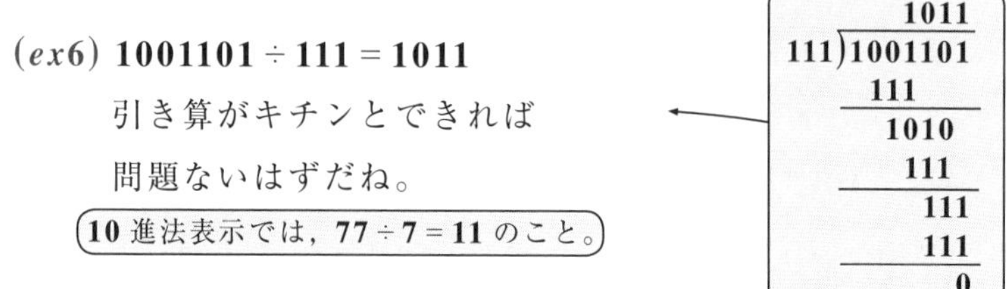
(ex6) 1001101 ÷ 111 = 1011
引き算がキチンとできれば
問題ないはずだね。
10 進法表示では，77 ÷ 7 = 11 のこと。
1011
111)1001101
111
1010
111
111
111
0

● 10 進法表示の分数と小数の関係を調べよう！

今度は，すべて **10** 進法表示の分数と小数について考えるので，ここでも下付き添字の **(10)** は略することにする。

一般に，m は整数，n は **0** でない整数の場合，分数 $\frac{m}{n}$ は，割り切れないとき，**有限小数**（ゆうげんしょうすう）か**循環小数**（じゅんかんしょうすう）のいずれかで表される。この区別は，次のようにできる。

(ⅰ) 分母 n の素因数が **2**，**5** のみである場合，$\frac{m}{n}$ は有限小数になる。

(ⅱ) 分母 n の素因数に **2**，**5** 以外のものがある場合，$\frac{m}{n}$ は循環小数になる。

(ⅰ) の場合，たとえば，

$$\frac{3}{2^2} = \frac{3 \times 5^2}{2^2 \times 5^2} = \frac{3 \times 25}{10^2} = \frac{75}{100} = 0.75$$

（分子・分母に 5^2 をかけた） や，

$$\frac{11}{2 \times 5^3} = \frac{11 \times 2^2}{2^3 \times 5^3} = \frac{44}{10^3} = \frac{44}{1000} = 0.044$$

（分子・分母に 2^2 をかけた） など…

のように，分母の素因数が **2** と **5** のみの場合は，分母が 10^n の形になるように分子・分母に同じ数をかければ，必ず有限小数となることが分かると思う。

(ⅱ) の場合，$\frac{m}{n}$ を既約分数 (m と n は互いに素) と考えると，m を n で割った余りは，当然 n より小さく，**1**，**2**，**3**，…，$n-1$ のいずれかになる。したがって，この n による割り算を n 回行う間には，必ずこの $n-1$ 個の余りの中のいずれかと等しい余りが必ず現れることになる。そして，この同じ余りが現れたならば，以下同じ配列パターンで余りが繰り返し現われることになり，その結果，割り算の商も同じ配列パターンを繰り返すことになる。つまり，循環小数になるってことだね。これも例で示すと，たとえば，$\frac{26}{111} = 0.\dot{2}3\dot{4}$（$= 0.234234234\cdots$のこと）だね。

これは，3×37 で 2，5 以外の素因数が含まれる。

これが，循環して現われるので，"**循環節**"という。この循環節の両端の数字の上に"・"を付ける。

● n 進法表示の分数と小数の関係も考えよう！

最後に，**10** 進法以外の n 進法表示の分数と小数の関係についても具体例で考えてみよう。

たとえば，**10** 進法表示の分数 $\frac{1}{5_{(10)}} = 0.2_{(10)}$ となるのはいいね。これを（ⅰ）**5** 進法と（ⅱ）**2** 進法で表してみよう。

（ⅰ）**5** 進法では，$5_{(10)} = 10_{(5)}$ より

$\frac{1}{5_{(10)}} = \frac{1}{10_{(5)}} = 0.1_{(5)}$ と，**10** 進法のときと同様，有限小数で表すことができた。では次，

（ⅱ）**2** 進法では，$5_{(10)} = 101_{(2)}$ より

$\frac{1}{5_{(10)}} = \frac{1}{101_{(2)}}$ を計算すると，

右図のようになるので，

$\frac{1}{5_{(10)}} = \frac{1}{101_{(2)}} = 0.\dot{0}01\dot{1}_{(2)}$

これが，繰り返し現われる循環節だ。

となって，**2** 進法表示では循環小数で表されるんだね。

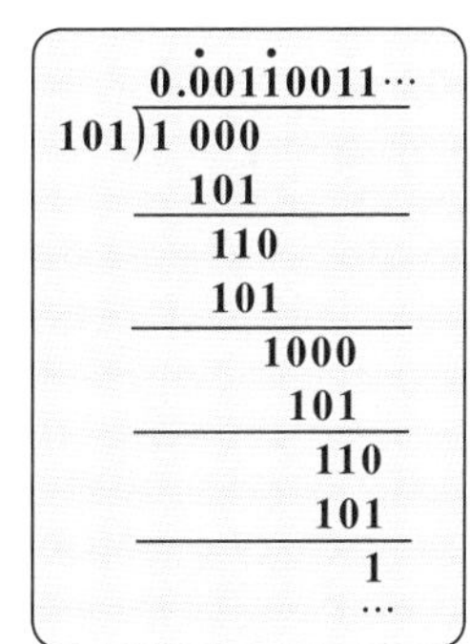

10 進法以外の n 進法の分数計算では，少し混乱するかも知れないけれど，この例が自分で求められるようになると，いいんだよ。頑張ろう！

n 進法

絶対暗記問題 68 難易度 ★ CHECK 1 CHECK 2 CHECK 3

10 進法表示の数 $\mathbf{1234.304_{(10)}}$ を，**5** 進法表示で表せ。

ヒント！ $\mathbf{1234.304_{(10)}}$ を整数部分 $\mathbf{1234_{(10)}}$ と小数部分 $\mathbf{0.304_{(10)}}$ に分けて，それぞれ **5** 進法表示に変換すればいいんだね。

解答＆解説

10 進法表示の数 $\mathbf{1234.304_{(10)}}$ を整数部 **1234** と小数部 **0.304** に分けて，それぞれ **5** 進法で表すと，

(i) 整数部 $\mathbf{1234_{(10)}}$ を右図のように，順次 **5** で割って，その最後の商と余りを逆に並べたものが，$\mathbf{1234_{(10)}}$ の **5** 進法表示になる。

除数	商	余り
5	1234	
5	246	…4
5	49	…1
5	9	…4
	1	…4

よって，

$\mathbf{1234_{(10)} = 14414_{(5)}}$ …① となる。

(ii) 小数部 $\mathbf{0.304_{(10)}}$ の **1** の位の **0** を取り出し，後は順次 **5** をかけて **1** の位の数を右図のように取り出して，並べたものが，$\mathbf{0.304_{(10)}}$ の **5** 進法表示になる。よって，

$$
\begin{array}{r}
\boxed{0}.304 \\
\times \quad 5 \\
\hline
\boxed{1}.52 \\
\times \ 5 \\
\hline
\boxed{2}.6 \\
\times 5 \\
\hline
\boxed{3}.
\end{array}
$$

$\mathbf{0.304_{(10)} = 0.123_{(5)}}$ …② となる。

以上 (i)(ii) の①と②をたし合わせたものが，$\mathbf{1234.304_{(10)}}$ の **5** 進法表示になる。よって，

$\mathbf{1234.304_{(10)} = 14414.123_{(5)}}$ となる。 ……………………………………(答)

1 次方程式の 2 進法表示

絶対暗記問題 69　難易度 ★★　CHECK 1　CHECK 2　CHECK 3

次の①の x の 1 次方程式の解を，2 進法表示の循環小数で表せ。
ただし，①の方程式の各係数および定数項はすべて 2 進法で表示されている。

$10000x = 111x + 11$　……①

ヒント！ ①を変形して，$(10000 - 111)x = 11$ となる。係数は 2 進法表示なので，$10000 - 111 = 1001$ となるんだね。頑張ろう。

解答＆解説

①の各係数と定数項が 2 進法表示であることに注意して，①を変形すると，

$\underbrace{(10000 - 111)}_{1001}x = 11$

$$\begin{array}{r} 10000 \\ -\ \ \ 111 \\ \hline 1001 \end{array}$$

$1001x = 11$　よって，

$x = \dfrac{11}{1001_{(2)}}$　これを右図のように計算すると，

2 進法表示の循環小数として，

$x = 0.\dot{0}\dot{1}$　となる。　……(答)

$$\begin{array}{r|l} & 0.010101\cdots \\ \hline 1001 & 11\ 00 \\ & 10\ 01 \\ \hline & 1100 \\ & 1001 \\ \hline & 1100 \\ & 1001 \\ \hline & 11 \\ & \cdots \end{array}$$

①を 10 進法表示で表すと，$16x = 7x + 3$　…①′　①′を解いて，
$9x = 3$ より $x = \dfrac{1}{3_{(10)}}$　となる。

頻出問題にトライ・26　難易度 ★★　CHECK 1　CHECK 2　CHECK 3

(1) 10 進法表示の循環小数 $0.\dot{3}\dot{6}_{(10)}$ を 10 進法表示の既約分数で表せ。

(2) 2 進法表示の循環小数 $0.\dot{1}0\dot{1}_{(2)}$ を 2 進法表示の分数で表せ。

解答は P253

講義 8 ● 整数の性質（数学と人間の活動）　公式エッセンス

1.　$A \cdot B = n$ 型　（A，B：整数の式，n：整数）の解法

n の約数を A と B に割り当てる右の表を作って，解く。

A	1	n	…	-1	$-n$
B	n	1	…	$-n$	-1

2.　2 つの自然数 a，b の最大公約数 g と最小公倍数 L

(i) $\begin{cases} a = g \cdot a' \\ b = g \cdot b' \end{cases}$ （a'，b'：互いに素な正の整数）

(ii) $L = g \cdot a' \cdot b'$　　　(iii) $a \cdot b = g \cdot L$

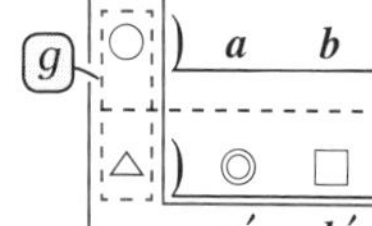

3.　除法の性質

整数 a を正の整数 b で割ったときの商を q，余りを r とおくと，

$a = b \times q + r$　$(0 \leqq r < b)$　が成り立つ。

4.　ユークリッドの互除法

正の整数 a，b $(a > b)$ について，右の各式が成り立つとき，a と b の最大公約数 g は，

$g = b''$　となる。

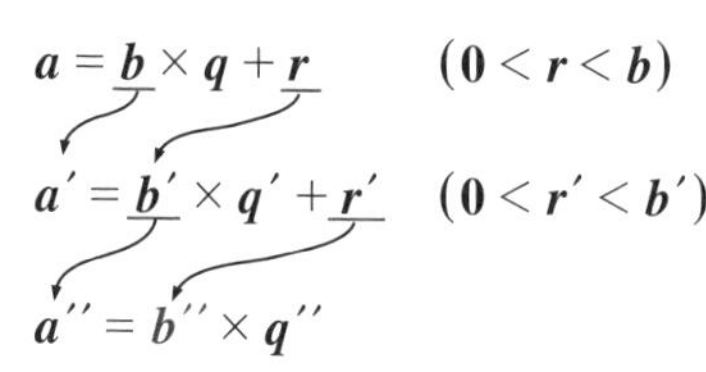

5.　不定方程式 $ax + by = n$ …①（a，b：互いに素，n：0 でない整数）の解法

①の 1 組の整数解 (x_1, y_1) を，ユークリッドの互除法より求め，$ax_1 + by_1 = n$ …②を作る。①－②より，$\alpha x' = \beta y'$（α，β：互いに素）の形に帰着させる。

6.　n 進法による記数法（2 進法表示の例）

・右の計算式より，$15_{(10)} = 1111_{(2)}$

（10 進法表示）（2 進法表示）

・和と差の基本 (i) $1 + 1 = 10$　(i) $10 - 1 = 1$

$$\begin{array}{r|l} 2 & 15 \\ 2 & 7 \cdots 1 \\ 2 & 3 \cdots 1 \\ & 1 \cdots 1 \end{array}$$

（余り）

7.　合同式

$a \equiv b \pmod{n}$ かつ $c \equiv d \pmod{n}$ のとき，

(i) $a \pm c \equiv b \pm d \pmod{n}$　（複号同順）

(ii) $a \times c \equiv b \times d \pmod{n}$　(iii) $a^m \equiv b^m \pmod{n}$（m：自然数）

◆頻出問題にトライ・解答&解説

◆頻出問題にトライ・1

$a^3b-ab^3+b^3c-bc^3+c^3a-ca^3$

$=(b-c)a^3-(b^3-c^3)a+bc(b^2-c^2)$

$a,\ b,\ c$ についての3次式なので，まず1つの文字，たとえば a についてまとめる。

$=(b-c)a^3-(b-c)(b^2+bc+c^2)a+bc(b-c)(b+c)$

$=(b-c)\{a^3-(b^2+bc+c^2)a+bc(b+c)\}$

$=(b-c)\{(c-a)b^2+c(c-a)b-a(c^2-a^2)\}$

{ }の中は，$b,\ c$ について2次，a について3次の式なので，b についてまとめる。

$=(b-c)(c-a)\{b^2+cb-a(c+a)\}$

1　　$-a\to -a$
1　　$c+a\to c+a$ (+
　　　　　　c

$=(b-c)(c-a)(b-a)(b+c+a)$

$=-(a-b)(b-c)(c-a)(a+b+c)$

……(答)

◆頻出問題にトライ・2

$0<a<1$ のとき，与式を P とおく。

$P=\sqrt{16a^2+\frac{1}{a^2}+8}+\sqrt{a^2+\frac{1}{a^2}-2}$

$=\sqrt{(4a)^2+2\cdot 4a\cdot\frac{1}{a}+\left(\frac{1}{a}\right)^2}+\sqrt{a^2-2\cdot a\cdot\frac{1}{a}+\left(\frac{1}{a}\right)^2}$

$=\sqrt{\left(4a+\frac{1}{a}\right)^2}+\sqrt{\left(a-\frac{1}{a}\right)^2}$

公式：$\sqrt{A^2}=|A|$ より

$=\left|4a+\frac{1}{a}\right|+\left|a-\frac{1}{a}\right|$

⊕　⊖　小　大　$\left(\because 0<a<1 \text{ より}, a<1<\frac{1}{a}\right)$

$=4a+\frac{1}{a}-\left(a-\frac{1}{a}\right)=3a+\frac{2}{a}$

ここで，$3a>0$，$\frac{2}{a}>0$ より，相加・相乗平均の式を用いて，

$3a+\frac{2}{a}\geqq 2\sqrt{3a\cdot\frac{2}{a}}=2\sqrt{6}$

公式：$a\geqq 0,\ b\geqq 0$ のとき，$a+b\geqq 2\sqrt{a\cdot b}$

等号成立条件：$a=b$

等号成立条件は，$3a=\frac{2}{a}$

$3a^2=2$，$a^2=\frac{2}{3}$

$\therefore a>0$ より，$a=\sqrt{\frac{2}{3}}=\frac{\sqrt{6}}{3}$

よって，$a=\frac{\sqrt{6}}{3}$ のとき，最小値 $P=2\sqrt{6}$

……(答)

◆頻出問題にトライ・3

$|x+2|+|x-1|\leqq 7$　……①とおく。

(ⅰ) $x\geqq 1$ のとき，

$x+2>0$，$x-1\geqq 0$　より，

$|x+2|=x+2$，$|x-1|=x-1$

よって①は，

$x+2+x-1\leqq 7$，$2x+1\leqq 7$

$2x\leqq 6$　$\therefore x\leqq 3$

以上より，$1\leqq x\leqq 3$

(ⅱ) $-2\leqq x<1$ のとき，

$x+2\geqq 0$，$x-1<0$ より，

$|x+2|=x+2$，$|x-1|=-(x-1)$

よって①は，

$x+2-(x-1)\leqq 7$，$0\cdot x+3\leqq 7$

これは任意の x に対して成り立つ。

以上より，$-2\leqq x<1$

(ⅲ) $x<-2$ のとき，

$x+2<0$，$x-1<0$ より，

$|x+2|=-(x+2)$，$|x-1|=-(x-1)$

よって①は，

$-(x+2)-(x-1)\leqq 7$，$-2x-1\leqq 7$

$-2x \leqq 8 \quad \therefore x \geqq -4$

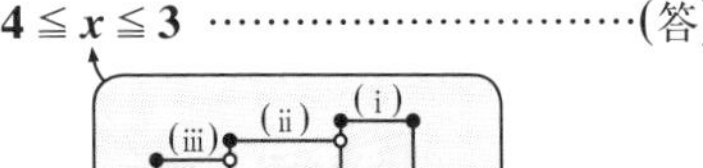

両辺を−2で割ると，不等号の向きが逆転する。

以上より，$-4 \leqq x < -2$

以上 (ⅰ)(ⅱ)(ⅲ) より，求める①の解は

$-4 \leqq x \leqq 3$ ……………………………(答)

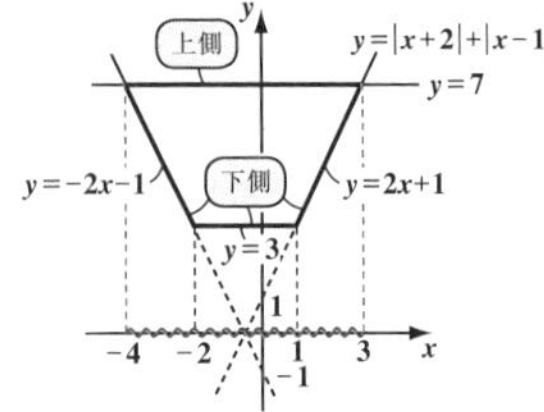

参考 ①を，（＼＿／型のグラフ）

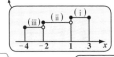

$$\begin{cases} y=|x+2|+|x-1|=\begin{cases} 2x+1 & (x \geqq 1) \\ 0\cdot x+3 & (-2 \leqq x < 1) \\ -2x-1 & (x < -2) \end{cases} \\ y=7 \end{cases}$$

に分解して，グラフで考えると，$y=7$ が，$y=|x+2|+|x-1|$ 以上となる x の範囲が，$-4 \leqq x \leqq 3$ とわかる。

上側
$y=|x+2|+|x-1|$
$y=7$
$y=-2x-1$
下側
$y=2x+1$
$y=3$

◆頻出問題にトライ・4

100 以下の正の整数を要素にもつ集合を U とおくと，

$U=\{1, 2, 3, \cdots\cdots, 100\}$

U の部分集合で，4, 5, 6 の倍数から成る集合をそれぞれ X, Y, Z とおくと，

$X=\{4, 8, 12, \cdots\cdots, 100\}$

$Y=\{5, 10, 15, \cdots\cdots, 100\}$

$Z=\{6, 12, 18, \cdots\cdots, 96\}$

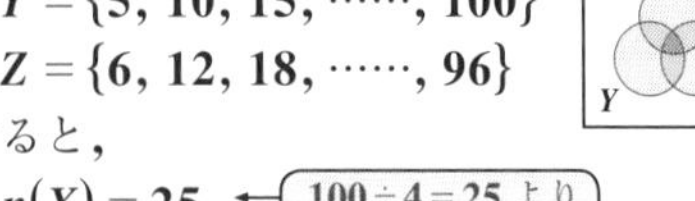

すると，

$n(X)=25$ ←（$100 \div 4=25$ より）

$n(Y)=20$ ←（$100 \div 5=20$ より）

$n(Z)=16$ ←（$100 \div 6=16.6\cdots$ より）

（4でも5でも割り切れる，つまり，20の倍数の集合）

$X \cap Y=\{20, 40, 60, 80, 100\}$

$\{(X \cap Y) \cap Z\}=\{60\}$ ←（20と6の最小公倍数60の倍数の集合）

$\therefore n(X \cap Y)=5,\ n((X \cap Y) \cap Z)=1$

（張り紙のテク）

$\therefore n((X \cap Y) \cup Z)=\underset{5}{n(X \cap Y)}+\underset{16}{n(Z)}-\underset{1}{n((X \cap Y) \cap Z)}$

$=5+16-1=20$ ……(答)

また，（5と6の最小公倍数30の倍数の集合）

$Y \cap Z=\{30, 60, 90\}$

（6と4の最小公倍数12の倍数の集合）

$Z \cap X=\{12, 24, \cdots\cdots, 96\}$

$\therefore n(Y \cap Z)=3$

$n(Z \cap X)=8$ ←（$100 \div 12=8.3\cdots$ より）

よって，（張り紙のテク！）

$n(X \cup Y \cup Z)=n(X)+n(Y)+n(Z)$

$-n(X \cap Y)-n(Y \cap Z)-n(Z \cap X)$

$+n(X \cap Y \cap Z)$

$=25+20+16-5-3-8+1$

$=46$ ……………………………(答)

◆頻出問題にトライ・5

(1) 整数 a を次のように場合分けする。

$$\begin{cases} a=3k & (3\text{ で割り切れる}) \\ a=3k+1 & (3\text{ で割って }1\text{ 余る}) \\ a=3k+2 & (3\text{ で割って }2\text{ 余る}) \end{cases}$$

(k：整数)

(ⅰ) $a=3k$ のとき

$a^2=(3k)^2=3\cdot(3k^2)+\underset{\text{余り}}{0}$

(ⅱ) $a=3k+1$ のとき

$a^2=(3k+1)^2=9k^2+6k+1$

$=3(3k^2+2k)+\underset{\text{余り}}{1}$

(ⅲ) $a=3k+2$ のとき

$a^2=(3k+2)^2=9k^2+12k+\underset{3+1}{\boxed{4}}$

$= 3(3k^2 + 4k + 1) + 1$（余り）

以上(ⅰ)(ⅱ)(ⅲ)より，整数 a を2乗した a^2 を，3で割った余りは0または1のみである。 ………………(終)

a^2 を，3で割ったときの余りは0と1だけで，（← 整数 a の2乗）2がないというコト。
コレ，大事だからぜひ覚えておいてくれ！

(2) 命題"$a^2 + b^2 = c^2$ ならば，a^2 が3の倍数，または b^2 が3の倍数。" …(＊)が成り立つことを，背理法により示す。(ただし，a, b, c は整数)

すなわち，a^2 が3の倍数でなく，かつ b^2 も3の倍数でないと仮定して，矛盾が生じればよい。

(1)の結果より，a^2 を3で割った余りは0または1だけなので，a^2 が3の倍数でなければ，

$a^2 = 3M + 1$ ……① (M：整数)

同様に，b^2 も3の倍数でなければ，

$b^2 = 3N + 1$ ……② (N：整数)

①，②を，$a^2 + b^2 = c^2$ に代入すると

$c^2 = 3M + 1 + 3N + 1$

$c^2 = 3(M + N) + 2$ となる。（余り）

c^2 を3で割って，2余ることはないので，これは矛盾である。

以上より，背理法によって，命題(＊)は真である。 ………………(終)

◆頻出問題にトライ・6

(1) $f(x) = x^2 - 4x + 4 = (x - 2)^2$

$p - 1 \leqq x \leqq p + 1$ における $f(x)$ の最小値を m とおくと，（頂点の x 座標）

(ⅰ) $p + 1 \leqq 2$，すなわち

$p \leqq 1$ のとき，図1より

$m = f(p + 1) = (p + 1 - 2)^2$

$= (p - 1)^2$ ………………(答)

(ⅱ) $p - 1 \leqq 2 < p + 1$，すなわち

$1 < p \leqq 3$ のとき，図2より

$m = f(2) = (2 - 2)^2 = 0$ ……(答)

(ⅲ) $2 < p - 1$，すなわち

$3 < p$ のとき，図3より

$m = f(p - 1) = (p - 1 - 2)^2$

$= (p - 3)^2$ ………………(答)

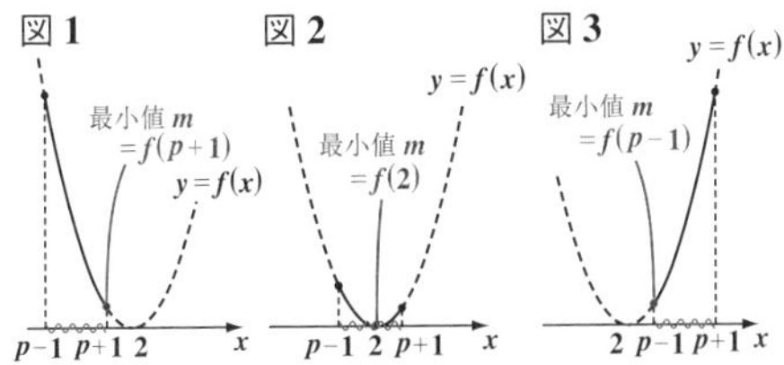

(2) $f(x)$ の $p - 1 \leqq x \leqq p + 1$ における最大値を M とおく。

区間 $p - 1 \leqq x \leqq p + 1$ の中点が $\frac{(p-1)+(p+1)}{2} = p$ となることに注意して，場合分けする。

(ⅰ) $p \leqq 2$ のとき，図4より

$M = f(p - 1) = (p - 3)^2$ ……(答)

(ⅱ) $2 < p$ のとき，図5より

$M = f(p + 1) = (p - 1)^2$ ……(答)

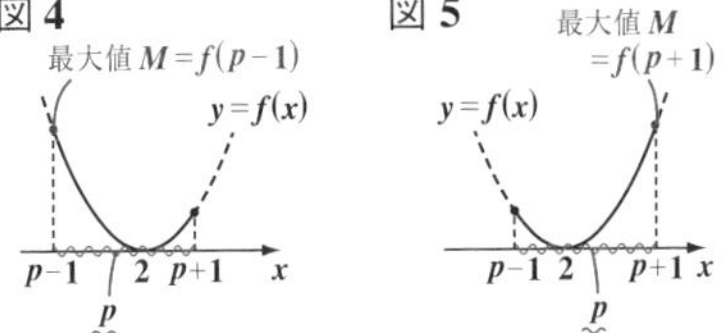

◆頻出問題にトライ・7

(1) $x^4 - 2x^3 + x^2 - 4x + 4 = 0$ ……①

とおく。$x = 0$ は①をみたさないから

$x \neq 0$ ①の両辺を $x^2 (\neq 0)$ で割って

$$x^2 - 2x + 1 - \frac{4}{x} + \frac{4}{x^2} = 0$$

$$x^2 + \frac{4}{x^2} - 2x - \frac{4}{x} + 1 = 0$$

$$x^2 + \frac{4}{x^2} - 2\left(x + \frac{2}{x}\right) + 1 = 0 \quad \cdots\cdots ②$$

ここで，

$$x + \frac{2}{x} = t \quad \cdots\cdots ③$$

とおくと，両辺を 2 乗して，

$$x^2 + 4 + \frac{4}{x^2} = t^2$$

$$\therefore\ x^2 + \frac{4}{x^2} = t^2 - 4 \quad \cdots\cdots ④$$

③，④を②に代入して，

$$t^2 - 4 - 2t + 1 = 0$$

$$t^2 - 2t - 3 = 0 \quad \cdots\cdots\cdots\cdots\cdots\cdots\cdots (答)$$

(2) (1) より，

$$t^2 - 2t - 3 = 0,\quad (t+1)(t-3) = 0$$

$$\therefore\ t = -1,\ 3$$

(i) $t = -1$ のとき，③より，

$$x + \frac{2}{x} = -1,\quad x^2 + 2 = -x$$

$$x^2 + x + 2 = 0$$

この判別式を D とおくと，

$$D = 1^2 - 4 \cdot 1 \cdot 2 = -7 < 0$$

∴実数解なし。

(ii) $t = 3$ のとき，③より，

$$x + \frac{2}{x} = 3,\quad x^2 + 2 = 3x$$

$$x^2 - 3x + 2 = 0$$

$$(x-1)(x-2) = 0 \quad \therefore\ x = 1,\ 2$$

以上(i)(ii)より，①の実数解は，

$$x = 1,\ 2 \quad \cdots\cdots\cdots\cdots\cdots\cdots\cdots (答)$$

◆頻出問題にトライ・8

$$\begin{cases} y = f(x) = x^2 - ax + a - 1 & \cdots ① \\ y = 0 \quad [\,x \text{ 軸}\,] & \cdots ② \end{cases}$$

とおく。

①が②と交わる 2 点を A，B とおくと，A，B の x 座標は，①と②から y を消去して得られる x の 2 次方程式

$$x^2 - ax + a - 1 = 0 \quad \cdots\cdots ③$$

の相異なる実数解である。

よって，③の判別式を D とおくと，

$$D = (-a)^2 - 4(a-1) = a^2 - 4a + 4$$

$$= (a-2)^2 > 0$$

$$\therefore\ a \neq 2 \quad \cdots\cdots ④$$

③の 2 実数解の差が，①が②から切り取る線分の長さ AB = 6 であるから，

$$AB = \frac{a+\sqrt{D}}{2} - \frac{a-\sqrt{D}}{2} = \boxed{\sqrt{D} = 6}$$

$$D = 36,\quad (a-2)^2 = 36$$

$$a - 2 = \pm 6 \leftarrow \boxed{A^2 = 36 \rightleftarrows A = \pm 6}$$

$$\therefore a = 2 \pm 6 = -4,\ 8 \quad \cdots\cdots\cdots\cdots\cdots\cdots (答)$$

(これは④をみたす)

◆頻出問題にトライ・9

(1) $x^2 - (a-2)x + \frac{a}{2} + 5 = 0 \quad \cdots\cdots ①$

とおく。

$$f(x) = x^2 - (a-2)x + \frac{a}{2} + 5$$

とおくと，

$$f(x) = x^2 - (a-2)x + \frac{(a-2)^2}{4} + \frac{a}{2} + 5 - \frac{(a-2)^2}{4}$$

$$= \left(x - \frac{a-2}{2}\right)^2 + \frac{a}{2} + 5 - \frac{(a-2)^2}{4}$$

$$\therefore 軸 : x = \frac{a-2}{2}$$

x の 2 次方程式①が $1 \leqq x \leqq 5$ の範囲に異なる 2 つの実数解をもつための条件は，

$$\begin{cases} \text{(i) 判別式 } D=(a-2)^2-4\left(\dfrac{a}{2}+5\right)>0 \\ \text{(ii) } 1<\boxed{\dfrac{a-2}{2}}<5 \longleftarrow \text{軸の条件！} \\ \text{(iii) } f(1)=1-(a-2)+\dfrac{a}{2}+5\geqq 0 \\ \text{(iv) } f(5)=25-5(a-2)+\dfrac{a}{2}+5\geqq 0 \end{cases}$$

(i)より，

$a^2-4a+4-2a-20>0$

$a^2-6a-16>0$，$(a+2)(a-8)>0$

$\therefore\ a<-2$，または，$8<a$ ……②

(ii)より，

$2<a-2<10$，$4<a<12$ ……③

(iii)より，

$8-\dfrac{1}{2}a\geqq 0\quad\therefore\ a\leqq 16$ ………④

(iv)より，

$40-\dfrac{9}{2}a\geqq 0\quad\therefore\ a\leqq\dfrac{80}{9}$ ………⑤

②，③，④，⑤より，求める条件は，

$8<a\leqq\dfrac{80}{9}$ ……………………(答)

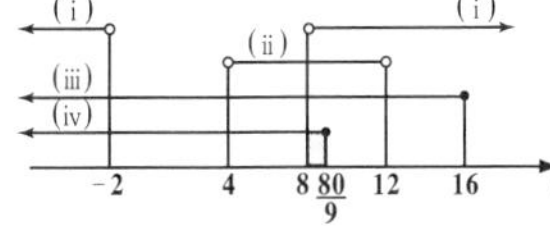

◆頻出問題にトライ・10

(1) $\cos^2\theta=1-\sin^2\theta$　より

$y=\cos^2\theta+2a\sin\theta-a^2$

$=1-\sin^2\theta+2a\sin\theta-a^2$

$=-\sin^2\theta+2a\sin\theta+1-a^2$

$(0^\circ\leqq\theta\leqq 90^\circ)$

ここで，$\sin\theta=t$ とおくと，

$0\leqq t\leqq 1$ ←(0°≦θ≦90° より)

また $y=f(t)$ とおくと，

$y=f(t)=-t^2+2at+1-a^2$

$=-(t^2-2at+a^2)+1-a^2+a^2$

$=-(t-a)^2+1\qquad(0\leqq t\leqq 1)$

これは，頂点 $(a, 1)$ で，上に凸の放物線である。(カニ歩き＆場合分け)

(i) $a\leqq 0$ のとき

最大値 $y=f(0)=1-a^2$ ………(答)

(ii) $0<a\leqq 1$ のとき

最大値 $y=f(a)=1$ ……………(答)

(iii) $1<a$ のとき

最大値 $y=f(1)=-1+2a+1-a^2$

$=-a^2+2a$ ……………(答)

(i) $a\leqq 0$ のとき

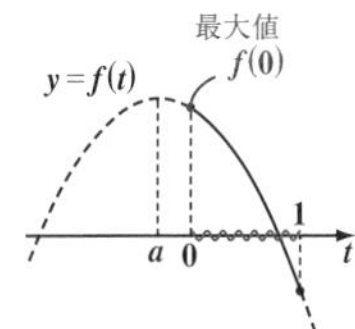

(ii) $0<a\leqq 1$ のとき

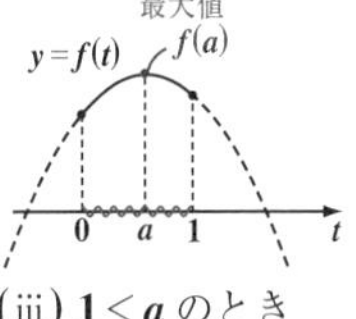

(iii) $1<a$ のとき

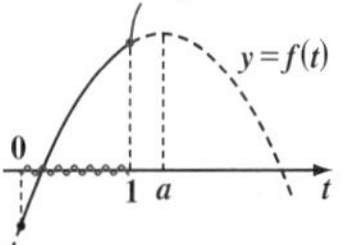

◆頻出問題にトライ・11

$2\cos^2(x+30^\circ)+\sin(60^\circ-x)=0$ …①

$(0^\circ\leqq x\leqq 90^\circ)$

$\begin{cases} x+30^\circ=\mathrm{A} \text{ ……②} \\ 60^\circ-x=\mathrm{B} \text{ ……③} \end{cases}$　とおくと，①は

$2\cos^2\mathrm{A}+\sin\mathrm{B}=0$ ……①

②＋③より，

$90^\circ=\mathrm{A}+\mathrm{B}\quad\therefore\ \mathrm{B}=90^\circ-\mathrm{A}$ ……④

④を①に代入して，

$2\cos^2\mathrm{A}+\underbrace{\sin(90^\circ-\mathrm{A})}_{\cos\mathrm{A}}=0$

$2\cos^2\mathrm{A}+\cos\mathrm{A}=0$

$\cos A(2\cos A+1)=0$

$\therefore \cos A=0,\ -\dfrac{1}{2}$

ここで，$A=x+30°$ $(0°\leqq x\leqq 90°)$ より，

$30°\leqq A\leqq 120°$　よって，

(ⅰ) $\cos A=0$ のとき，$\underset{x+30°}{\underline{A}}=90°$

$x+30°=90°$ より，$x=60°$

(ⅱ) $\cos A=-\dfrac{1}{2}$ のとき，$A=120°$

$x+30°=120°$ より，$x=90°$

以上(ⅰ)，(ⅱ)より，$x=60°,\ 90°$ …(答)

◆頻出問題にトライ・12

(1) $\triangle ABC$ に余弦定理を用いて，

$AC^2=3^2+(\sqrt{3})^2-2\cdot 3\cdot\sqrt{3}\cdot\underset{\cos\angle ABC}{\boxed{\dfrac{\sqrt{3}}{6}}}$

$=9+3-3=9$

$\therefore AC=\sqrt{9}=3$ ……………………(答)

また，四角形 ABCD は円 O に内接しているから，

円に内接する四角形の内対角の和は 180° だ。

$\angle ABC+\angle ADC=180°$

$\therefore \angle ADC=180°-\angle ABC$

$\therefore \cos\angle ADC=\cos(180°-\angle ABC)$

$=-\cos\angle ABC=-\dfrac{\sqrt{3}}{6}$

$AD=x$ とおくと，$\triangle ACD$ に余弦定理を用いて，

$3^2=x^2+(\sqrt{3})^2-2x\cdot\sqrt{3}\cdot\underset{\cos\angle ADC}{\boxed{\left(-\dfrac{\sqrt{3}}{6}\right)}}$

$9=x^2+3+x$

$x^2+x-6=0,\ (x-2)(x+3)=0$

$x>0$ より，$AD=x=2$ ………(答)

(2) $0°<\angle ABC<180°$ より，

$\sin\angle ABC>0$

$\therefore \sin\angle ABC=\sqrt{1-\cos^2\angle ABC}$

$=\sqrt{1-\left(\dfrac{\sqrt{3}}{6}\right)^2}=\sqrt{\dfrac{33}{36}}=\dfrac{\sqrt{33}}{6}$ ……(答)

(3) 円 O の半径を R とおくと，$\triangle ABC$ に正弦定理を用いて，

$\dfrac{\overset{AC}{\boxed{3}}}{\sin\angle ABC}=2R$

$\therefore R=\dfrac{3}{2\cdot\sin\angle ABC}$

$=\dfrac{3}{2\times\dfrac{\sqrt{33}}{6}}=\dfrac{3}{\dfrac{\sqrt{33}}{3}}=\dfrac{9}{\sqrt{33}}$

$=\dfrac{9\sqrt{33}}{33}=\dfrac{3\sqrt{33}}{11}$ …………(答)

(4) $\triangle ABC$，$\triangle ACD$ の面積をそれぞれ $S_1,\ S_2$ とおく。

$S_1=\dfrac{1}{2}\cdot 3\cdot\sqrt{3}\cdot\sin\angle ABC$

$=\dfrac{1}{2}\cdot 3\cdot\sqrt{3}\cdot\dfrac{\overset{\sqrt{3}\cdot\sqrt{11}}{\boxed{\sqrt{33}}}}{6}$

$=\dfrac{3\sqrt{11}}{4}$ ……①

$\sin\angle ADC=\sin(180°-\angle ABC)$

$=\sin\angle ABC=\dfrac{\sqrt{33}}{6}$

$\therefore S_2=\dfrac{1}{2}\cdot 2\cdot\sqrt{3}\cdot\sin\angle ADC$

$=\dfrac{1}{2}\cdot 2\cdot\sqrt{3}\cdot\dfrac{\sqrt{33}}{6}=\dfrac{\sqrt{11}}{2}$ ……②

①，②より，四角形 ABCD の面積を S とおくと，

$S=S_1+S_2=\dfrac{3\sqrt{11}}{4}+\dfrac{\sqrt{11}}{2}=\dfrac{5\sqrt{11}}{4}$ …(答)

◆頻出問題にトライ・13

(1) 辺 BE の長さを x とおく。

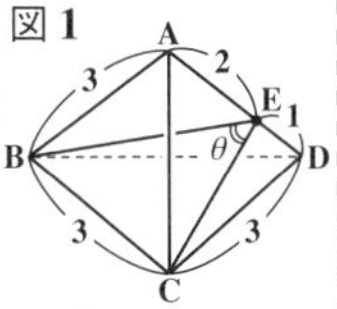

AE : ED = 2 : 1,

AD = 3 より，AE = 2

また，$\angle BAD = 60°$

よって，図 2 より，

△ABE に余弦定理を用いて，

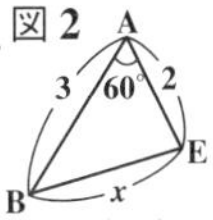

$x^2 = 3^2 + 2^2 - 2\cdot 3\cdot 2\cdot \cos 60° \quad (\cos 60° = \frac{1}{2})$

$= 9 + 4 - 6 = 7$

$\therefore BE = x = \sqrt{7}$ ……………………(答)

図 1

図 2

(2) $\angle BEC = \theta$ とおく。

図 3 より，△BEC に余弦定理を用いて，

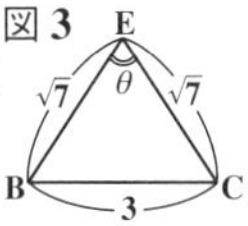

図 3

$\cos\theta = \dfrac{(\sqrt{7})^2 + (\sqrt{7})^2 - 3^2}{2\sqrt{7}\sqrt{7}}$ (BE = CE)

$= \dfrac{14-9}{2\cdot 7} = \dfrac{5}{14}$ ……①

ここで，$\cos^2\theta + \sin^2\theta = 1$ より，

$\sin^2\theta = 1 - \cos^2\theta$, $\sin\theta = \pm\sqrt{1-\cos^2\theta}$

$0° < \theta < 180°$ より，$\sin\theta > 0$

$\therefore \sin\theta = \sqrt{1-\cos^2\theta}$ ……②

①を②に代入して，

$\sin\theta = \sqrt{1-\left(\dfrac{5}{14}\right)^2} = \sqrt{1-\dfrac{25}{196}}$

$= \sqrt{\dfrac{196-25}{196}} = \sqrt{\dfrac{171}{196}} = \dfrac{\sqrt{3^2\cdot 19}}{14}$

$\therefore \sin\angle BEC = \sin\theta = \dfrac{3\sqrt{19}}{14}$ …(答)

(3) △BEC の外接円の半径を R とおくと，正弦定理より，図 3 から，

$\dfrac{BC}{\sin\angle BEC} = 2R$

$R = \dfrac{BC}{2\cdot\sin\angle BEC} = \dfrac{3}{2\cdot\dfrac{3\sqrt{19}}{14}}$

$= \dfrac{14}{2\sqrt{19}} = \dfrac{7}{\sqrt{19}}$

$= \dfrac{7\sqrt{19}}{19}$ ……………………………(答)

◆頻出問題にトライ・14

与えられた 3 個のデータ(変量)X は，

X = 3, 5, x

まず，X の平均値 m を求めると，

$m = \dfrac{1}{3}(3+5+x) = \dfrac{8+x}{3}$ ……①

よって，X の分散 $S^2\left(=\dfrac{8}{3}\right)$ は，

$S^2 = \dfrac{1}{3}\left\{(3-m)^2 + (5-m)^2 + (x-m)^2\right\}$

$= \dfrac{1}{3}\left\{\left(3-\dfrac{8+x}{3}\right)^2 + \left(5-\dfrac{8+x}{3}\right)^2 + \left(x-\dfrac{8+x}{3}\right)^2\right\}$

$= \dfrac{1}{3}\left\{\left(\dfrac{1-x}{3}\right)^2 + \left(\dfrac{7-x}{3}\right)^2 + \left(\dfrac{2x-8}{3}\right)^2\right\}$

$= \dfrac{8}{3}$

$\therefore \dfrac{1}{9}\left\{(1-x)^2 + (7-x)^2 + (2x-8)^2\right\} = 8$

$1 - 2x + x^2 + 49 - 14x + x^2 + 4x^2 - 32x + 64 = 72$

$6x^2 - 48x + 42 = 0$

$x^2 - 8x + 7 = 0 \qquad (x-1)(x-7) = 0$

$\therefore x = 1, 7$ ……………………………(答)

(ⅰ) $x = 1$ のとき，①より，

$m = \dfrac{8+1}{3} = 3$ ……………………(答)

(ⅱ) $x = 7$ のとき，①より，

$m = \dfrac{8+7}{3} = 5$ ……………………(答)

◆頻出問題にトライ・15

3 組の 2 変数データ (1, 4), (2, 2), (x, 6) について X = 1, 2, x, Y = 4, 2, 6 とおき，X と Y の平均をそれぞれ m_X, m_Y, 分散をそれぞれ S_X^2, S_Y^2, また標準偏差をそれぞれ S_X, S_Y とおく。

$$\begin{cases} m_X = \dfrac{1}{3}\cdot(1+2+x) = 1 + \dfrac{x}{3} \\ m_Y = \dfrac{1}{3}\cdot(4+2+6) = 4 \end{cases}$$

$$S_X^2=\frac{1}{3}\left\{(1-m_X)^2+(2-m_X)^2+(x-m_X)^2\right\}$$
$$=\frac{1}{3}\left\{\left(-\frac{x}{3}\right)^2+\left(1-\frac{x}{3}\right)^2+\left(\frac{2}{3}x-1\right)^2\right\}$$
$$=\frac{1}{3}\left(\frac{x^2}{9}+1-\frac{2}{3}x+\frac{x^2}{9}+\frac{4}{9}x^2-\frac{4}{3}x+1\right)$$
$$=\frac{1}{3}\left(\frac{2}{3}x^2-2x+2\right)=\frac{2}{9}(x^2-3x+3)$$

$$S_Y^2=\frac{1}{3}\left\{(4-m_Y)^2+(2-m_Y)^2+(6-m_Y)^2\right\}$$
$$=\frac{1}{3}\left\{0^2+(-2)^2+2^2\right\}=\frac{8}{3}$$

X と Y の共分散 S_{XY} は,

$$S_{XY}=\frac{1}{3}\left\{(1-m_X)(4-m_Y)+(2-m_X)(2-m_Y)+(x-m_X)(6-m_Y)\right\}$$
$$=\frac{1}{3}\left\{\left(-\frac{x}{3}\right)\cdot 0+\left(1-\frac{x}{3}\right)\cdot(-2)+\left(\frac{2}{3}x-1\right)\cdot 2\right\}$$
$$=\frac{1}{3}(2x-4)=\frac{2}{3}(x-2)$$

また, $S_X=\sqrt{S_X{}^2}=\sqrt{\frac{2}{9}(x^2-3x+3)}$

$S_Y=\sqrt{S_Y{}^2}=\sqrt{\frac{8}{3}}$

よって, X と Y の相関係数 $r_{XY}\left(=\frac{1}{2}\right)$ は,

$$r_{XY}=\frac{S_{XY}}{S_XS_Y}=\frac{\frac{2}{3}(x-2)}{\sqrt{\frac{8}{3}}\sqrt{\frac{2}{9}(x^2-3x+3)}}$$
$$=\frac{2}{3}(x-2)\cdot\frac{3\sqrt{3}}{4\sqrt{x^2-3x+3}}=\frac{1}{2}$$

$$\therefore \underset{\oplus}{\sqrt{x^2-3x+3}}=\sqrt{3}\underset{\oplus}{(x-2)}\quad (x>2)$$

この両辺を 2 乗して,

$x^2-3x+3=3(x^2-4x+4)$

$2x^2-9x+9=0$

$(2x-3)(x-3)=0$

$\therefore x>2$ より, $x=3$ ……………(答)

◆頻出問題にトライ・16

(1) A に塗る色は, 赤, 青, 黄の 3 通り。B に塗る色は, A に塗った色を除く 2 色のいずれかだから, 2 通り。C に塗る色は, A, B に塗った 2 色以外の残り 1 色の 1 通り。D には, D に隣り合う B と C に塗った 2 色以外の色, つまり A に塗った色となるから, 1 通り。同様に, E には B に塗った色の 1 通り。F には C に塗った色の 1 通り。

A③ 通り	
B②	C①
D①	E①
F①	

③×②×①×①×①×①
=6 通り

以上より, 求める塗り分け方は,

$3\times2\times1\times1\times1\times1=6$ 通り …(答)

(2) A に塗る色は, 赤, 青, 黄, 白の 4 通り。B には, A に塗った色を除いた 3 色の 3 通り。C には, A と B に塗った 2 色以外の 2 色の 2 通り。D には, B と C に塗った 2 色以外の 2 色の 2 通り。同様に, E は C と D の 2 色以外の 2 色を, F は D と E の 2 色以外の 2 色を塗ることになる。

A④ 通り	
B③	C②
D②	E②
F②	

④×③×②×②×②×②
=192 通り

この内 3 色のみの場合を除くので,

$192-{}_4C_3\times6=192-24=168$ 通り …(答)

◆頻出問題にトライ・17

15 段の階段を 2 段または 3 段ずつ昇るとき, 次の 3 つの場合に分けられる。

(ⅰ) 3 段を 1 回, 2 段を 6 回で昇るとき,

${}_7C_1=\underline{\underline{7}}$ 通り

3 段昇りを a, 2 段昇りを b と表すと, 1 個の a, 6 個の b の計 7 個の並べ替え数だ。

(ⅱ) 3段を3回，2段を3回で昇るとき，

$${}_6C_3 = \frac{6!}{3!\cdot 3!} = \frac{6\cdot5\cdot4}{3\cdot2\cdot1} = 20 \text{通り}$$

3個の a と3個の b の計6個の並べ替え

(ⅲ) 3段を5回で昇るとき，1通り

以上(ⅰ)(ⅱ)(ⅲ)より，求める昇り方は

$$7 + 20 + 1 = 28 \text{ 通り}$$ ………(答)

◆頻出問題にトライ・18

赤球4個，白球4個，青球2個の計10個から，4個を選ぶ場合の数 $n(U)$ は，

$$n(U) = {}_{10}C_4 = \frac{10!}{4!6!} = 210$$

(1) 事象 A：取り出した4個中少なくとも1個は赤球，とおくと

余事象 $\overline{A}$：4個中赤球は1個もない

よって，求める確率 $P(A)$ は，

$$P(A) = 1 - P(\overline{A})$$ (1：全確率)

$$= 1 - \frac{n(\overline{A})}{n(U)}$$ 赤球はない！

$$= 1 - \frac{{}_6C_4}{210}$$ 白，青6個から4個選ぶ

$$= 1 - \frac{15}{210} = \frac{13}{14}$$ …………(答)

(2) 事象 B：4個の球の色が2種類

とおくと，

$$n(B) = {}_4C_1\times{}_4C_3 + {}_4C_2\times{}_4C_2$$

（赤1白3）（赤2白2）

$$+ {}_4C_3\times{}_4C_1 + {}_4C_2\times{}_2C_2 + {}_4C_3\times{}_2C_1$$

（赤3白1）（赤2青2）（赤3青1）

$$+ {}_4C_2\times{}_2C_2 + {}_4C_3\times{}_2C_1$$

（白2青2）（白3青1）

$$= 4\times4 + 6\times6 + 4\times4 + 6\times1$$
$$+ 4\times2 + 6\times1 + 4\times2 = 96$$

よって，求める確率 $P(B)$ は，

$$P(B) = \frac{n(B)}{n(U)} = \frac{96}{210} = \frac{16}{35}$$ ……(答)

(3) 事象 C：4個の球の色が1種類

とおくと，

$$n(C) = {}_4C_4 + {}_4C_4 = 1 + 1 = 2$$

（赤4）（白4）

ここで，

事象 D：4個の球の色が3色

とおくと，

$$n(D) = n(U) - n(B\cup C)$$

（B：2色）（C：1色）

$$= n(U) - \{n(B) + n(C)\}$$
$$= 210 - (96 + 2) = 112$$

よって，求める確率 $P(D)$ は，

$$P(D) = \frac{n(D)}{n(U)} = \frac{112}{210} = \frac{8}{15}$$ ……(答)

◆頻出問題にトライ・19

A と B は，それぞれ P, Q から等しい速さで最短経路を進むので，出会うのは右図の R, S, T, U のいずれかの分岐点においてである。

A, B が出会うとき，A, B はともに4つの区間分進んで出会うから，図の R, S, T, U のいずれかの点で出会うんだね。

A が R, S, T, U を通る確率をそれぞれ P_R, P_S, P_T, P_U，B が R, S, T, U を通過する確率をそれぞれ Q_R, Q_S, Q_T, Q_U とおくと，

P から S までの最短経路数

$$P_R = \left(\frac{1}{2}\right)^4 = \frac{1}{16},\quad P_S = \frac{4!}{3!1!}\left(\frac{1}{2}\right)^4 = \frac{1}{4},$$

3つの→と1つの↑の並べ替え数

P から T までの最短経路数

$$P_T = \frac{4!}{2!2!}\left(\frac{1}{2}\right)^4 = \frac{3}{8}$$

2つの→と2つの↑の並べ替え数

A は R, S, T, U のいずれか1点を必ず通り，かつ2点以上を通ることはないから，

余事象の確率！

$$P_U = \underset{\text{全確率}}{1} - (P_R + P_S + P_T)$$

$$= 1 - \left(\frac{1}{16} + \frac{1}{4} + \frac{3}{8}\right)$$

$$= 1 - \frac{11}{16} = \frac{5}{16}$$

同様に,

$$Q_R = P_U = \frac{5}{16},\quad Q_S = P_T = \frac{3}{8},$$

$$Q_T = P_S = \frac{1}{4},\quad Q_U = P_R = \frac{1}{16}$$

以上より，A, B が出会う確率は,

（R で出会う）（S で出会う）（T で出会う）（U で出会う）

$$P_R \cdot Q_R + P_S \cdot Q_S + P_T \cdot Q_T + P_U \cdot Q_U$$

$$= \frac{1}{16} \times \frac{5}{16} + \frac{1}{4} \times \frac{3}{8} + \frac{3}{8} \times \frac{1}{4} + \frac{5}{16} \times \frac{1}{16}$$

$$= \frac{29}{128}$$

注意

上の解答では，P_U を余事象の考え方で求めたが，これを直接求めてみよう。

右図に示すように，①，②，③，④，⑤で各分岐点を表すと，

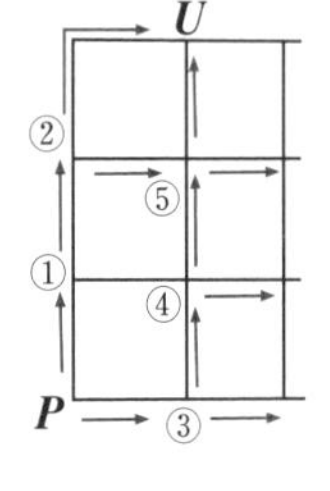

$P \to ① \to ② \to U$ と進む確率は，$\left(\frac{1}{2}\right)^3 \times 1 = \left(\frac{1}{2}\right)^3$

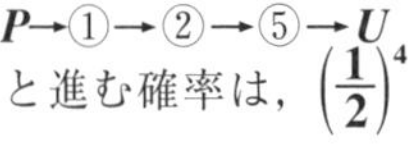

$P \to ① \to ② \to ⑤ \to U$ と進む確率は，$\left(\frac{1}{2}\right)^4$

$P \to ① \to ④ \to ⑤ \to U$ と進む確率も，$\left(\frac{1}{2}\right)^4$

$P \to ③ \to ④ \to ⑤ \to U$ と進む確率も，$\left(\frac{1}{2}\right)^4$

以上の和をとって，確率 P_U は

$$P_U = \left(\frac{1}{2}\right)^3 + 3 \times \left(\frac{1}{2}\right)^4 = \frac{5}{16}$$ となる。

◆頻出問題にトライ・20

$\begin{cases} \text{事象 } A：\text{赤球を取り出す} \\ \text{事象 } B：\text{箱 } X \text{ を選択する} \end{cases}$

とおく。

赤 3 個 / 白 5 個　$X\left(\frac{1}{3}\right)$

赤 2 個 / 白 6 個　$Y\left(\frac{2}{3}\right)$

事象 A が起こる確率 $P(A)$ は,

$$P(A) = \frac{1}{3} \times \frac{3}{8} + \frac{2}{3} \times \frac{2}{8} = \frac{7}{24}$$

（X を選んで赤球を取り出す）（Y を選んで赤球を取り出す）

積事象 $A \cap B$ が起こる確率 $P(A \cap B)$ は,

$$P(A \cap B) = \frac{1}{3} \times \frac{3}{8} = \frac{3}{24}$$

以上より，事象 A が起こったという条件の下に，事象 B が起こる確率 $P_A(B)$ は,

$$P_A(B) = \frac{P(A \cap B)}{P(A)} = \frac{\frac{3}{24}}{\frac{7}{24}} = \frac{3}{7} \quad \cdots\cdots(\text{答})$$

◆頻出問題にトライ・21

△ABC の辺 BC の中点を M とおく。

∠ABC ＝ θ とおくと，△ABC に余弦定理を用いて,

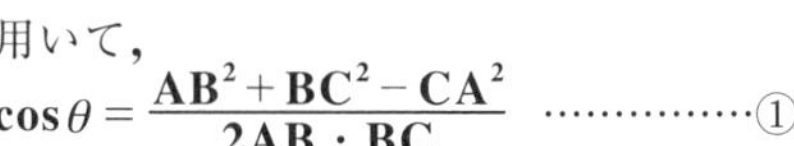

$$\cos\theta = \frac{AB^2 + BC^2 - CA^2}{2AB \cdot BC} \quad \cdots\cdots①$$

また，△ABM に余弦定理を用いて,

$$AM^2 = AB^2 + BM^2 - 2AB \cdot BM \cdot \cos\theta \quad \cdots\cdots②$$

①を②に代入して,

$$AM^2 = AB^2 + BM^2 - 2AB \cdot BM \cdot \frac{AB^2 + BC^2 - CA^2}{2AB \cdot BC}$$

（$BC = 2BM$）

$$= AB^2 + BM^2 - BM \cdot \frac{AB^2 + BC^2 - CA^2}{2BM}$$

$$AM^2 = AB^2 + BM^2 - \frac{1}{2}(AB^2 + BC^2 - AC^2)$$

両辺を 2 倍して,

$$2AM^2 = 2AB^2 + 2BM^2 - AB^2 - BC^2 + AC^2 \quad (BC^2 = (2BM)^2)$$

$= AB^2 + AC^2 + 2BM^2 - 4BM^2$

$= AB^2 + AC^2 - 2BM^2$

$\therefore AB^2 + AC^2 = 2(AM^2 + BM^2)$ となり，中線定理が成り立つ。 ………………(終)

◆頻出問題にトライ・22

$AD = x$，$DE = y$ とおく。図 1

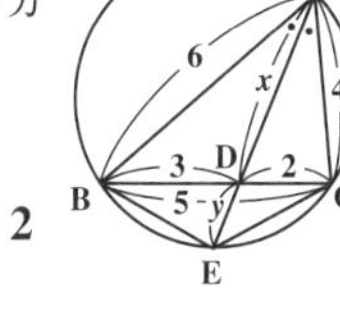

線分 AD は∠A を 2 等分するから，

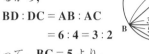

$BD : DC = AB : AC$

$= 6 : 4 = 3 : 2$

よって，$BC = 5$ より，

$BD = 3$，$DC = 2$

よって，四角形 ABEC は円に内接するから，方べきの定理を用いて，

$x \cdot y = 3 \cdot 2$ [$AD \times DE = BD \times DC$]

$\therefore xy = 6$ ………①

また，$\angle BAD = \angle ECD$ ←円周角

$\angle ADB = \angle CDE$ ←対頂角

より，$\triangle ABD \backsim \triangle CED$

$\therefore 6 : CE = 3 : y$

[$AB : CE = BD : ED$]

$3 \cdot CE = 6y$

$\therefore CE = 2y$

$\angle BAE = \angle CAE$ より，2 つの円周角が等しいので，

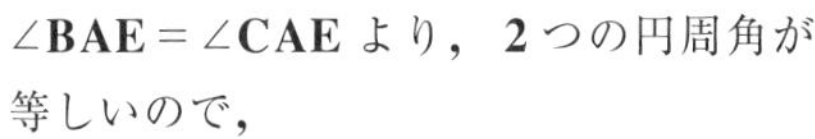

$\overset{\frown}{BE} = \overset{\frown}{CE}$ （弧長が等しい）

$\therefore BE = 2y$ （弦の長さが等しい）

以上より図 2 のようであるから，トレミーの定理を用いて，

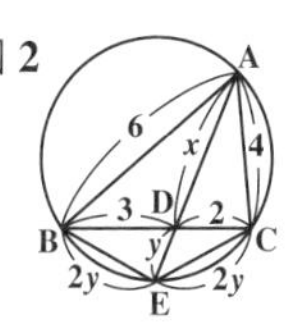

$6 \cdot 2y + 4 \cdot 2y = (x + y) \cdot (3 + 2)$

[$AB \cdot CE + AC \cdot BE = AE \cdot BC$]

$12y + 8y = 5x + 5y$

$15y = 5x$

$\therefore x = 3y$ ……②

②を①に代入して，

$3y^2 = 6$ $y^2 = 2$

$\therefore DE = y = \sqrt{2}$ ……③ ……………(答)

③を②に代入して，

$AD = x = 3\sqrt{2}$ ……………………(答)

◆頻出問題にトライ・23

(1) 図 1 に示すように，f 個の正五角形からなる正 f 面体がある。右図から明らかに，

図1 正 f 面体

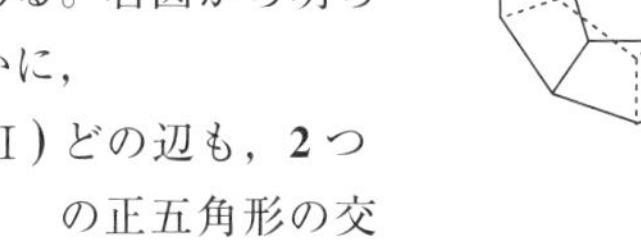

(Ⅰ) どの辺も，2 つの正五角形の交線であり，

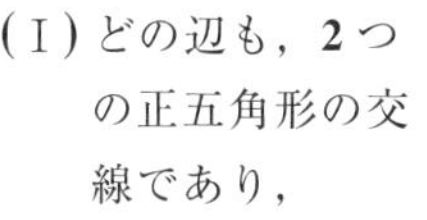

(Ⅱ) どの頂点にも，3 つの正五角形が集っている。

(ⅰ) まず，頂点の数 v と面の数 f の関係式を導く。

重複を許して，頂点の数を求めると，1 つの正五角形（面）には 5 つの頂点があるので，f 個の面全体で考えると，頂点の数は $5f$ 個となる。

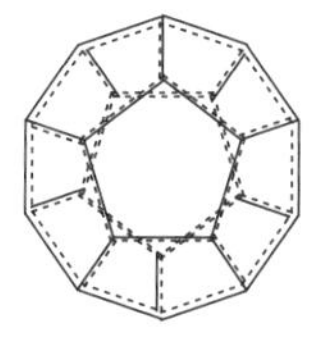

また，図 2 に示すように，どの頂点にも 3 つの正五角形が集っている（条件（Ⅱ））ので，この正 f 面体の頂点の数 v を 3 倍したものが，重複を許して先に計算した頂点の数 $5f$ と等しくなる。

よって，　$3v=5f$

$\therefore v=\frac{5}{3}f$　……①が導ける。…(答)

(ii) 次に，辺の数 e と面の数 f の関係式を導く。辺の数についても，重複を許してこれを求めると，1つの正五角形(面)には5つの辺があるので，f 個の面全体で考えると，辺の数は $5f$ になる。
また，図2より明らかに，どの辺も2つの正五角形の交線であるか（条件(I)）ら，正 f 面体の辺の数 e を2倍したものが，重複を許して先に計算した辺の数 $5f$ と等しくなる。

よって，　$2e=5f$

$\therefore e=\frac{5}{2}f$　……②が導ける。…(答)

(2)(1)の結果の①と②をオイラーの多面体定理：

$f+v-e=2$ ……(＊)′
（$v=\frac{5}{3}\cdot f$，$e=\frac{5}{2}\cdot f$）

「メンテ代から1000円引いて，ニッコリ」に書き変えた。

に代入すると，

$f+\frac{5f}{3}-\frac{5f}{2}=2$　　$\frac{1}{6}f=2$

$\left(1+\frac{5}{3}-\frac{5}{2}\right)f=\frac{1}{6}f$

$\therefore f=12$　となる。　……………(答)

つまり，これは正十二面体だったんだね。

◆頻出問題にトライ・24

$x^2+(m-2)x+m+1=0$　……①

①が相異なる2つの整数解 α，β ($\alpha<\beta$) をもつとき，①は

$(x-\alpha)(x-\beta)=0$　……①′と表せる。

①′の左辺を展開して，

$x^2-(\alpha+\beta)x+\alpha\beta=0$　……①″

①と①″の係数を比較して，

$$\begin{cases}\alpha+\beta=-(m-2)=-m+2 & \cdots\cdots② \\ \alpha\beta=m+1 & \cdots\cdots③\end{cases}$$

②＋③より，

$\alpha\beta+\alpha+\beta=3$　　両辺に1を加えて，

$\alpha\beta+\alpha+\beta+1=4$

$(\alpha+1)(\beta+1)=4$　……④

$\alpha<\beta$ より，$\alpha+1<\beta+1$

よって，④より右の表を得る。

$\alpha+1$	1	-4
$\beta+1$	4	-1

これより，

(i) $\alpha+1=1$，$\beta+1=4$ のとき，
　$\alpha=0$，$\beta=3$　よって，③より
　$m=\alpha\beta-1=-1$

(ii) $\alpha+1=-4$，$\beta+1=-1$ のとき，
　$\alpha=-5$，$\beta=-2$　よって，③より
　$m=\alpha\beta-1=9$

以上(i)(ii)より，$m=-1$，9 …(答)

◆頻出問題にトライ・25

13で割って2余り，7で割ると5余るような正の整数を n とおくと，

$n=13x+2=7y+5$ ……①（x，y：整数）

と表せる。①より，

$13x-7y=3$ ……②となる。

13と7の最大公約数 g を次のようにユークリッドの互除法で求める。

$$\begin{cases} 13=7\times1+6 & \cdots\cdots③ \\ 7=6\times1+1 & \cdots\cdots④ \\ 6=1\times6 \end{cases}$$

g（最大公約数）

13と7は互いに素

これより，$g=1$ となる。

ここで③，④を変形して，

$$\begin{cases} 13-7\times1=6 & \cdots\cdots③' \\ 7-6\times1=1 & \cdots\cdots④' \end{cases}$$

③′を④′に代入して6を消去すると，

$7-(13-7\times1)\times1=1$

$13\times(-1)-7\times(-2)=1$ ……⑤

⑤×3より，

$13\times(-3)-7\times(-6)=3$ ……⑥

$13x-7y=3$ …②から⑥を辺々引くと，

$13(x+3)-7(y+6)=0$

$13(x+3)=7(y+6)$ ……⑦ となる。

$7k$　　$13k$（k：整数）

ここで，13と7は互いに素より，

$x+3=7k$ $\therefore x=7k-3$（k：整数）

これを $n=13x+2$ …①に代入して，

$n=13\cdot(7k-3)+2$

$\therefore n=91k-37$（$k=1,\ 2,\ 3,\ \cdots$）

よって，この正の整数 n のうち3桁で最小のものは，$n=145$（$k=2$ のとき）

……（答）

◆頻出問題にトライ・26

(1) $x=0.\dot{3}\dot{6}_{(10)}$ とおくと，

$100x=36.36=36+x$

$99x=36$ $\therefore x=\dfrac{36}{99}=\dfrac{4}{11}$ ……（答）

(2) $x=0.\dot{1}0\dot{1}_{(2)}$ とおくと，

$1000x=101.101=101+x$

$(1000-1)x=101$，$111x=101$

$\therefore x=\dfrac{101}{111}{}_{(2)}$ となる。 …………（答）

◆◆◆ Appendix(付録) ◆◆◆

補充問題 1　●式の値の計算●

実数 a, b, c が $a+b+c=0$ ……①，かつ $a^2+b^2+c^2=2$ ……② をみたすとき，次の各式の値を求めよ。

(i) $a^3+b^3+c^3-3abc$　　(ii) $ab+bc+ca$

(iii) $a^2b^2+b^2c^2+c^2a^2$　　(iv) $a^4+b^4+c^4$

ヒント！ (i) では $a^3+b^3+c^3-3abc$ の因数分解公式を利用し，(ii) では $(a+b+c)^2$ の展開公式を利用すればいいんだね。(iii)，(iv) も同様だね。

解答&解説

$a+b+c=0$ ………① と，

$a^2+b^2+c^2=2$ ……② より，

(i) $a^3+b^3+c^3-3abc$

$=\underbrace{(a+b+c)}_{0\,(①より)}(a^2+b^2+c^2-ab-bc-ca)=0$ ………………………(答)

公式：
$a^3+b^3+c^3-3abc$
$=(a+b+c)(a^2+b^2+c^2-ab-bc-ca)$

(ii) $\underbrace{(a+b+c)^2}_{0^2=0\,(①より)}=\underbrace{a^2+b^2+c^2}_{2\,(②より)}+2(ab+bc+ca)$

公式：
$(a+b+c)^2$
$=a^2+b^2+c^2+2ab+2bc+2ca$

よって，①，②より，$0=2+2(ab+bc+ca)$

$\therefore ab+bc+ca=-1$ ……③ となる。………………………………(答)

(iii) ③の両辺を 2 乗すると，

$(ab+bc+ca)^2=(-1)^2$　（$(-1)^2=1$）

$(ab+bc+ca)^2$
$=a^2b^2+b^2c^2+c^2a^2+2ab^2c+2abc^2+2a^2bc$
$=a^2b^2+b^2c^2+c^2a^2+2abc(a+b+c)$　（$a+b+c=0$ (①より)）
$=a^2b^2+b^2c^2+c^2a^2$

$\alpha=ab,\ \beta=bc,\ \gamma=ca$
とおいて，公式：
$(\alpha+\beta+\gamma)^2$
$=\alpha^2+\beta^2+\gamma^2+2\alpha\beta+2\beta\gamma+2\gamma\alpha$
を用いた。

$\therefore a^2b^2+b^2c^2+c^2a^2=1$ ……④ となる。………………………………(答)

(iv) ②の両辺を 2 乗して，

$(a^2+b^2+c^2)^2=2^2$ より，$a^4+b^4+c^2+2\times1=4$

$(a^2+b^2+c^2)^2$
$=a^4+b^4+c^4+2a^2b^2+2b^2c^2+2c^2a^2$
$a^4+b^4+c^4+2\underbrace{(a^2b^2+b^2c^2+c^2a^2)}_{1\,(④より)}$

$\alpha=a^2,\ \beta=b^2,\ \gamma=c^2$
とおいて，
$(\alpha+\beta+\gamma)^2$ の展開公式を用いた。

$\therefore a^4+b^4+c^4=2$ である。………………………………(答)

 Term・Index 

た行

な行

は行

ま行

や行

わ行

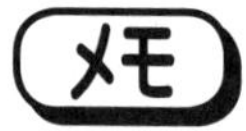

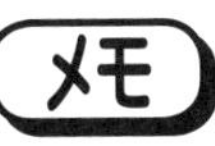

スバラシク強くなると評判の
元気が出る数学 I・A
新課程 改訂 1

マセマ

著　者　馬場 敬之　高杉 豊
発行者　馬場 敬之
発行所　マセマ出版社
〒 332-0023 埼玉県川口市飯塚 3-7-21-502
TEL 048-253-1734　FAX 048-253-1729
Email：info@mathema.jp
https://www.mathema.jp

編　集　清代 芳生
制作協力　久池井 茂　印藤 治　滝本 隆
久池井 努　栄 瑠璃子　真下 久志
川口 祐己　秋野 麻里子　馬場 貴史
間宮 栄二　町田 朱美
カバーデザイン　児玉 篤　児玉 則子
ロゴデザイン　馬場 利貞
印刷所　中央精版印刷株式会社

令和 4 年 2 月 17 日　初版　4 刷
令和 6 年 6 月 6 日　改訂 1　初版発行

ISBN978-4-86615-340-7 C7041
落丁・乱丁本はお取りかえいたします。